MAMIFEROS MARINOS DE PATAGONIA Y ANTARTIDA

Ricardo Bastida
Diego Rodríguez

MAMIFEROS MARINOS DE PATAGONIA Y ANTARTIDA

VAZQUEZ MAZZINI EDITORES

Fotos Tapa Gabriel Rojo (ballena franca austral), R. Bastida (delfín nariz de botella y orca), Layla P. Osman (lobo marino de dos pelos antártico), Phillip Colla (cachalotes y delfín común de pico corto), Sebastián Poljak (elefantes marinos del sur).

Fotos Contratapa Zelfa Silva (ballena jorobada), Gabriel Rojo (delfín oscuro, elefantes marinos del sur, ballena franca austral albina), Sergio Massaro (lobo marino de un pelo subantártico), Layla P. Osman (foca cangrejera), Santiago Imberti (foca leopartdo).

Fotos Lomo Gabriel Rojo (delfín oscuro), R. Bastida (lobo marino de un pelo).

Fotos Interior Layla P. Osman, R. Bastida, Sergio Massaro, Tito Rodríguez, Gabriel Rojo, Santiago Imberti, Sergio Morón, Koen Van Waerebeek, Sebastián Poljak, Randy Davis, Roberto Cinti, Eduardo Secchi, Zelfa Silva, Jorge Mermoz, Fernanda F.C. Marques, Phillip Colla, Rodrigo Hucke-Gaete, Ignacio Moreno, Enrico Marcovaldi, Peter Ron, Michel Milinkovitch, Cristian de Haro, Ricardo Pérez, Sharon Hedley.

Ilustraciones José Luis Vázquez, Santos Pereira, Alan Baker, Ricardo Bastida.

Diseño Fernando Vázquez Mazzini, Cristina Zavatarelli.

Primera Edición en Español, 2003.

VAZQUEZ MAZZINI EDITORES
Quesada 2450, 10º A - C1429COL - Ciudad de Buenos Aires - Argentina
Tel./Fax: (54-11) 4546-2416
vmeditores@fibertel.com.ar / vmeditores@hotmail.com
www.vmeditores.com.ar

Distribuidor en Brasil: USEB
Rua Tancredo Neves 156 - Obelisco - Cep.: 96085-520 - Pelotas - RS
Fone: (53) 9983-6824 Fax: (53) 228-3682 E-mail: useb@useb.com.br Home Page: www.useb.com.br

Distribuidor en Paraguay: Librería Books s.r.l.
Mcal. Lopez 3791 c/Dr. Morra - Asunción - Paraguay
Tel./Fax: (595-21) 603-722 / 605-128 E-mail: bookssrl@telesurf.com.py

Distribuidor en Uruguay: Distribuidora Pablo Ameneiros
Uruguayana 3223 (11800) Montevideo - Uruguay
Tel./Fax: 598-2-204-2756 E-mail: pamenei@adinet.com.uy

Producción Gráfica: EDIPUBLI s.a - E-mail: edipubli@fibertel.com.ar / edipubli@hotmail.com
Impreso en Argentina.
Se terminó de imprimir en el mes de noviembre de 2003, en Gráfica Pinter s.a. - México 1352 - Ciudad de Buenos Aires

Bastida, Ricardo
Mamíferos marinos de Patagonia y Antártida / Ricardo Bastida y Diego Rodríguez.- 1ª. ed.– Buenos Aires : Vazquez Mazzini, 2003.
208 p. ; 24x17 cm.

ISBN 987-9132-08-4

1. Mamíferos Marinos I. Rodriguez, Diego II. Título
CDD 599.5

PRÓLOGO

La históricamente célebre costa de la Argentina al sur del Río Negro es también mundialmente famosa por constituir una de las más importantes áreas reproductivas de la ballena franca austral, e incluso por la presencia de las orcas. Las ballenas francas se congregan alrededor de la Península Valdés desde el invierno hasta la primavera, y brindan a la provincia de Chubut una de sus mayores atracciones turísticas. El hábito de las orcas de vararse intencionalmente para atrapar lobos y elefantes marinos juveniles ha sido bien documentado y fascinó a televidentes de todo el mundo.

Pero la ballena franca y la predadora orca no son las únicas especies de mamíferos marinos que pueden hallarse en la costa patagónica. Bañada por corrientes marinas que emanan de las frías aguas antárticas, la costa hospeda una variedad de grandes ballenas que en su ruta anual viajan desde el lejano sur hacia los trópicos, donde pasan el invierno. Hay también un gran número de especies de ballenas rostradas o zifios, de menor tamaño, y delfines, algunos de los cuales residen permanentemente en las aguas patagónicas.

Durante una circunnavegación por América del Sur en 1987, tuve la fortuna de pasar varias semanas en las costas de Patagonia observando mamíferos y otras criaturas marinas. Uno de los avistajes más excitantes para mí, como neocelandés, fue la aproximación a nuestra embarcación de un grupo de delfines de Commerson, la *tonina overa*, al sur de Puerto Deseado. Este hermoso delfín blanco y negro está estrechamente relacionado con el delfín de Hector, especie sólo hallada en aguas de Nueva Zelanda. Hubo también otras especies de delfines atraídos hacia nuestro barco que no pude identificar, y mi guía de cetáceos de Australasia fue de poca ayuda.

De regreso a Buenos Aires, algunos meses más tarde, busqué una guía actualizada de mamíferos marinos de la Argentina, pero descubrí que la información publicada sobre las ballenas y delfines de Patagonia era escasa y fundamentalmente técnica. Es con gran placer entonces que ahora veo esta **Guía de Mamíferos Marinos de Patagonia y Antártida** escrita por mi amigo y colega el Dr. Ricardo Bastida junto con su discípulo el Dr. Diego Rodríguez.

Las guías de campo sobre mamíferos marinos tienen un propósito básico: proveer la información sobre la identidad y el quehacer de las especies, y que aquellos interesados sobre la vida en el mar puedan entender qué es lo que están viendo, por qué estas especies particulares están donde están, y qué hacen allí. Una apreciación de esos aspectos propios de los mamíferos marinos es fundamental para entender cómo los humanos deberíamos interactuar con esos animales, y cómo su medio ambiente debería ser cuidadosamente manejado.

En algunas partes de Sudamérica, como en otras del mundo, ocurren desafortunadas interacciones entre pescadores y cetáceos que pueden tener efectos devastadores sobre pequeñas poblaciones de especies raras. El conocimiento de la identidad y vulnerabilidad de tales especies es vital, tanto para los pescadores como para quienes se ocupan de la conservación de estos cetáceos, a fin de poder tomar decisiones adecuadamente fundadas para la protección de este importante componente del ecosistema marino.

El desarrollo mundial de los avistajes de ballenas y delfines como una actividad turística ya ha alcanzado las largamente prístinas aguas costeras de Sudamérica, y la publicación de este libro es, por lo tanto, extremadamente oportuna. Los investigadores y los amantes de la naturaleza disfrutarán mucho con esta guía. Si como resultado de su consulta hay una concientización pública sobre la necesidad de la conservación de los mamíferos marinos de Patagonia y de la naturaleza en general, la **Guía** será, entonces, un éxito. No tengo dudas de que así ocurrirá.

Alan N. Baker PhD.

Biólogo de Mamíferos Marinos

Director del Museo Nacional de Nueva Zelanda

PRESENTACIÓN

Vuela el gran cetáceo hacia el cielo en la portada de este libro y anticipa su vitalidad, eterna como la vieja historia de la especie. Los autores, sensibles a su convocatoria, se sumergen a su vez en una obra excepcional, por su compromiso personal, la infatigable investigación, la seriedad del trabajo y los resultados obtenidos.

Ricardo Bastida, hombre de mar y de las ciencias naturales, investigador, catedrático, consultor científico, director de tesis de posgrado, escritor de numerosos estudios científicos, y Diego Rodríguez, su discípulo mayor, quien, ya por serlo, habla de su alta profesionalidad, dedicación y conocimiento de los mamíferos marinos, son sus artesanos. Trabajo de orfebrería que nos ofrecen con cariño y austeridad científica. Conocer este amplio inventario de bellas especies es inmiscuirse definitivamente en un mundo de fantásticas creaciones de la naturaleza.

Escenario de este libro mayor es nuestra Argentina, una vez más ofreciéndonos, generosa, con ese amor –a veces contumaz– por su gente, sus riquezas y sus misterios, un ecosistema de aguas australes que nos encandilan por sus reverberaciones intrigantes. Nuestro quehacer, para ahora y para quienes nos sigan, viene de largas etapas. Ya León Suárez, en la Sociedad de las Naciones, en décadas jóvenes del siglo pasado, presentaba una ponencia de premonitoria vigencia: "... los tratados relativos a estas riquezas del mar no han contemplado el punto de vista interesante y urgente de la humanidad, que es evitar la desaparición de las especies", y no dejaba de mencionar también la potencial inteligencia de estos cetáceos.

Luego, la Argentina siguió trabajando en los foros internacionales por la conservación y protección de estas especies. Después de los intentos de la Comunidad de Naciones para articular medidas que considerasen el valor permanente de este mundo marino, fuimos firmantes originarios y fundadores de la Convención Internacional para la Regulación de la Caza de la Ballena (Washington D.C., diciembre 1946). Creador este tratado de la Comisión Ballenera Internacional, fui honrado con su presidencia por un período excepcional de cuatro años, durante el cual se trabajó arduamente y se declaró, en 1982, una moratoria internacional. En 1984 la Comisión sesionó por primera vez en Buenos Aires y fue en esos tiempos, quizá, cuando la curiosidad urbana, intensa y diligente, marchó hacia el sur, a Península Valdés. Mi homenaje también a un Mariano Van Gelderen quien, con un pequeño bote y la sola fuerza muscular, nos hizo vivir un primer avistaje de cetáceos inolvidable.

La ballena franca austral es nuestra, muy nuestra, y recorre las costas argentinas desde tiempos posiblemente ajenos a nuestra historia. Mi admiración recibe el acicate de antiguos atlas celestes del siglo XVII, en los cuales se incorporaba al Zodíaco –entre Aries y Tauro– la ballena (curiosamente, en mi fecha de nacimiento). Sin embargo, Ricardo y Diego recorren la inacabable procesión de los mamíferos marinos y nos incorporan –casi hasta se extralimitan, diría– conocimientos enormes sobre todos estos animales. Aparece también en este estrado un referente inocultable, por su belleza, plasticidad y misteriosas actitudes: la orca. Quién pudiera aprehenderla en todas sus vidas, la cuidadora, la solidaria y también la depredadora, pero respetuosa de las leyes implacables de la naturaleza. Y así, en cada una de las especies estudiadas.

Eubalaena australis entrega ya en su prefijo el significado de lo "verdadero", dilema con lo demostrable que aún tiene un final inacabado. ¿Cuál es su verdad, la de este gigante de los océanos? Falta aún conocerla, peregrino de largas jornadas, emitiendo sonidos que nuestros oídos, humildes, todavía no pueden percibir como canciones solitarias las más de las veces, sus saltos enormes y la cola simulando velas para hacerla avanzar, de navegación cambiante, con recorridos arbitrarios, sus encuentros secretos que se transforman en actos de amor y supervivencia de la especie. Seamos privilegiados, leamos y veamos, entendamos los regalos de nuestro mar, y del tránsito hacia nuestros vecinos uruguayos y brasileños, quienes empiezan igualmente a emocionarse con la llegada de estos porfiados amigos, que cada vez más urgidos de nuestras miradas se acercan, desde la Antártida, con mayor frecuencia y con anticipación a otras épocas.

Gracias nuevamente a estos científicos argentinos, quienes, en persistente trabajo, son parte de esa tarea ennoblecedora de enriquecer nuestro conocimiento y amor por nuestro país. Incorporemos este libro a nuestras bibliotecas y a nuestras experiencias patagónicas, transitemos sus imágenes y demorémonos en sus textos. Habremos iniciado una aventura del conocer, del saber y del querer. Felicitaciones.

Eduardo Iglesias

Ex Presidente de la Comisión Ballenera Internacional
y actual comisionado argentino

INTRODUCCIÓN

Mi primera vinculación con los mamíferos marinos se remonta a mi adolescencia, allá, a mediados de la década de 1950. Fue durante el comienzo del buceo en la Argentina cuando decidimos –junto con un grupo de fanáticos de dicha actividad– iniciar la exploración de las frías aguas patagónicas. Seguíamos en esa aventura subacuática al francés Jules Rossi quien, junto con el italiano Alberico Faedo, fueron nuestros maestros en el buceo deportivo y técnico. Recordando a estos amigos, y a Jorge Baiocco, quien me vinculó a ellos, debo mencionar que Jules fue iniciador del buceo deportivo en el mar Mediterráneo con el grupo de Jacques Cousteau; Alberico fue miembro de la temida X-MAS de la armada italiana la cual, por medio de sus buzos tácticos y submarinos de bolsillo, hundían los buques aliados fondeados en el puerto de Gibraltar durante la Segunda Guerra Mundial.

En nuestra recorrida por la costa patagónica de Chubut descubrimos la Península Valdés. En ella encontramos las aguas más claras de toda la costa argentina y así comenzamos a explorarlas. Para ese entonces, la ruta nacional número 3 era de tierra y difícil de transitar, y casi todo el transporte se efectuaba por barco. Los caminos de la Península eran una simple huella para poder trasladar el ganado y la lana desde las estancias. Solamente el correo oficial, con un viejo camión de la Segunda Guerra Mundial, se animaba a ingresar periódicamente en la Península. Ese fue nuestro transporte hacia un mundo mágico, que fuimos descubriendo lentamente con cada expedición.

Nuestra vivienda en la costa patagónica eran elementales carpas y bolsas de dormir que en más de una oportunidad se volaban por los fuertes vientos, y la alimentación principal provenía del mar, como la de los antiguos grupos de cazadores-recolectores de Patagonia que nos precedieron en miles de años. Igual que ellos, tampoco contábamos al principio con protección contra las frías aguas australes.

Afortunadamente, el sacrificio de estas expediciones se veía ampliamente compensado por poder bucear en aguas cristalinas con una colorida y variada fauna magallánica, estar a la vez rodeados de un contrastante paisaje desértico de atractivo inigualable y, lo que era más importante, disfrutar de una variedad y abundancia de mamíferos marinos única en el mundo y prácticamente desconocida para el resto de la humanidad. A partir de ahí nace mi firme decisión de ser biólogo marino y aplicar el buceo a mis investigaciones.

El paso imperceptible del tiempo en una vida colmada de intensas emociones suele tomar una dimensión muy especial. Y hoy, luego de tantas décadas, resulta extraño que hayamos podido concretar, junto con mi entrañable discípulo y amigo Diego Rodríguez, esta **Guía de Mamíferos Marinos**. Sin duda, totalmente impensada durante mis lejanos días de juventud en íntima convivencia y armonía con las colonias de lobos marinos, o durante las inmersiones con grandes manadas de delfines.

Evidentemente, se trata de un ciclo predestinado a cerrarse, pues mis primeros artículos de juventud, publicados en la desaparecida revista "Diana", estuvieron referidos a los hábitos y características de los lobos y elefantes marinos. Gracias a esos artículos, la editorial me premió con mi primer reloj de buceo suizo, que aún guardo con dulces añoranzas.

Sorprendentemente, todo cambió en muy poco tiempo...

Para ese entonces, el Mar Argentino estaba casi inexplotado y sus recursos eran en gran medida desconocidos. En la actualidad, y repitiendo tristes experiencias de otros mares del mundo, parte importante de sus recursos están sobreexplotados, situación que repercute negativamente también en los predadores superiores como los mamíferos marinos.

Debido a los asombrosos cambios ambientales de los que fui testigo, a la sobrepesca de nuestro Mar Argentino y al desconocimiento que existía acerca de sus mamíferos marinos, decidí abordar su estudio luego de años de vinculación con las comunidades bentónicas o de fondo. Mucho tuvo que ver también con esta decisión mi encuentro en la década de 1970 con Bernd Würsig, prestigioso especialista que iniciaba sus estudios sobre los delfines del Golfo San José (Chubut).

Personalmente, en esa época ignoraba que en otras partes del mundo numerosos investigadores también reorientaban sus líneas de trabajo para paliar el desconocimiento que se tenía de los mamíferos marinos. Paralelamente tomaban estado público otros aspectos impactantes, tales como la irracional explotación ballenera y, junto con colegas de otras regiones, sentíamos que debía ser modificada, racionalizada y –si era necesario– tal vez suspendida.

Para todo ello fue fundamental la formación de nuevos recursos humanos en la temática de mamíferos marinos, tarea que tomó tiempo y esfuerzo, pero que finalmente fue dando sus frutos. Así, hacia fines del siglo XX, el interés generado por los mamíferos marinos no tuvo precedente alguno con ningún otro grupo zoológico actual y nuestro país no fue una excepción a dicha tendencia. Afortunadamente la Argentina y países vecinos cuentan ahora con un sólido núcleo de jóvenes investigadores en esta temática.

Nuevas herramientas en la sistemática de los vertebrados así como también grandes avances en la información paleontológica y filogenética han producido notables cambios en el conocimiento de los mamíferos marinos. Por lo tanto, el lector podrá encontrar unos cuantos cambios en esta Guía con respecto a la información de publicaciones previas. Un avance muy importante ha sido logrado también debido al rápido desarrollo y sofisticación de las técnicas de investigación molecular, las cuales permiten abordar dimensiones del conocimiento difíciles de imaginar sólo unas décadas atrás.

Pese al avance científico del conocimiento de este grupo, la Argentina no contaba con una Guía de Mamíferos Marinos actualizada para facilitar la observación de estas criaturas en la naturaleza e introducir al lego y al estudiante universitario en este fabuloso mundo.

Realmente ha sido un gusto recorrer este largo camino en la elaboración de esta Guía con Diego Rodríguez, querido discípulo y amigo, compañero, junto con el inefable Sergio Morón, de infinidad de campañas a lo largo de las costas de nuestro país.

Muchos amigos y colegas han hecho posible la realización de esta Guía. A todos ellos nuestro profundo agradecimiento, cuyo detalle incluimos en las próximas páginas.

Como la vida está plagada de grandes objetivos y tal vez de muchas más casualidades, no puedo dejar de mencionar a Sergio Massaro, uno de los mejores fotógrafos submarinos de la Argentina, que actuó como nexo entre nosotros y la editorial Vázquez Mazzini.

Hoy día, las palabras Patagonia y Antártida son casi tan atrapantes como la propia magia y belleza de sus paisajes, por lo cual contingentes de turistas, científicos y artistas de todo el mundo acuden a descubrirlas. Esperamos que esta Guía constituya una introducción hacia el encantado mundo de aquellos mamíferos que conquistaron mares y océanos. Que sirva también para despertar nuevas vocaciones y, en definitiva, que ayude a tomar conciencia sobre la necesidad de conservar estos valiosos recursos de la naturaleza.

Ricardo Bastida

AGRADECIMIENTOS

Si bien se suele incluir los agradecimientos en las páginas iniciales, en realidad constituyen el balance final de toda obra. Es posible por ellos apreciar los muchos amigos que nos acompañaron en este proyecto, como también nuevas personas con el deseo de unirse a los objetivos de los autores.

Sin esas ayudas espontáneas y desinteresadas, esta Guía no hubiera sido posible, como tantas otras obras que en la Argentina sólo pueden concretarse gracias al esfuerzo y a la unión de voluntades.

Pasemos, entonces, a detallar los nombres de nuestros colaboradores en las diversas áreas de esta Guía de Mamíferos Marinos; esperamos no omitir ninguno. Si así ocurriera, benévolamente debe ser interpretado como parte del frecuente error humano, muy lejos de la falta del reconocimiento de nuestra parte.

SOBRE LAS FOTOGRAFÍAS:

Fundamentales para una obra de esta clase, las imágenes han surgido como resultado de numerosas campañas realizadas por el primer autor de esta Guía, y también como un valioso aporte de investigadores y fotógrafos de la Argentina y de diversos países del mundo.

De la Argentina deseamos agradecer a viejos y nuevos amigos, entre ellos, Sergio Massaro, Tito Rodríguez, Sergio Morón, Cristian de Haro, Jorge Mermoz, Alejandro R. Carlini, Sebastián Poljak, Dirección Nacional del Antártico, Instituto Antártico Argentino, Administración de Parques Nacionales, Gabriel Rojo, Roberto Cinti, Santiago Imberti, Ricardo Pérez, Subsecretaría de Turismo de Santa Cruz y Fundación Mundo Marino,

De Brasil, nuestro reconocimiento a colegas con quienes compartimos la mayor parte de las especies de mamíferos marinos y luchamos por objetivos en común para su conservación: Eduardo Secchi, Fernanda F. C. Marques, Ignacio Moreno, Enrico Marcovaldi, Zelfa Silva, Proyecto Baleias-PROANTAR, Mabel Augustowski, Centro de Estudios en Conservación Marina-Secretaría de Medio Ambiente del Estado de Sao Paulo.

De Perú, a Koen Van Waerebeek, quien continúa luchando por la suspensión de la captura comercial de pequeños cetáceos en aguas peruanas.

De Chile, con quienes también compartimos muchos recursos en el extremo austral y tratamos de preservarlos, Layla P. Osman, Marcelo A. Flores M., Rodrigo Hucke-Gaete.

De Bélgica, a nuestro colega y reconocido investigador Michele Milinkovitch.

De Gran Bretaña, a Sharon Hedley por su imagen de los evasivos zifios.

De los Estados Unidos de Norteamérica hemos sido honrados especialmente por la desinteresada participación de Phillip Colla, sin duda, uno de los más prestigiosos fotógrafos submarinos del mundo que enriquece a esta Guía.

SOBRE LAS ILUSTRACIONES:

Contrariamente a lo usual, las ilustraciones corresponden a distintos dibujantes en virtud de la organización de la Guía. Ello servirá, sin embargo, para que el lector aprecie las técnicas empleadas y evalúe las alternativas de abordaje para ilustrar los mamíferos marinos. Participaron en la tarea José Luis Vázquez, Santos Pereira, Alan Baker y Ricardo Bastida.

SOBRE LOS TEXTOS COMPLEMENTARIOS:

Fue un gusto poder incluir temáticas particulares a través de especialistas amigos, como Randy Davis (EE.UU.) sobre modernas metodologías de investigación en foca de Weddell; Jorge Mermoz (Argentina) en vinculación con las evaluaciones balleneras; Marcela Gerpe (Argentina) en aspectos de contaminación marina; Viviana Quse (Argentina) y Valeria Ruoppolo (Brasil) en lineamientos básicos de la rehabilitación de mamíferos marinos.

SOBRE LA REALIZACIÓN GENERAL DE LA GUÍA:

Al colega y amigo Alan Baker, por haber prologado la obra, por sus consejos y haber alentado fuertemente la realización de ella.

A Eduardo Iglesias, por su elogiosa y particular presentación de esta Guía –seguramente resultado de sus vivencias personales– y también por haber compartido en estos 25 años largas charlas y discusiones en la temática que decidió a la Comisión Ballenera Internacional a establecer su Moratoria.

A José Luis Vázquez y Fernando Vázquez Mazzini quienes, junto a su cálido equipo editorial, llevaron adelante la publicación de este libro.

A Viviana Quse, por su valiosa ayuda en la revisión crítica del texto y atinadas sugerencias.

A Dolores Elkin, por haber aceptado realizar la traducción al inglés de esta **Guía de Mamíferos Marinos.**

CONTENIDO

LAS CORRIENTES MARINAS DEL ATLÁNTICO SUR

En una visión general, los océanos del planeta parecerían ser un ambiente homogéneo y menos diversificado que el ambiente terrestre. Sin embargo, esto no es así. El fondo de los océanos presenta paisajes muy diversos, desde extensos valles, hasta gigantescas cordilleras –de mayor altura incluso que el Himalaya–, profundos cañones –más grandes que el del Colorado–, extensas mesetas que superan a las de Patagonia, y diversos paisajes más que el hombre apenas está descubriendo. En cuanto a las masas de agua que circulan continuamente, tanto en superficie como en profundidad, encontramos amplias variaciones entre factores tales como la temperatura, la salinidad, los nutrientes, etc., que son, en última instancia, los que condicionan la vida en los océanos y sostienen los requerimientos de las diversas especies de mamíferos marinos.

No sólo la superficie de los mares se mueve constantemente y se agita por los efectos del viento y otros factores climáticos, sino que toda la masa fluye siguiendo recorridos preestablecidos, y cada uno de ellos presenta, además, características físico-químicas definidas y que son lo que comúnmente se denominan corrientes marinas. No todas las corrientes marinas son de igual importancia en cuanto a su tamaño y recorrido, pero cada una de ellas juega un papel fundamental en el equilibrio de nuestro frágil planeta. Fenómenos naturales tales como el de la Corriente de El Niño pueden tener efectos catastróficos sobre ciertas poblaciones y, en especial, en aquellos predadores superiores, como es el caso de gran parte de los mamíferos marinos.

El llamado Mar Argentino es aquel que baña nuestra extensa plataforma continental. Tiene aproximadamente un millón de kilómetros cuadrados, es decir, un tercio de la superficie continental argentina. El Mar Argentino forma parte del Atlántico sudoccidental que baña también los países vecinos de Uruguay y Brasil, con quienes compartimos una buena parte de nuestra fauna de mamíferos marinos.

Sin embargo, por la proximidad del extremo de Sudamérica con la Antártida no puede hacerse un análisis independiente del Mar Argentino sin tener en cuenta la influencia de las aguas polares. Ambas regiones se separaron hace algo más de 40 millones de años, pero aún siguen profundamente relacionadas, lo cual hace necesaria su consideración de manera conjunta.

La Antártida se halla rodeada por la más extraordinaria de las corrientes oceánicas de la Tierra, conocida como Corriente Circumpolar Antártica. Esta enorme masa de agua corre en sentido de las agujas del reloj impulsada por los fuertes vientos antárticos, y transporta cerca de 130 millones de metros cúbicos de agua por segundo en sus 21.000 kilómetros de extensión. Es de importancia fundamental para el planeta, ya que al funcionar como una gran "mezcladora", recibe las aguas profundas de todos los océanos, las que luego redistribuye en las distintas cuencas oceánicas. Este hecho origina que los nutrientes vuelvan a la superficie y sean utilizados casi en forma explosiva por vegetales microscópicos (fitoplancton) durante el verano antártico mediante el proceso de la fotosíntesis. Este altísimo desarrollo vegetal constituye el eslabón inicial de muchas cadenas y tramas alimentarias, fenómeno por el cual las aguas antárticas son las más productivas del mundo y permiten sostener biomasas sorprendentes de consumidores, principalmente de aves y mamíferos marinos.

Dicha corriente no es una banda homogénea, sino que, al contrario, está formada por distintos frentes oceánicos que presentan fuertes corrientes en sus cercanías. Frente oceánico es aquella zona del mar donde se presentan drásticas variaciones horizontales de temperatura y/o salinidad en unos pocos kilómetros. En la Corriente Circumpolar Antártica se verifican tres frentes continuos a lo largo de toda la Antártida: el frente subantártico, el frente polar (o Convergencia Antártica) y la Divergencia Antártica. (Figura 1).

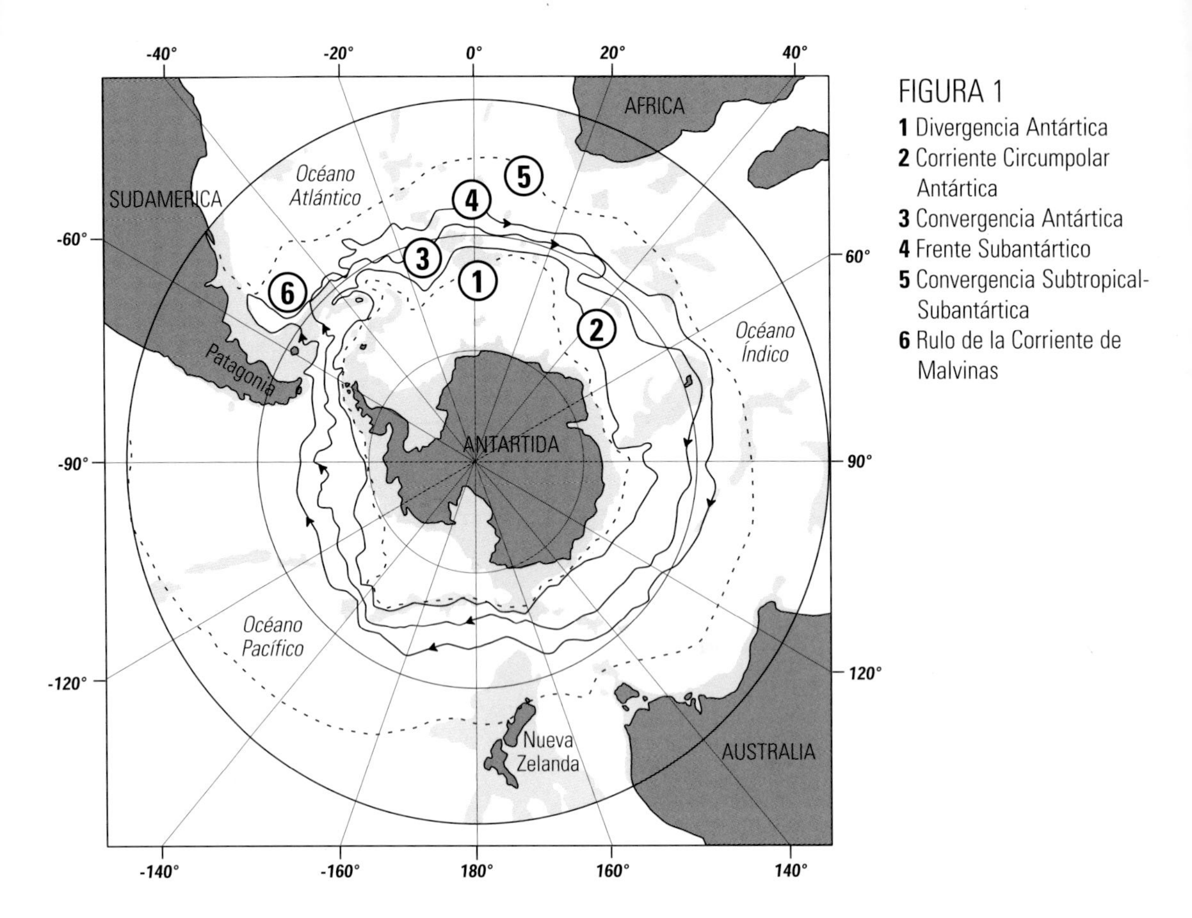

FIGURA 1
1 Divergencia Antártica
2 Corriente Circumpolar Antártica
3 Convergencia Antártica
4 Frente Subantártico
5 Convergencia Subtropical-Subantártica
6 Rulo de la Corriente de Malvinas

Debido a que la Corriente Circumpolar Antártica corre desde la superficie hasta los fondos marinos, su dirección se ve influida por la topografía de las distintas regiones. Así, en el Pasaje de Drake, el borde norte de esta corriente origina otras dos corrientes que forman las aguas del Mar Argentino: la Corriente del Cabo de Hornos y la Corriente de Malvinas (Figura 2). La primera ingresa en dirección Norte entre Tierra del Fuego y las Islas Malvinas, y se caracteriza por tener aguas de origen subantártico con ciertos aportes del Pacífico. Esta masa recibe una apreciable contribución de aguas de baja salinidad procedentes de los canales fueguinos a través del Estrecho de Magallanes, generando un área costera de baja salinidad que caracteriza las costas de la Provincia de Santa Cruz. El flujo es netamente hacia el NNE bordeando la costa hasta aproximadamente los 47° S, donde se interna en aguas de la plataforma intermedia; a este flujo de aguas subantárticas se la conoce con el nombre de Corriente Patagónica.

La Corriente de Malvinas, por su parte, también está formada por aguas subantáticas, pero se las llama "puras" porque no tienen ninguna influencia de aguas del Océano Pacífico. Son de baja temperatura (4-11° C) y a gran velocidad, corren en la superficie sobre el borde externo de la plataforma continental argentina en dirección NNE. Debido a esta dinámica, la Corriente de Malvinas forma un área muy estable de gran producción fitoplanctónica sobre el borde externo de la plataforma; este sistema está asociado a importantes concentraciones de especies comerciales de peces y calamares, y es además un área de alimentación preferencial para aves y mamíferos marinos.

Aproximadamente a los 38° S la Corriente de Malvinas se encuentra con la Corriente del Brasil, que se origina como una rama de la Corriente Sudecuatorial y que se desplaza de Norte a Sur a lo largo de la costa brasileña. Son aguas más cálidas que las de Malvinas con temperaturas superficiales que oscilan entre 14° y 25° C y salinidades más altas, que varían entre 35 y 35,5 partes por mil. El encuentro de ambas corrientes se pro-

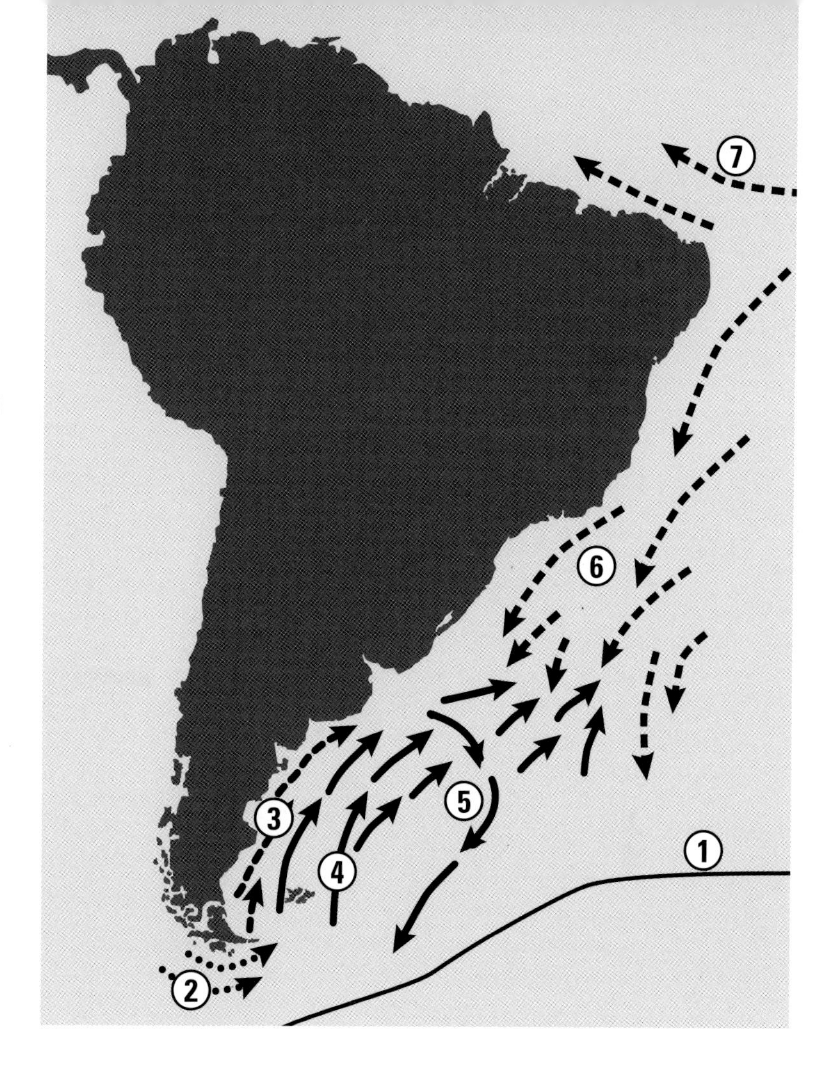

FIGURA 2
1 Convergencia Antártica
2 Corriente del Cabo de Hornos
3 Corriente Patagónica
4 Corriente de Malvinas
5 Rulo de la Corriente de Malvinas
6 Corriente de Brasil
7 Corriente Sudecuatorial

duce en áreas alejadas de la costa y forma uno de los frentes oceánicos más espectaculares del mundo, conocido como Convergencia Subtropical Subantártica. Esta zona, donde parte de la Corriente de Malvinas se hunde bajo las aguas del Brasil, es de estructura muy compleja e inestable. Hay grandes variaciones estacionales e interanuales. Durante el invierno se ubica aproximadamente entre los 29° y 37° S, mientras en verano se traslada más al sur, se ubica entre los 34° y 45° S; además, desplazamientos latitudinales pueden alejarla o acercarla a la costa. Cambios bruscos de temperatura, de hasta 8° C, se producen en unos pocos kilómetros y es común la formación de celdas de circulación, o *eddies*, de diversa intensidad, formadas tanto por aguas subtropicales como subantárticas. La rama más externa de la Corriente de Malvinas ante este encuentro efectúa un brusco giro en dirección sur, y vuelve nuevamente en la dirección de la Corriente Circumpolar Antártica, fenómeno que se conoce como "rulo" de la Corriente de Malvinas.

Otro sistema de importancia fundamental para el Mar Argentino lo constituye el Estuario del Río de la Plata, el cual aporta entre 10.000 y 20.000 metros cúbicos de agua dulce por segundo. La influencia de sus aguas es muy evidente en los sectores costeros adyacentes, principalmente los del Uruguay, formando un frente costero muy importante desde el punto de vista biológico. Sus aguas son un área de puesta y crianza de muchas especies comerciales de peces, como también de concentración estacional de especies de mamíferos marinos que se alimentan en esos sectores y en el sector más externo, donde se registran zonas de alta producción primaria.

Este complicado sistema hidrográfico es –en última instancia– el que ha definido la riqueza biológica de todo este sector austral. Desgraciadamente, toda el área de plataforma continental argentina, junto con la de influencia de las Islas Malvinas, ha sido sobreexplotada en sus recursos pesqueros. Además, dicha acción ya ha impactado de manera diversa en poblaciones de aves y mamíferos marinos de la región.

LOS MAMÍFEROS MARINOS
Generalidades

A finales del período Triásico, hace unos 220 millones de años, se originaron los mamíferos terrestres a partir de ciertos grupos de reptiles. La aparición de este grupo evolucionado y sus diversas estrategias de vida trajeron como consecuencia cambios en la dinámica y evolución de los diversos ecosistemas del planeta.

Los mamíferos en su conjunto están agrupados en la clase *Mammalia* y constituyen un grupo altamente diversificado, que comprende un total de más de 4.500 especies vivientes, incluidas en 25 órdenes, de los cuales 15 están representados en la Argentina. Su clasificación se basa en las reglas de la taxonomía creada en el siglo XVIII por el naturalista sueco Karl Linnaeus, que tiene en cuenta sus aspectos anatómicos y evolutivos básicos, los cuales, en los últimos años, se han complementado con los estudios genéticos y moleculares.

Los mamíferos se caracterizan por tener el cuerpo cubierto de pelo en grado diverso, la casi totalidad de las especies gestan sus crías en el vientre materno y son amamantadas con leche, producto de la secreción de glándulas mamarias, que aparecen por vez primera en este grupo. Internamente, poseen un diafragma muscular que separa el tórax del abdomen, y el cuello –al margen del largo– está conformado por sólo siete vértebras cervicales (a excepción del manatí, que posee sólo seis). El oído medio adquiere en los mamíferos una característica especial al estar compuesto por tres huesecillos (estribo, yunque y martillo), mientras un único hueso designado como dentario forma la mandíbula. La respiración de todos los mamíferos es aérea y, al igual que las aves, son capaces de regular la temperatura del cuerpo empleando diversos mecanismos fisiológicos, así como también ciertos elementos anatómicos de aislamiento que contribuyen a mantener la temperatura corporal constante e independientemente de la temperatura ambiental.

Varios órdenes de mamíferos se adaptaron a la vida acuática, entre los cuales se hallan los **cetáceos** (ballenas y delfines), los **carnívoros** (osos polares, nutrias, lobos marinos, focas y morsas) y los **sirénidos** (manatíes y dugong).

Los pasos iniciales en la colonización del medio acuático se remontan a la Era Cenozoica, hace más de 60 millones de años. La aparición de los primeros cetáceos y sirénidos tuvo lugar durante el Eoceno (hace unos 50 millones de años), según el hallazgo de los registros fósiles primigenios. La adaptación de los carnívoros al medio acuático fue posterior, ya que los primeros antecesores de los **pinnípedos** (lobos marinos, focas y morsas) habitaron regiones costeras hace aproximadamente entre 29 y 23 millones de años (Oligoceno). Mucho más recientemente, en el Pleistoceno de la Era Cuaternaria, se produjo la última radiación de carnívoros acuáticos, con la aparición de las especies actuales de nutrias marinas y osos polares.

Los mamíferos marinos, junto con los murciélagos, son probablemente los organismos cuya anatomía y fisiología han sufrido mayores modificaciones. En los primeros, debido a la baja temperatura y la alta conductividad del agua, necesitaron lograr un aislamiento efectivo para evitar la pérdida del calor, por lo cual, gran parte de los cetáceos, las focas y las morsas desarrollaron una importante capa de grasa debajo de la piel. Otros grupos, como algunos lobos marinos y nutrias marinas, recurrieron a una densa capa de pelo impermeable, que tiene la capacidad de retener aire y preservar la piel seca y aislada. Estos procedimientos para conservar el calor se complementan con distintas modificaciones del sistema circulatorio tendientes a evitar pérdidas innecesarias hacia el ambiente.

Otra gran adaptación al medio acuático es la forma hidrodinámica que adquirió el cuerpo de estos mamíferos. Mientras sus apéndices locomotores, tanto anteriores como posteriores, se modificaron en forma de aletas para favorecer la natación, sus sistemas sensoriales desarrollaron, a la vez, las habilidades para la captación y producción de sonidos altamente especializados. Este hecho resulta fundamental para comunicarse, navegar y detectar las presas en un medio líquido con muy poca luz ambiental.

La necesidad de capturar el alimento en el agua hace que los mamíferos marinos sean excelentes buceadores; presentan toda una serie de modificaciones anatómicas y fisiológicas que les permiten un uso extremadamente eficiente de sus reservas de oxígeno y resistir la presión hidrostática.

Los mamíferos marinos habitan todas las cuencas oceánicas y mares periféricos del mundo, en tanto algunas especies viven en grandes cuerpos de agua dulce y zonas estuariales. No se restringen a una región geográfica en particular, dado que se los puede encontrar desde las áreas polares hasta las tropicales. Algunas especies son virtualmente cosmopolitas; otras especies, claramente endémicas y de distribución restringida.

Sin duda, la reproducción en un medio acuático trae inconvenientes adicionales a los mamíferos marinos, que paren sus crías y necesitan amamantarlas durante períodos variables. En virtud de ello debieron desarrollar estrategias muy variadas de reproducción. Los pinnípedos, por ejemplo, vuelven estacionalmente a tierra firme, donde nacen sus cachorros y son amamantados por períodos variables. Los cetáceos y sirénidos, en cambio, paren y amamantan sus cachorros en el agua. Probablemente, el único aspecto común a todos los mamíferos acuáticos sea que dan a luz un solo cachorro, para el cual invierten una gran cantidad de energía en lapsos dispares con la finalidad de incrementar las posibilidades de supervivencia.

Otra característica que comparten casi todas las especies de mamíferos marinos actuales es la de tener una relación compleja y generalmente conflictiva con el hombre. Desde hace siglos han sido utilizados por las sociedades humanas con diversas finalidades. Comunidades aborígenes de distintas regiones del mundo basaron su subsistencia en la explotación racional de lobos marinos y focas, mientras la captura comercial de grandes ballenas y lobos marinos, desde el siglo XVII, fue un claro ejemplo de irracionalidad y descontrol de la explotación de los recursos marinos.

La creciente actividad pesquera en todos los mares trajo como consecuencia gran cantidad de conflictos entre el hombre y los mamíferos acuáticos. Por ello, cientos de miles de lobos marinos, delfines y ballenas no sólo vieron reducidos sus recursos alimentarios, sino que además resultaron víctimas de enmalles accidentales en redes pesqueras, así como también víctimas de matanzas para el control poblacional de estos competidores naturales. Unida a ello, la explotación comercial irresponsable de este recurso, como la degradación del hábitat por acción humana, llevaron al borde de la extinción a varias especies, y se duda de que algunas puedan sobrevivir el siglo XXI.

El siglo XX, por su parte, ha sido testigo de un drástico cambio de actitud del hombre hacia los mamíferos marinos: de criaturas casi desconocidas y misteriosas, pasaron a convertirse en animales altamente apreciados, tanto por su carisma como por ser especies distintivas de diversos ecosistemas. Así, la ballena franca austral *(Eubalaena australis)*, ignorada durante muchas décadas, se convierte a partir de los primeros estudios en la década de 1970 en uno de los emblemas de la Patagonia y en el primer Monumento Natural de Argentina.

La crisis de la explotación ballenera, dada a conocer a partir de los años de 1970, alerta tanto a científicos como a público en general sobre la situación extrema que atravesaban diversos *stocks* de ballenas como muchas especies de delfines que, por cientos de miles, eran capturados incidentalmente por la industria pesquera del atún en el Pacífico. Todo ello llevó al nacimiento de numerosas organizaciones no gubernamentales que, mediante distintas estrategias y estilos, pusieron sobre el tapete las situaciones críticas por las cuales atravesaba gran parte de los mamíferos marinos. Esta nueva conciencia sobre el manejo de los recursos renovables y cambios en la política de los organismos intergubernamentales, como la Comisión Ballenera Internacional (CBI), permitieron que luego de varios años de lucha se concretaran la moratoria ballenera y la creación de santuarios para la protección de estas especies y que se diseñaran nuevas redes de pesca que permitan el escape de los delfines para disminuir drásticamente el número de muertes inútiles.

Sin duda que el análisis histórico de la explotación de los recursos marinos indicaba el total fracaso de los organismos internacionales en su función regulatoria tanto como la de los cuerpos técnicos y las metodologías de evaluación y regulación aplicadas. Algo similar ocurrió con la pesca en general y los organismos internacionales de promoción y regulación, pues en pocas décadas se ha llegado a la sobrepesca de la mayor parte de los recursos, un indicador más del fracaso del asesoramiento científico técnico. Es importante tener presente que el problema de la sobrepesca no sólo afecta el recurso sobreexplotado, sino que también repercute en forma indirecta –pero contundentemente– en gran parte de los mamíferos marinos que se sustentan tróficamente de ellos.

Los mamíferos marinos, además, han resultado excelentes indicadores de los riesgosos niveles de contaminación que deterioran ciertas regiones del mundo, dado que acumulan en sus tejidos y órganos diversos contaminantes, tales como metales pesados, pesticidas y PCB. La Argentina no está excluida, según lo evidencian altas cantidades de tóxicos registradas en algunas especies locales.

Hasta nuestros días, el hombre ha exterminado el león marino del Japón (*Zalophus japonicus*), la foca monje del Caribe (*Monachus tropicalis*) y la vaca marina de Steller (*Hydrodamalis stelleri*). Sorprendentemente no lo ha hecho aún con ninguna especie de cetáceo, si bien varias ballenas se hallan en situación crítica, como el caso de la ballena azul (*Balaenoptera musculus*), la franca boreal (*Eubalaena glacialis* y *Eubalaena japonica*) y pequeños cetáceos como el delfín del río Yangtzé (China) o *baiji* (*Lipotes vexillifer*), el delfín del Ganges (India) (*Platanista gangetica*), la vaquita (*Phocoena sinus*) de México y el delfín de Hector (*Cephalorhynchus hectori*) de Nueva Zelanda. En el Atlántico sur, sin duda, la franciscana (*Pontoporia blainvillei*) es la especie más amenazada por la frecuente captura incidental en redes de pesca. Se estima que de mantenerse el ritmo actual de capturas, podría estar a punto de extinguirse en algunas regiones durante los próximos 30 años.

Los mamíferos acuáticos están representados de la siguiente forma:

Taxón	Géneros	Especies
Pinnipedia	21	36
Cetacea	39	86
Sirenia	3	5
Total de especies	63	127

Los Carnívoros Marinos

Osos polares, nutrias marinas y pinnípedos (lobos marinos, morsas y focas) son mamíferos altamente especializados para la vida acuática que, por diversas características estructurales y evolutivas, se los incluye dentro del orden Carnivora. Tradicionalmente se reconocía el suborden Pinnipedia (del latín *pinna* = pluma, ala; *pes* = pie), que incluía todos los carnívoros acuáticos con cuatro apéndices en forma de aleta, y se los diferenciaba del suborden Fissipedia, o carnívoros terrestres con apéndices en forma de pata. Profundos cambios en la clasificación de los carnívoros hicieron que no se reconociera más a los pinnípedos y fissípedos como categorías válidas para el orden Carnivora, sino al contrario, como las familias Otariidae (lobos marinos), Phocidae (focas), Odobenidae (morsas), Ursidae (osos) y Mustelidae (nutrias) pertenecientes al nuevo Suborden Caniformia. Estudios anatómicos y moleculares han reconocido unánimemente la gran afinidad dentro de los Caniformia, que también incluyen los cánidos, mapaches y osos pandas.

Aunque pinnípedos y fissípedos no sean actualmente correctas, siguen resultando denominaciones coloquiales de gran valor. Así, será utilizado pinnípedos para lobos marinos, focas y morsas y fissípedos marinos para osos polares y nutrias marinas al abordar esas especies en esta guía.

Fissípedos Marinos

Familia Mustelidae

Los mustélidos comprenden algo más de 60 especies, entre las cuales se reconoce a las nutrias, armiños, hurones y martas. Las nutrias generalmente son de pequeño tamaño, que habitan regiones templadas frías y tropicales de todo el planeta, con excepción de Antártida y Australia. Existen 14 especies de nutrias, todas vinculadas con cuerpos de agua, principalmente dulce. Sólo la nutria marina (*Enhydra lutris*) y el chungungo *Lutra* [=Lontra] *felina* se pueden clasificar como verdaderamente marinas debido a que su alimentación se basa exclusivamente en peces e invertebrados costeros, si bien otras 6 especies de nutrias pueden ocasionalmente merodear regiones marinas. En América del Sur sólo el chungungo representa los mustélidos marinos, si bien en zonas de Tierra del Fuego y sur de Chile ocasionalmente la nutria lacustre o huillín (*Lutra provocax*) puede recorrer regiones costeras rocosas.

Entre los mamíferos marinos las nutrias son las especies de menor tamaño, lo que les acarrea un serio problema para mantener la temperatura corporal (a menor volumen del cuerpo, mayor superficie). Al carecer de una importante capa de grasa, su aislamiento se basa principalmente en el pelaje. El pelo de las nutrias probablemente es el más denso y sedoso del reino animal, por lo que han sido cazados irracionalmente durante siglos. En la actualidad, la gran mayoría de sus especies se encuentran amenazadas en su conservación. Las nutrias marinas habitan en diversos ecosistemas costeros del Pacífico, donde desarrollan todo su ciclo de vida, mientras el chungungo realiza breves visitas a costas marinas expuestas para alimentarse. Por su particular modo de vida, las nutrias poseen gran habilidad para manipular presas con las patas anteriores y son de los pocos animales que utilizan rocas para romper caparazones de invertebrados (moluscos, cangrejos y equinodermos).

Familia Ursidae

De las 7 especies de osos actuales, sólo el polar (*Ursus maritimus*) es clasificado como marino. Su característico pelaje blanco amarillento, muy denso e impermeable, gran cabeza y patas poderosas hacen a este animal no sólo fácilmente reconocible, sino también el más grande de los osos actuales. Habitantes exclusivos del Artico, se supone que han evolucionado a partir de osos pardos hace unos 200.000 años, para constituirse en la más reciente de las especies. Su habilidad para adaptarse a climas tan extremos hace que, a diferencia de otros osos, no hibernen y que su alimento principal lo constituyan las focas de anillo (*Pusa* [=*Phoca*] *hispida*) y focas barbadas (*Erignathus barbatus*). De hábitos generalmente solitarios, pueden trasladarse más de 4.000 kilómetros entre regiones heladas en búsqueda de alimento, basados principalmente en su muy refinado sentido del olfato.

Pinnípedos

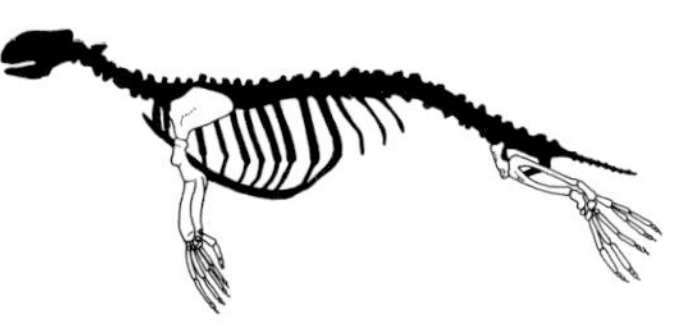

Esqueleto Familia Phocidae.

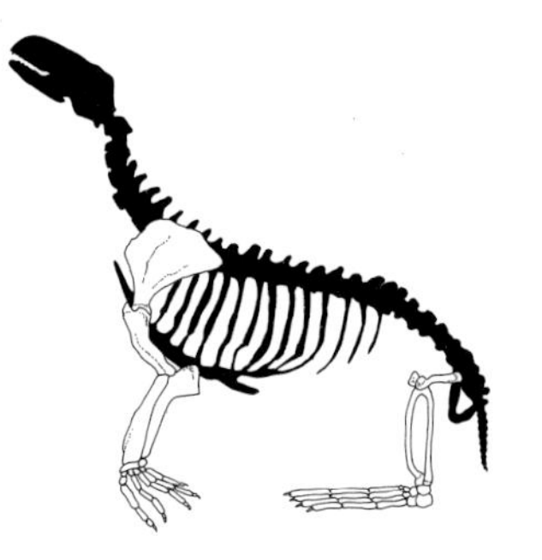

Esqueleto Familia Otariidae.

Los pinnípedos constituyen un grupo de 36 especies actuales muy especializadas para la vida acuática; su hábitat incluye mayormente ecosistemas marinos, aunque algunas especies también habitan zonas estuariales o grandes cuerpos de agua dulce. A diferencia de los cetáceos, no hay especies cosmopolitas de pinnípedo; la mayoría está restringida a determinadas cuencas oceánicas.

El ciclo de vida de las tres familias (Otariidae, Odobenidae y Phocidae) incluye períodos de permanencia en mar abierto para la alimentación y otros en tierra, donde se reproducen, mudan su pelaje y descansan. En tierra pueden asentarse tanto sobre sustratos rocosos, de cantos rodados, como sobre hielos fijos y flotantes de ambos polos. Generalmente, los lugares de asentamiento están cercanos a zonas de alta productividad marina, donde se concentran en sectores costeros de poca superficie y en altas densidades, regularmente reocupados durante años sucesivos.

Se cree que los pinnípedos se originaron hace algo más de 20 millones de años a partir de grupos de carnívoros arctoideos, aunque se debate si evolucionaron de un ancestro único (origen monofilético) o, al contrario, si lo hicieron de dos ancestros distintos (origen difilético). Esta última teoría, basada en estudios paleontológicos, sostiene que otáridos y odobénidos se habrían originado de la familia Ursidae (que incluye los osos actuales) en el Pacífico Norte, mientras las focas lo habrían hecho de la familia Mustelidae (que incluye las nutrias actuales) en el Atlántico Norte. Contrariamente a esta teoría, estudios genético-moleculares y paleontológicos han aportado evidencia en favor del origen monofilético hace unos 23 millones de años. Tales estudios, que cuentan con creciente aceptación internacional, proponen que los lobos marinos (Otariidae) constituyeron el primer grupo que se diferenció del tronco original en el Pacífico Norte, mientras focas y morsas se separaron más recientemente.

En general, los pinnípedos son animales de gran porte, cuyos cuatro apéndices se han modificado en forma de aleta o remo. Su cuerpo está cubierto de pelo, el cual mudan una vez al año, tanto en forma gradual y poco apreciable (como en algunos lobos marinos) o bien drástica y fácilmente visible (como en elefantes marinos). Al nacer tienen lanugo, que cambian en las primeras semanas de vida. Otra característica morfológica evidente es que en

Vista parcial de la anatomía de un pinnípedo.

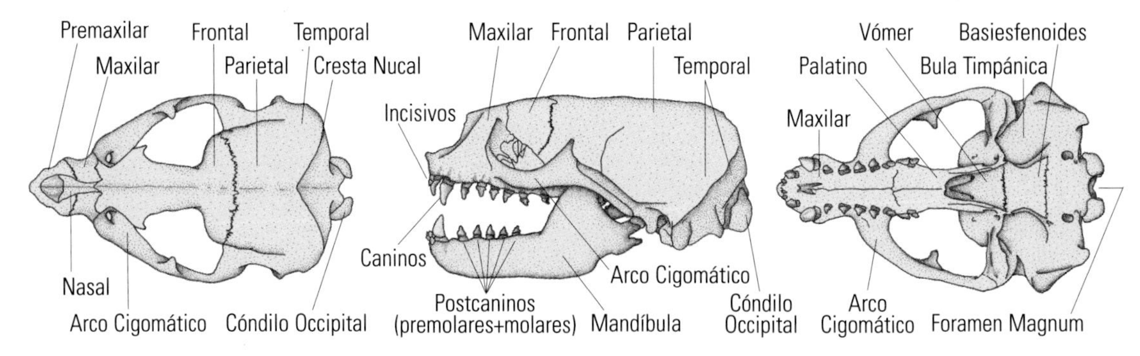

Anatomía del cráneo de un pinnípedo (vista dorsal, lateral y ventral).

muchas especies se presenta un marcado dimorfismo sexual, con los machos generalmente de mayor porte que las hembras y algunas características morfológicas propias. En algunas focas que ejercen territorialidad en los fondos marinos, este dimorfismo pareciera revertirse: los machos son más pequeños y ágiles que las hembras.

Otra característica de estos mamíferos marinos es que las hembras paren un solo cachorro, que nace y es amamantado en tierra firme. La leche es extremadamente rica en grasas, y la lactancia puede ser muy variable, más de un año en algunos lobos marinos y morsas, a períodos de menos de un mes en la mayoría de las focas.

El estudio del comportamiento reproductivo en este grupo tiene una larga historia con resultados sorprendentes. Varias especies tienen un sistema de tipo poligínico, por el cual machos individuales monopolizan la fecundación de grandes grupos de hembras distribuidas en una estructura social denominada "harén". En los elefantes marinos, estos harenes pueden ser excepcionalmente grandes y albergar cientos de hembras, celosamente vigiladas por el macho dominante o macho *alfa*. Otras especies, al contrario, no retienen números importantes de hembras y sus sistemas de apareamiento son más similares al monogámico.

La alimentación de este grupo es muy variada; algunas especies cazan presas en aguas abiertas o pelágicas, mientras otras lo hacen cerca de los fondos marinos (especies demersales) o sobre ellos (especies bentónicas). Entre las presas figuran peces, calamares y otros invertebrados bentónicos, aunque también hay aves marinas e incluso otras especies de mamíferos marinos, como ocurre con la foca leopardo (*Hydrurga leptonyx*). Aunque la mayoría de los lobos marinos y morsas bucean en aguas someras para alimentarse, muchas focas presentan habilidades excepcionales. La foca de Weddell (*Leptonychotes weddellii*) y el elefante marino (*Mirounga leonina*) han probado ser buceadores de gran profundidad, con inmersiones frecuentes que superan los 100 metros y de varios minutos, si bien las inmersiones récord superan los 1.000 metros y llegan casi a dos horas

Aunque con menor impacto en la opinión pública, los pinnípedos han sido objeto de explotaciones irracionales comparables con las de las ballenas. A lo largo de todo el hemisferio sur se desarrolló una indiscriminada caza de lobos marinos para obtener sus pieles durante las últimas décadas del siglo XVIII y todo el XIX. Otras especies de focas, en especial los elefantes marinos, fueron cazados para obtener aceites del procesamiento de su gruesa capa de grasa. Centenares de miles de animales eran faenados anualmente en las remotas islas australes, y muchas poblaciones casi quedaron exterminadas. Sólo para el Atlántico Sur se estima una faena de cerca de 3 millones de pinnípedos. Muchas especies explotadas jamás han podido recuperarse y, lamentablemente, algunas, como la foca monje del Caribe (*Monachus tropicalis*) y el lobo marino de un pelo del Japón (*Zalophus japonicus*), se creen definitivamente extinguidas. Por fortuna, las poblaciones del lobo marino de dos pelos antártico y del elefante marino del Norte, se han recuperado explosivamente, luego de cacerías que sólo dejaron unas pocas decenas de animales.

Familia Otariidae

Las 15 especies de lobos marinos de distintos mares del mundo poseen características externas bastante similares. Para una rápida y definitiva identificación debe observarse con detalle la cabeza, ya que detrás de los ojos se encuentran las orejas, pequeñas y puntiagudas, que sobresalen entre el pelaje y que no están desarrolladas en las focas ni en las morsas. Es marcado el dimorfismo sexual; los machos son varias veces mas pesados que las hembras y desarrollan gran musculatura en el cuello y abundante melena. Esta diferencia está relacionada con el sistema de apareamiento de todos los lobos marinos, ya que la poliginia es característica de la familia y exige defender un territorio y a las hembras del harén del acoso de machos competidores.

El andar en tierra resulta muy particular, ya que sus aletas posteriores pueden ser rotadas hacia delante y caminar eficientemente sobre sus cuatro miembros. La natación la realizan fundamentalmente con movimientos simultáneos de ambas aletas anteriores, porque las posteriores se mantienen extendidas hacia atrás y no cumplen función locomotora. Una observación detallada de las aletas muestra que las anteriores son de mayor tamaño y con uñas muy reducidas o ausentes y que todos los dedos están completamente incluidos en ellas, mientras las posteriores presentan uñas en los tres dedos centrales, con extensiones membranosas que se alargan desde cada dedo.

Dentro de los lobos marinos hay dos agrupamientos de especies que muchos autores consideran subfamilias. La separación de estos grupos se basa en la forma general del cuerpo y en las características del pelo. Los lobos marinos de dos pelos deben su nombre a las dos capas que forma su pelaje: una interna, densa e impermeable, que mantiene la piel seca, y una segunda, de pelo rígido, que cubre el primero y otorga el color al animal. Sus cuerpos son generalmente estilizados, con cabezas puntiagudas y orejas largas. Los lobos marinos de un pelo, en cambio, son de aspecto claramente leonino, ya que los machos desarrollan su cuello en grado extremo, sus hocicos son romos y la melena suele ser importante. En este grupo la capa interna de pelo está muy poco desarrollada, de manera que el pelaje aparece corto y rígido. Ambos grupos complementan el aislamiento térmico del pelaje con una capa de grasa subcutánea.

Con la única excepción de dos especies que habitan el Pacífico Norte (*Arctocephalus townsendi* y *Callorhinus ursinus*), los lobos marinos de dos pelos se distribuyen exclusivamente en todo el Hemisferio Sur. Las cinco especies de lobos marinos de un pelo, tienen distribución restringida a la cuenca del Pacífico, con la excepción del lobo marino de un pelo sudamericano (*Otaria flavescens*), que también habita la costa atlántica de Sudamérica. A pesar de habitar zonas frías, los lobos marinos no se concentran en áreas de hielo.

Familia Phocidae

A diferencia de la semejanza entre las distintas especies de lobos marinos, el grupo de las focas incluye 19 especies no tan homogéneas en su aspecto general. Se caracterizan por no tener pabellones auditivos externos y presentan distintas graduaciones en el dimorfismo sexual; en algunas especies los machos son varias veces mayores que las hembras, mientras en otras son ellas las de mayor porte. Sin duda, es el grupo de pinnípedos numéricamente más importante; cerca del 80% de los ejemplares actuales corresponden a esta familia.

La forma de desplazamiento en tierra contrasta con la de los lobos marinos; no pueden retraer hacia delante sus aletas posteriores para participar en la locomoción, por lo cual las focas reptan usando el vientre; las aletas anteriores tampoco tienen una función determinante en estos movimientos, y sólo en algunos casos suelen ser utilizadas para la tracción. La natación también es muy característica en esta familia, y distinta de las de los lobos marinos, porque se propulsan con movimientos alternados de las aletas posteriores, mientras las anteriores permanecen pegadas al cuerpo o pueden desplegarse para realizar cambios en la dirección del desplazamiento. Las aletas presentan formas distintas de las de los lobos marinos; en las anteriores las puntas de los dedos están separadas externamente con uñas bien desarrolladas, mientras en las posteriores los dedos se hallan totalmente incluidos y sus uñas pueden presentar distinto grado de desarrollo. Como consecuencia de las características de ambas familias, los lobos marinos son capaces de rascarse la parte anterior del cuerpo con sus aletas posteriores, mientras las focas pueden hacerlo con sus miembros anteriores.

El cuerpo de las focas es generalmente más compacto y redondeado que el de los lobos marinos. El pelo es muy corto y duro, y su principal aislamiento térmico es la capa de grasa, muy importante en algunas especies polares.

Las subdivisiones dentro del grupo de las focas no son tan claras y tajantes como en los otáridos; hay muchas discusiones entre los especialistas. Las focas árticas y templadas frías del hemisferio norte son consideradas claramente distintas de las cuatro especies de focas antárticas por características anatómicas y genético-moleculares. Una posición cambiante ha surgido alrededor de las focas monje, de distribución tropical y subtropical; junto con los elefantes marinos, parecieran estar emparentadas con las especies antárticas. No obstante, seguramente nuevos agrupamientos en la familia Phocidae seguirán surgiendo en el futuro.

Familia Odobenidae

Las morsas son animales exclusivamente árticos, que se caracterizan por su gran porte y el desarrollo de dientes caninos superiores en forma de colmillos, que pueden sobresalir hasta un metro de la boca en ambos sexos. Animales virtualmente desnudos por la gran reducción de pelaje, su principal aislamiento térmico es proporcionado por su gruesa capa de grasa subcutánea. Actualmente esta familia está representada por una única especie (*Odobenus rosmarus*), aunque el registro fósil indica un grupo muy diversificado en el pasado.

Las morsas presentan algunas características intermedias entre lobos marinos y focas, mientras otras son exclusivas de esta familia. Las aletas posteriores son similares a las de las focas, pero las retraen para caminar en tierra como los lobos marinos. Las aletas anteriores, en cambio, no pueden sostener el peso del cuerpo, por lo que tienen movimientos mixtos de galope y reptante cuando se desplazan en tierra. La propulsión en el nado la realizan con ambos pares de aletas, si bien recae en las posteriores. A diferencia de los lobos marinos y focas, las morsas dan cachorros cada dos años, y la lactancia en muchos casos supera los dos años. El sistema de apareamiento es muy distinto al observado en estos dos grupos; los machos se concentran en áreas particulares para ejecutar comportamientos de atracción de las hembras, que seleccionan los ejemplares machos con los que van a aparearse.

Los Cetáceos

Las 86 especies de cetáceos actuales (orden Cetacea) se dividen en dos grandes grupos: los misticetos, o cetáceos con barbas (suborden Mysticeti), que incluye a las grandes ballenas, y los odontocetos, o cetáceos con dientes (suborden Odontoceti), entre los cuales se hallan los delfines, marsopas, cachalotes y zifios (también conocidos como "ballenas rostradas o picudas"). Todos estos últimos poseen dientes en número y forma variable, mientras los primeros carecen de ellos y poseen, en cambio, un conjunto de placas triangulares de tamaño variable, llamadas barbas, y que, a modo de filtro, están dispuestas en forma paralela sobre la quijada superior. Una segunda característica, muy fácil de observar si uno está cerca de un cetáceo, es que mientras los misticetos poseen dos aberturas respiratorias separadas, los odontocetos sólo poseen una.

Los cetáceos evolucionaron de ancestros terrestres hace unos 55-60 millones de años, aunque hay un encendido debate acerca de cuáles fueron esos ancestros Estudios anatómicos genéticos y moleculares sugieren que los mamíferos más emparentados son los artiodáctilos o mamíferos con pezuña hendida (orden Artiodactyla) y, entre ellos, los más próximos a los cetáceos –según estudios recientes– serían los hipopótamos.

Durante muchos millones de años todos los linajes de cetáceos fósiles evidenciaron un cambio de estructuras muy profundo y una gran diversidad de formas, las cuales revelan repetidas transformaciones funcionales, ecológicas y taxonómicas en la historia de los cetáceos. No se trataría de una historia lineal, en la cual las condiciones y factores se mantuvieron constantes, sino que refleja, al contrario, los drásticos cambios producidos en los ambientes marinos de la Tierra a lo largo del tiempo. Pese a ello, no se observa en los cetáceos extinciones catastróficas como en el típico caso de los dinosaurios y algunos otros grupos de vertebrados.

En la actualidad está científicamente aceptado que odontocetos y misticetos han derivado de un grupo ancestral común de cetáceos primitivos, extinguidos hace unos 30 millones de años, que se conocen como arqueocetos (suborden Archaeoceti). Estos animales, que habitaban en las cálidas y someras aguas del antiguo Mar de Tethys (único mar de nuestro planeta antes de la formación de los actuales continentes), sufrieron una rápida diversificación durante el Eoceno (50-35 millones de años). Sus más de 30 especies descubiertas hasta el presente resultan extremadamente importantes para la ciencia, dado que los restos documentan con claridad la transición de formas terrestres a formas acuáticas. Estas mutaciones iniciales estuvieron vinculadas con grandes variaciones ambientales y ocasionaron como consecuencia vastas adaptaciones en la locomoción y audición de estos mamíferos.

Cuando se inicia la declinación mundial de los arqueocetos, durante el oligoceno (hace unos 35 ma), de un grupo particular de ellos (superfamilia Basilosauroidea) parecen haberse originado los odontocetos y misticetos. La diversificación temprana en los hábitos alimentarios –que demoró unos 5 millones de años– aparentemente desembocó en la clara y rápida separación de estos dos grupos con el temprano surgimiento de dos características que claramente diferencian a los cetáceos actuales: la ecolocalización en los odontocetos y la alimentación filtradora en misticetos.

En esos momentos, paralelamente se producían ingentes alteraciones geográficas, como la división del gran continente de Gondwana y la apertura del Océano Austral, y se iniciaban procesos de enfriamiento que marcaban los gradientes trópico-polares, además de la gestación de grandes variaciones en la biodiversidad marina. A me-

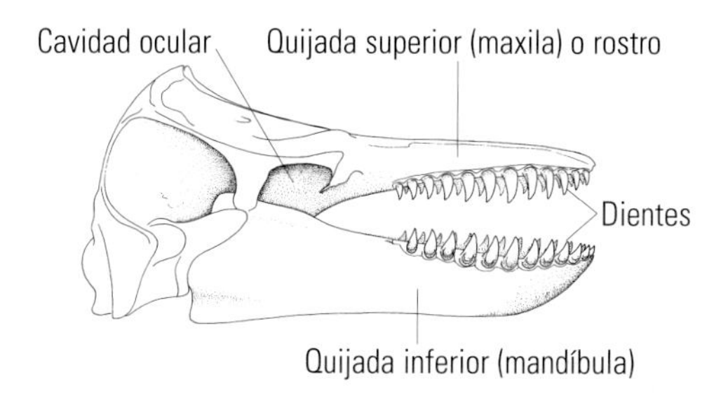

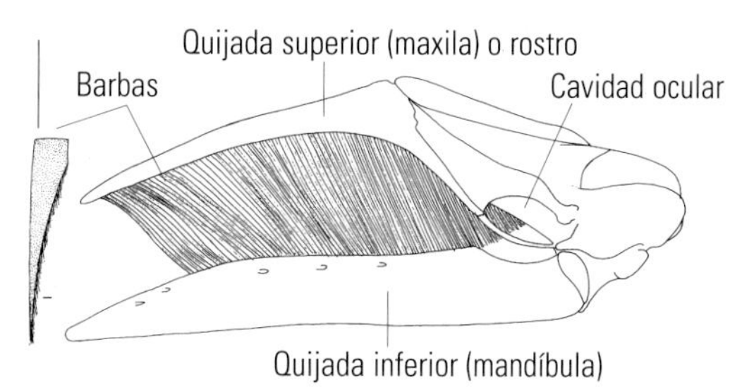

Vista lateral del cráneo de un odontoceto (orca) y de un misticeto (ballena franca pigmea) (según A. Baker).

diados del Mioceno (12-15 ma) se produjo el tercer y más reciente acontecimiento en la historia evolutiva de los cetáceos, debido a la rápida aparición de varias familias de odontocetos y misticetos que abundan en la actualidad.

La forma general del cuerpo de los cetáceos muestra claramente la gran modificación que han sufrido sus estructuras para adaptarse a los requerimientos de la vida acuática. Sus hábitos generales también debieron evolucionar en este denso medio, por lo cual deben nadar casi permanentemente, salir con mucha frecuencia a la superficie para respirar, y poder suspender por períodos prolongados la respiración para obtener alimento, muchas veces, a profundidades asombrosas. Deben evitar también la pérdida de calor en el mar, amamantar y criar sus cachorros en el agua y modificar sus sistemas sensoriales para vivir en un ambiente donde la visión y el olfato son de escasa utilidad, y donde la comunicación sonora resulta vital para la supervivencia.

Toda esta combinación de circunstancias hace que los cetáceos compartan un plan corporal muy similar. De cuerpos hidrodinámicos, han perdido el pelo y reducido todas sus estructuras externas para evitar la resistencia durante el desplazamiento en el agua. Cambiaron el cráneo radicalmente: las fosas nasales se han corrido a la parte superior de la cabeza, mientras los maxilares y premaxilares se extienden para formar un rostro muy largo, proceso conocido como telescopización del cráneo. Las modificaciones del resto del esqueleto no han sido menores: los brazos y manos se han reducido y unido para formar aletas achatadas en forma de remo, cuya estructura rígida les permite modificar la dirección y ofrecer estabilidad al cuerpo durante la natación. Las patas traseras han quedado reducidas a pequeños rudimentos, ubicados internamente cerca de la columna. Los cetáceos han desarrollado de modo secundario una cola, o aleta caudal, de características fibrosas y que no posee soporte esqueletario, y cuya posición horizontal le otorga la propulsión durante el nado, en un sentido opuesto al uso de la cola por parte de los peces. La gran mayoría de los cetáceos poseen, además, una aleta dorsal fibrosa que colabora para mantener la estabilidad del cuerpo. Una gruesa capa de grasa actúa como aislante para evitar la pérdida del calor, mientras los órganos internos guardan gran similitud con el resto de los mamíferos.

Los cetáceos paren un único cachorro, cuyo tamaño suele ser grande en relación con su madre; este hecho podría vincularse con la pérdida de calor, dado que es mucho mayor a medida que se reduce el volumen del cuerpo. Los cachorros también suelen ser precoces en su comportamiento general, y usualmente la hembra es ayudada por otros animales durante el parto; también lo hacen algunas veces durante la crianza del cachorro.

Tanto delfines como ballenas crecen espectacularmente en el primer año de vida, período en que duplican el largo y ganan más de cinco veces su peso. La lactancia puede variar entre varios meses a más de dos años en especies muy sociales como las orcas (*Orcinus orca*) y cachalotes (*Physeter macrocephalus*). La composición de la leche es extremadamente rica en grasas (generalmente superan el 40%); ese largo período de cuidado materno favorecería la supervivencia de los cachorros.

Agrupaciones sociales estables caracterizan muchas especies de cetáceos, mientras en otras pareciera no haber lazos muy fuertes entre los individuos. La interacción de diversos factores ecológicos, principalmente la presión de predadores y la distribución de los recursos alimentarios, son determinantes del tipo de estructuración de los grupos sociales. Aquellas especies que se alimentan de presas de alta movilidad se verían favorecidas al formar agrupaciones estables con comportamientos cooperativos de caza. En otras, sin embargo, la falta de predadores naturales y el tipo de agregación de sus presas parecen haber favorecido el desarrollo de grupos sociales muy pequeños, con lazos menos estrechos y cambiantes.

El comportamiento sonoro en los cetáceos es tan variado y fascinante que ha atrapado el interés humano desde hace décadas. Los sonidos producidos varían en contexto, frecuencia y tipo; se destaca la gran variedad de *clics* de ecolocalización, silbidos para comunicación y los pulsos muy graves producidos por las grandes ballenas. Estos sonidos pueden estar estructurados como los dialectos en el caso de las orcas, como codas en los cachalotes y también como canciones en el caso de las ballenas jorobadas (*Megaptera novaeangliae*). Sin duda, los sonidos de los cetáceos están entre los más complejos y tal vez menos conocidos de la naturaleza.

Misticetos

Esqueleto de un Misticeto.

Las ballenas son los animales más grandes que habitan el mar: alcanzan tamaños asombrosos, como la ballena azul (*Balaenoptera musculus*), que supera los 30 metros de largo y las 100 toneladas de peso. En general no presentan una marcada diferencia de tamaño entre los sexos, aunque normalmente las hembras son algo más grandes que los machos.

Desde tiempos inmemoriales, los marinos identificaban a las ballenas por el resoplido, "surtidor" o "chorro" que producen cuando salen a respirar. Contrariamente a la creencia generalizada, no se trata de un chorro de agua, sino que es una nube formada por la mezcla de aire que se condensa al salir del cuerpo caliente de la ballena junto con gotas de agua que se atomizan por la presión del aire exhalado, formando una especie de *spray*.

Detalle de las barbas de un Misticeto.

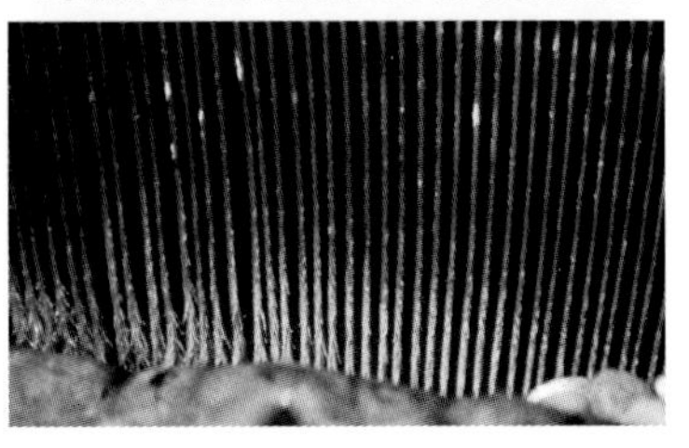

La visibilidad del resoplido está relacionada tanto con la distancia a que se observan los ejemplares, como con las condiciones ambientales, en particular la luz.

La alimentación de estos enormes animales resulta en cierta forma paradójica, ya que se adaptaron para ingerir los organismos más pequeños del mar, incluidos zooplancton y cardúmenes de pequeños peces de hábitos pelágicos. Las barbas de las ballenas son un eficiente sistema filtrador, que separa las presas pequeñas de los grandes volúmenes de agua que ingresan junto con ellas a la cavidad bucal, porque su diseño hace que las barbas estén deshilachadas en su sección interna y les permitan actuar como un gigantesco filtro. Comúnmente las ballenas se alimentan en las capas más superficiales del mar; no realizan buceos muy prolongados ni profundos. La forma en que detectan alimento sigue siendo un misterio, y dado que no hay evidencia de que posean ecolocalización, se ha propuesto que probablemente escuchen en forma pasiva a sus presas. Algunas ballenas, como la jorobada, han desarrollado técnicas de capturas muy refinadas como la utilización de trampas de burbujas, con las cuales rodean a sus presas antes de ingerirlas.

Las áreas de alimentación de las ballenas se hallan generalmente separadas por miles de kilómetros de las zonas de reproducción, lo que obliga a varias especies a realizar largas migraciones anuales. En algunos casos, como en la ballena gris (*Eschrichtius robustus*) y la jorobada, estas migraciones suelen superar los 10.000 kilómetros. A pesar de no ecolocalizar, la producción de sonido está muy bien desarrollada para la comunicación entre individuos. Los sonidos producidos son por lo general muy graves y prolongados, y se supone pueden escucharse a más de 3.000 km de distancia. Por el momento se desconoce si estos extraños sonidos tienen una función exclusivamente comunicativa o, al contrario, si son herramientas de utilidad para la orientación y navegación.

Grabado de las primeras actividades balleneras europeas.

Pocos animales en este planeta han estado sujetos a una explotación tan antigua e indiscriminada como ha ocurrido con las ballenas. Los primeros registros de los vascos datan de los siglos XI y XII, y las capturas se prolongan hasta llegar al siglo XX, en el cual fueron masacradas cerca de 2 millones de ballenas sólo en el hemisferio sur. Esto produjo una notable reducción en sus poblaciones, o *stocks*, muchas de las cuales se encuentran en niveles críticos, como en el caso de las ballenas francas y azules. Aunque la caza comercial se ha reducido sustancialmente en los últimos años, nuevas amenazas acechan a varias especies. La captura incidental en redes de pesca y la colisión con grandes embarcaciones siguen siendo causas de muerte de muchas ballenas por año.

Hay en en la actualidad **cuatro familias de ballenas**: Balaenidae (ballenas francas), Neobalaenidae (ballena franca pigmea), Balaenopteriidae (rorcuales) y Eschrichtidae (ballena gris), dentro de las cuales se considera actualmente la existencia de 13 especies. La taxonomía de este grupo se encuentra en amplio debate, ya que la utilización de nuevas técnicas genéticas ha permitido que varias especies consideradas únicas fueran separadas en nuevas especies o subespecies. A excepción de la familia *Eschrichtidae*, el resto de las familias de ballenas han sido registradas en el Mar Argentino y la Antártida.

Familia Balaenidae

La ballena de Groenlandia, junto con las tres especies de ballenas francas (*Eubalaena glacialis, E. japonica* y *E. australis*), reconocidas recientemente, forman un grupo muy homogéneo de especies que definen esta familia. De cuerpos robustos y cabezas muy grandes, la ausencia de aleta dorsal y los cráneos arqueados hacen que sean perfectamente diferenciables del resto de las ballenas. Su cuerpo es muy robusto y se caracterizan por presentar las barbas más largas entre todas las ballenas. Dentro de esta familia, sólo la franca austral ha sido registrada en el Mar Argentino y la Antártida.

Familia Neobalaenidae

Esta familia incluye sólo una especie actual, la ballena franca pigmea (*Caperea marginata*). Distribuida exclusivamente en el hemisferio sur, esta pequeña ballena tiene una estructura relativamente intermedia entre las ballenas francas y los rorcuales. Tanto el rostro como el borde de los labios son arqueados, similar a las ballenas francas, aunque la presencia de aleta dorsal y un par de surcos ventrales las hace parecer en parte a los rorcuales.

Familia Balaenopteridae

Los rorcuales, incluidos en esta familia, están representados por las ballenas de mayor tamaño, como también por las más pequeñas. El cuerpo es notoriamente más estilizado que el de las ballenas francas, y poseen una serie de surcos ventrales, semejantes a un gran acordeón que se extienden desde el extremo anterior del cuerpo hasta cerca de la línea del ombligo. Estos surcos les permiten distender enormemente la cavidad de la boca, donde alojan grandes volúmenes de agua junto con el alimento, que luego filtran a través de sus barbas más bien cortas. La parte dorsal de la cabeza de los rorcuales es plana y todos poseen una aleta dorsal de pequeño tamaño. En años recientes, la taxonomía de este grupo ha variado notablemente, ya que se han descripto varias formas enanas de distintas especies, así como también la diferenciación de varias subespecies.

Familia Eschrichtidae

Esta familia incluye una única especie actual, la ballena gris *Eschrichtius robustus*. Distribuida exclusivamente en el hemisferio norte en ambas costas del Pacífico, fue extinguida en el Atlántico por la actividad ballenera de los siglos XVII y XVIII. Posee un cuerpo robusto (máx. 15 m) y desplazamiento lento, presentando una estructura intermedia entre las ballenas francas (Balaenidae) y los rorcuales (Balaenopteridae). Posee quijadas relativamente arqueadas y de 2 a 5 cortos pliegues en la garganta. Sus aletas pectorales poseen sólo cuatro dígitos y, más que una aleta dorsal, presenta una pequeña joroba, seguida de 6 a 12 nudosidades que se asemejan a las del cachalote.

Se alimentan de pequeños crustáceos bentónicos, o de fondo, y sus barbas son las más cortas de todas las ballenas. Es la especie de mayor migración, recorriendo alrededor de 8.000 km desde las zonas de alimentación hacia las de reproducción. La validez de esta familia ha sido debatida en los últimos tiempos.

Esquemas sobre los patrones de respiración, emersión e inmersión de grandes cetáceos (según A. Baker).

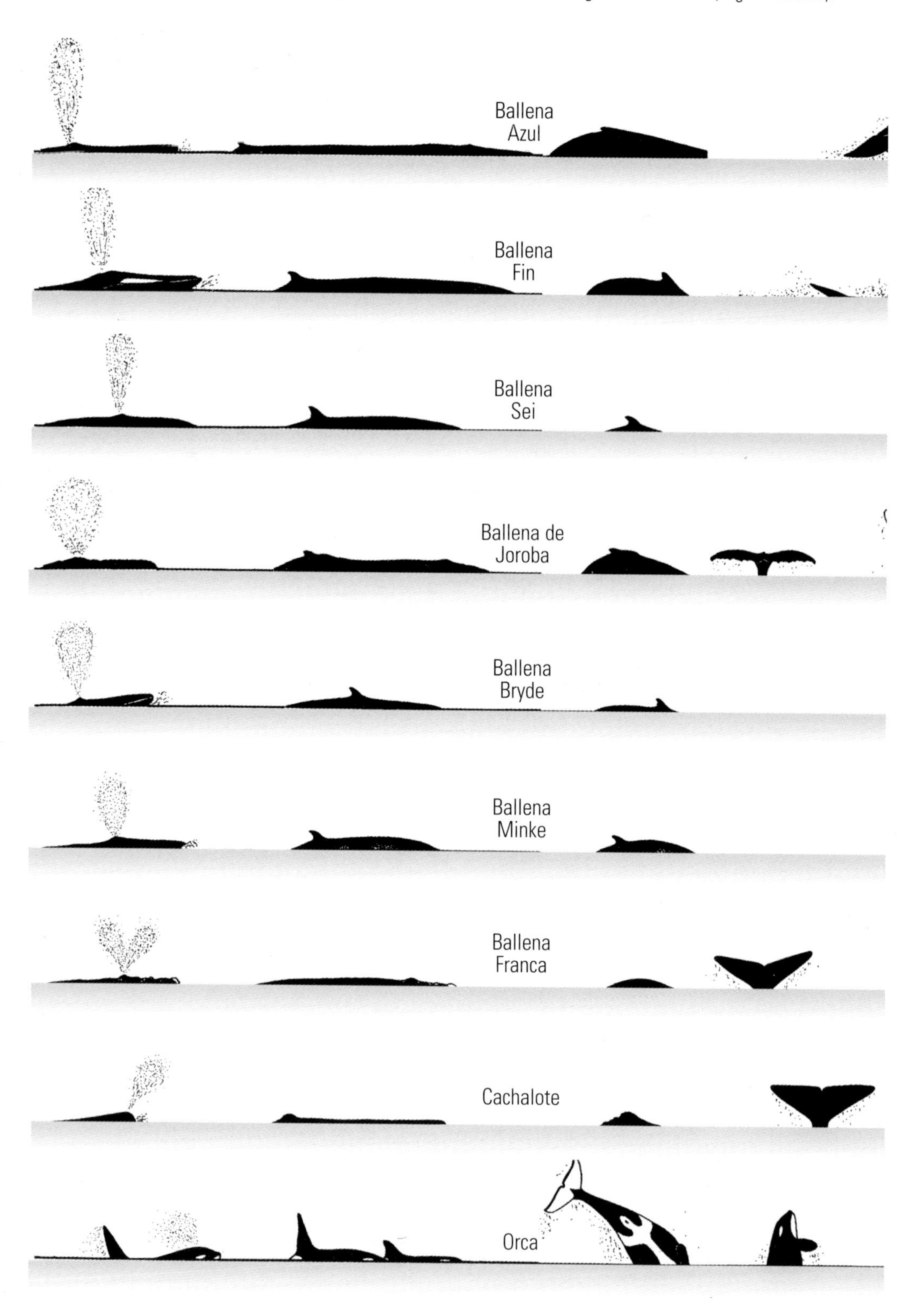

Odontocetos

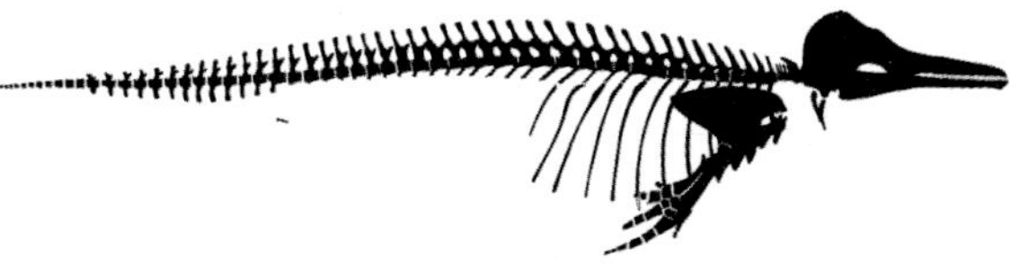

Esqueleto de un Odontoceto

Los odontocetos se caracterizan principalmente por poseer dientes a lo largo de toda su vida, si bien en algunas especies como los zífidos o "ballenas rostradas o picudas" (Familia Ziphiidae), éstos pueden estar embebidos dentro de las encías y permanecer así ocultos en los ejemplares frescos.

En la mayor parte de las especies los dientes suelen presentarse en gran número y ser semejantes entre sí, aspecto que se designa como homodoncia (del latín, dientes iguales). Sin embargo, en algunas especies de zífidos los dientes son poco numerosos y presentan distintas formas. Como sucede con otros grupos de mamíferos, los dientes son de utilidad para la identificación de las especies y en muchos casos en base a ese único elemento es posible identificarla. Existen algunos dientes de extraña forma y tamaño gigantesco como es el caso del "unicornio" del narval (*Monodon monoceros*).

Otra característica de los odontocetos es que poseen un único orificio respiratorio a diferencia de los misticetos, que poseen dos. El cráneo también presenta una característica peculiar, ya que visto dorsalmente se aprecia que es asimétrico. Otra característica es que poseen esternón formado por un mínimo de tres piezas óseas.

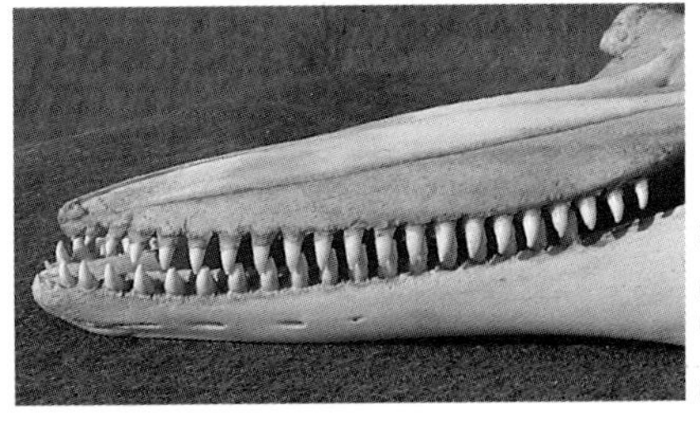

Foto: R. Bastida

Detalle de quijadas y dientes de un Odontoceto.

El Biosonar

El descubrimiento del biosonar se remonta a unos 200 años atrás, cuando a fines del siglo XVII el italiano Lázaro Spallanzari por primera vez encontró que los murciélagos eran capaces de volar y esquivar objetos en total oscuridad o incluso animales que él mismo había cegado. Un contemporáneo de Spallanzari, Charles Jurine, descubrió que los murciélagos perdían esa capacidad de navegación cuando se les tapaban sus oídos. Lamentablemente en esa época no se pudo entender la naturaleza del proceso, ya que los murciélagos parecían no emitir ningún sonido para navegar. Por más de 100 años no hubo respuesta a este enigma hasta que a principios de este siglo, H. Maxim (1912) y H. Hartridge (1920) especularon con que los ecos de los sonidos de alta o baja frecuencia emitidos por los murciélagos eran utilizados para la navegación a ciegas. Recién en 1938 el físico G. W. Pierce diseñó un instrumento para detectar sonidos ultrasónicos, mientras su discípulo Donald Griffin encontró, al reproducir los experimentos de Spallanzari, que los murciélagos emitían permanentemente sonidos ultrasónicos. Así, este científico acuñó el término *ecolocalización* para la ubicación de objetos mediante el eco de sus propios sonidos. La primera sugerencia de que los delfines podrían utilizar este tipo de sistema fue esbozada por McBride en la década de 1940, y para principios de la de 1950 se probó que los delfines podían tanto escuchar como producir sonidos de ecolocalización.

Para que una onda sonora provea información a un animal, ésta debe interactuar con el medio ambiente y tal interacción debe producir un cambio. Los delfines producen pulsos de muy alta frecuencia y luego detectan e interpretan los cambios ambientales recibiendo el eco. Tales pulsos (conocidos como *clics*) duran entre 10 y 500 milisegundos y tienen una frecuencia de 200 Hz a 150 kHz. Los sonidos son producidos en las vías respiratorias superiores y emitidos a través de la frente del animal, donde se encuentra un órgano especial conocido con el nombre de melón; los ecos, por su parte, son recibidos en la mandíbula inferior y de allí son directamente transmitidos al oído. A medida que los delfines se acercan a un objeto, estos sonidos son cada vez más frecuentes, hasta producir varios cientos de *clics* por segundo. Se cree que los delfines pueden determinar la distancia que los separa de un objeto por el intervalo de tiempo que transcurre entre los *clics* emitidos y los ecos recibidos, y también estimar la velocidad, forma y textura de los objetos sumergidos.

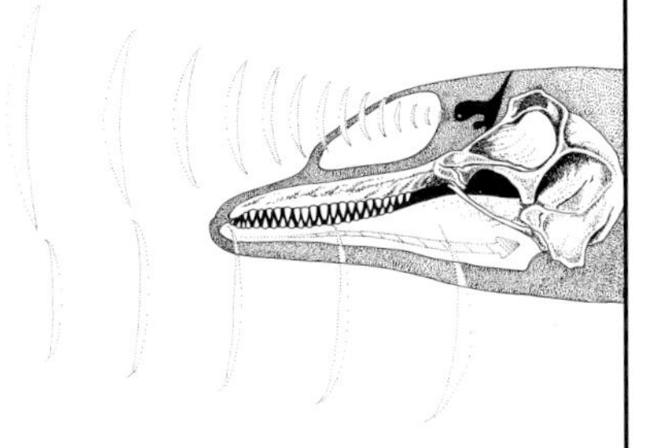

La cabeza posee internamente un complejo sistema de sacos nasales y un órgano de tejido graso que se ubica en la parte anterior, conocido como melón. Ambos intervienen en la emisión de sonido y en la ecolocalización. Los primeros son los que generan el sonido y el melón actúa como un órgano proyector de ondas a manera de haz de luz. Los sonidos al rebotar sobre los objetos son captados por la mandíbula y luego transmitidos al oído interno. De esta forma, estos cetáceos pueden desplazarse y capturar exitosamente sus presas en total oscuridad.

Los odontocetos en general son cetáceos de tamaño pequeño a mediano, con excepción del cachalote (*Physeter macrocephalus*) cuyos machos pueden superar los 18 metros de longitud. El dimorfismo sexual está claramente presente en muchas de las especies de odontocetos, aspecto éste que los diferencia de las ballenas.

La coloración también suele ser muy variable dentro del grupo, ya que algunas especies son de coloración uniforme y poco llamativa, como el caso de la franciscana (*Pontoporia blainvillei*), mientras que otras son complejas y contrastantes, como el caso del delfín común (*Delphinius delphis*) y la orca (*Orcinus orca*).

La distribución geográfica de los odontocetos suele ser más restringida que la de las grandes ballenas, dado que no realizan amplias migraciones, a excepción del cachalote, que suele recorrer anualmente grandes distancias. Otro aspecto que diferencia estos dos grupos de cetáceos es su alimentación, ya que los odontocetos se alimentan de presas de mayor tamaño, incluyendo crustáceos, calamares peces y otros mamíferos marinos. También suelen ser buceadores más profundos que las ballenas, especialmente en las especies que, como el cachalote, se alimentan de calamares gigantes y suelen realizar inmersiones a más de 1.000 metros de profundidad.

Con excepción de la familia Monodontidae (narval y beluga), el resto de las familias de odontocetos marinos se encuentran en el Mar Argentino o en la Antártida,

Vista parcial de la anatomía de un cetáceo.

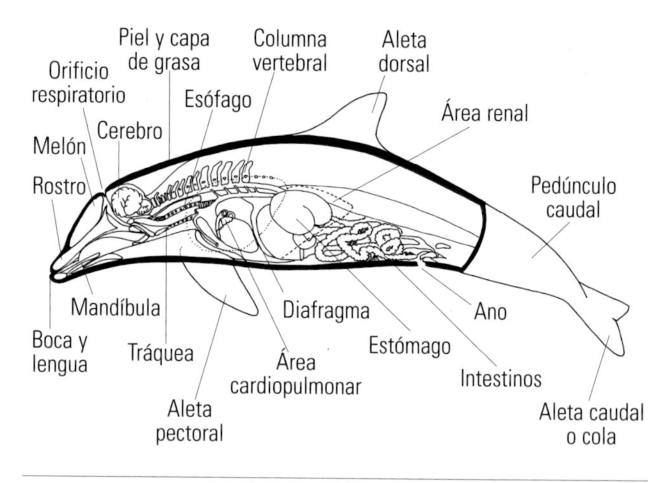

Anatomía del cráneo de un odontoceto (vista dorsal, ventral y lateral).

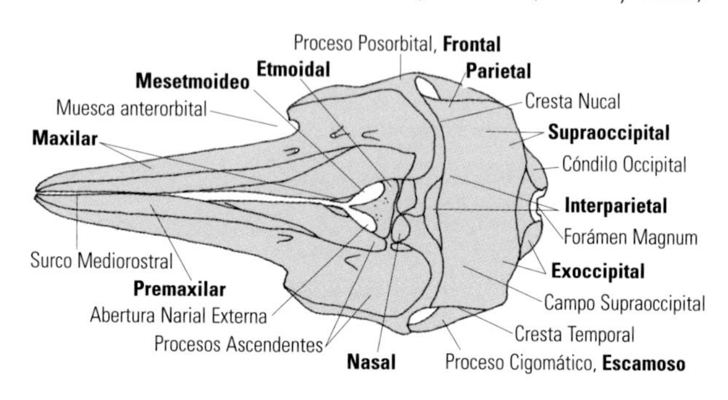

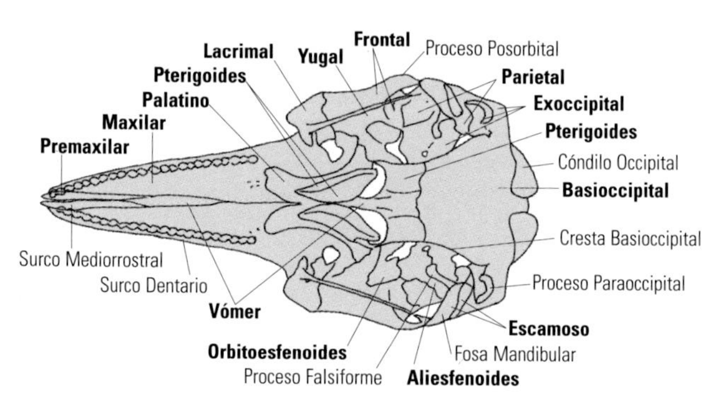

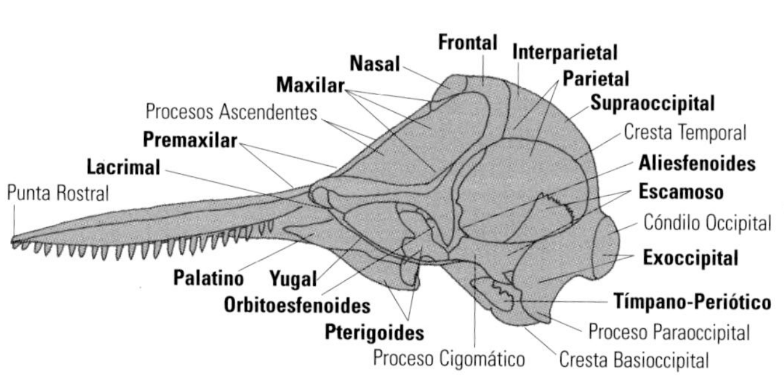

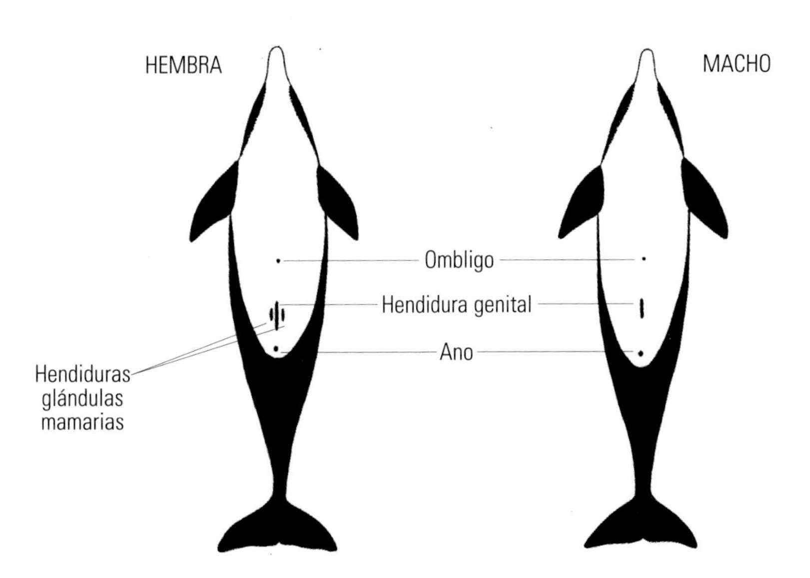

Vista ventral de un cetáceo, marcando las diferencias entre ambos sexos.

Familia Physeteridae

Está integrada por una única especie actual, el cachalote (*Physeter macrocephalus*), que es el mayor de los odontocetos vivientes. Posee un marcado dimorfismo sexual y es la única especie cuyo orificio respiratorio desemboca en el lateral izquierdo de la cabeza.

Su cabeza es muy grande y da lugar al órgano del espermaceti, que está vinculado con la proyección de sonido y con la fisiología de las inmersiones a gran profundidad. Posee grandes dientes exclusivamente en su quijada inferior y al cerrar la boca éstos encajan perfectamente en las cavidades presentes en la encía superior.

A diferencia del resto de los odontocetos poseen áreas de alimentación y reproducción separadas, las que visitan alternativamente luego de largas migraciones.

Son los campeones del buceo profundo, con registros de inmersiones de hasta más de 2.000 metros y durante períodos de más de dos horas.

Existen más de 20 especies fósiles de aspecto bastante diversificado que corresponden al Plioceno-Mioceno (entre 2 y 24 millones de años).

Familia Kogiidae

Es una familia de creación reciente que incluye dos especies actuales, el cachalote pigmeo (*Kogia breviceps*) y el cachalote enano (*Kogia sima*).

Anteriormente estaban incluidos en la familia *Physiteridae* pues comparten ciertas características óseas semejantes con el cachalote, si bien su pequeño tamaño y su aspecto escualiforme los diferencian claramente.

Su alimentación se basa fundamentalmente en calamares (dieta teutófaga) y posee dientes finos y puntiagudos exclusivamente en la mandíbula o quijada inferior.

Ambas especies tienen aleta dorsal pequeñas pero de forma clásica, y distinta de la del cachalote.

Ante el peligro suelen eliminar por su ano una sustancia de color pardo rojiza. Son animales poco activos y no realizan migraciones ni suelen formar grandes manadas. Hasta el presente se conoce muy poco sobre la biología y ecología de estas especies.

Familia Ziphiidae

Incluye los zifios o "ballenas rostradas o picudas", que comprenden un total de 20 especies y seis géneros, aunque aún deben aclararse varios aspectos taxonómicos de este grupo, que resulta poco común incluso para los biólogos.

En su mayoría son especies de tamaño mediano, de más de cuatro metros, si bien las más grandes pueden alcanzar 13 metros de longitud. Casi todas ellas poseen un rostro u hocico muy pronunciado, aletas dorsales y pectorales pequeñas y dos surcos característicos en la garganta en forma de V. La aleta caudal no presenta hendidura posterior. Llevan uno o dos pares de dientes funcionales en la quijada inferior exclusivamente los machos, a excepción del género *Berardius* en el cual las hembras también presentan dos pares de dientes expuestos, y el zifio de Shepherd (*Tasmacetus shepherdi*), donde ambos sexos tienen dos largas líneas de dientes pequeños.

En esta familia los dientes tienen gran importancia sistemática y además son usados entre los machos adultos en forma agresiva; debido a ello, frecuentemente se observan marcas y cicatrices en el cuerpo de los individuos machos adultos.

Se trata de cetáceos muy poco conocidos, que forman pequeñas manadas y, en su mayoría, se alimentan de calamares a grandes profundidades.

Los primeros registros fósiles corresponden al Mioceno si bien el origen de las formas actuales resulta incierto.

Familia Delphinidae

Comprende los delfines marinos representados por un total de 17 géneros y al menos unas 33 especies, si bien no existe consenso en cuanto a sus relaciones filogenéticas, ni tampoco su clasificación en subfamilias. Se han intentado diversos ordenamientos de esta familia en las últimas décadas, pero van cambiando permanentemente. Aún se presentan ciertas contradicciones entre la información proveniente de registros fósiles, la anatomía comparada y el conocimiento genético-molecular. Con cierta frecuencia se han registrado en esta familia casos de híbridos, varios de ellos incluso fértiles. Por todo eso los especialistas muchas veces la definen como un "tacho de basura taxonómica" que en algún momento habrá que reordenar.

Las especies que la integran son ampliamente variables tanto en tamaño y aspecto como en sus hábitos. Se encuentran algunas muy pequeñas como las del género *Sotalia* y *Cephalorhynchus,* que oscilan entre 1 y 1,80 m de largo, hasta la orca (*Orcinus orca*), que llega a medir cerca de 10 metros. En consecuencia, no conviene insistir en demasiados detalles anatómicos tendientes a su caracterización, salvo mencionar ciertos rasgos comunes de la morfología craneana tales como la asimetría izquierda, las características del vértex, la región nasal y algunos otros huesos del cráneo. Los delfínidos comparten sin embargo otro tipo de aspectos tales como el ambiente marino, presentar todos ellos un rostro, dientes cónicos y numerosos, y una aleta dorsal en la zona media del cuerpo, si bien para estos aspectos también existen excepciones en algunas de las especies que integran la familia.

Aparentemente los miembros de esta familia se originaron durante el Mioceno medio y tardío, hace aproximadamente entre 11 y 12 millones de años, aunque el registro fósil es escaso. La gran diversidad que se observa en las formas actuales podría ser consecuencia de una evolución explosiva producida probablemente hacia fines del Plioceno y quizás se hayan originado a partir de la familia *Kentriodontidae*, aunque persisten muchas dudas sobre las relaciones evolutivas de los *Delphinidae*.

Se los encuentra en todos los mares del mundo, bajo condiciones ambientales muy diversas, con hábitos tróficos y reproductivos ampliamente diversos.

Los situación poblacional de las especies de delfínidos es también ampliamente variable, desde algunas representadas por millones de ejemplares hasta otras altamente endémicas y representadas por sólo unos cientos de ejemplares.

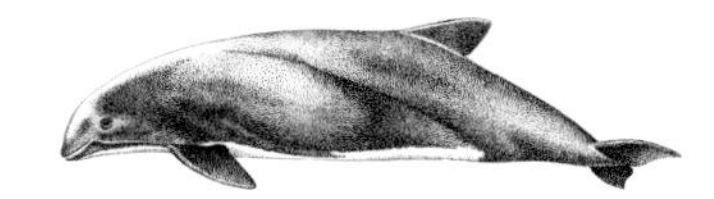

Familia Phocoenidae

Comprende a los pequeños cetáceos conocidos como marsopas. Abarca un total de 6 especies actuales, incluídas en 3 géneros.

Su pequeño tamaño (nunca exceden los 2,50 m de largo), su rostro poco prominente, sus dientes comprimidos en forma de pala y sus hábitos eminentemente costeros son algunos de los rasgos que tipifican a esta familia.

Si bien poseen una cierta estructura social, ésta parece ser menos definida y más laxa que en delfínidos, a la vez que no suele formar grupos tan numerosos.

Parecidas a los delfínidos en su aspecto general, las marsopas filogenéticamente están apartadas de los delfines aunque ambos poseen un ancestro común, aunque no hay consenso en cuanto a las relaciones filogenéticas de las especies actuales.

La estructura craneana muestra claras afinidades entre las distintas marsopas tales como una caja craneana grande y redondeada, rostro corto y protuberancias premaxilares. Son especies de rápido crecimiento, rápida maduración sexual y ciclo de vida corto. Las seis especies están distribuidas en ambos hemisferios y algunas de ellas se encuentran en serio riesgo poblacional, como el caso de la vaquita (*Phocoena sinus*) del Pacífico mexicano. Algunas de las especies fueron cazadas desde el siglo XIV en el Atlántico Norte y en la actualidad se continúa con la explotación de la marsopa espinosa (*Phocoena spinipinnis*) en las costas del Perú y la marsopa de Dall (*Phocoenoides dalli*) en las costas de Japón.

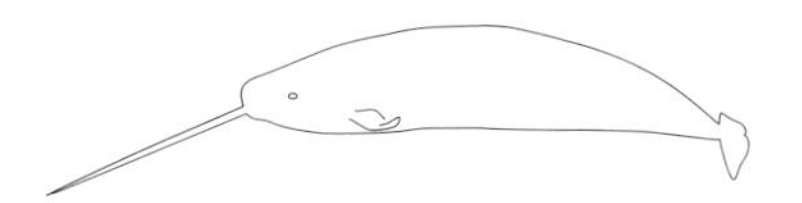

Familia Monodontidae

Incluye dos especie emblemáticas del ártico como son el narval (*Monodon monoceros*) y la beluga (*Delphinapterus leucas*). Se trata de cetáceos de tamaño mediano que no superan los 6 m de largo, caracterizados por sus cuerpos robustos y compactos, con cabeza bulbosa, con aletas pectorales redondeadas y anchas y por carecer de aleta dorsal.

Habitan exclusivamente áreas árticas y subárticas. Cada una de estas especies posee rasgos inconfundibles tales como el inusitado desarrollo de uno de los dientes en los machos del narval que puede alcanzar un largo máximo de casi 3 m y pesar más de 10 kg. Las belugas resultan inconfundibles por su coloración uniforme blanca y su frente movible. Ambas especies, a diferencia de la mayor parte de los cetáceos, no tienen fusionadas sus vértebras cervicales lo que les permite una mayor movilidad de su cabeza. El cráneo también es característico de la familia pues visto de perfil es sumamente chato. Si bien se diferencian claramente en ambas especies pues el narval macho posee sólo dos dientes en la quijada (en las hembras están embebidos en las encías), la beluga posee entre 8 y 9 pares de dientes en ambas quijadas.

Familias de delfines de agua dulce

Durante mucho tiempo se los consideraba como un grupo monofilético, pero actualmente se sabe que no lo son y que en realidad se trata de especies relictuales, cuya adaptación a ambientes dulciacuícolas del pasado les permitió incidentalmente asegurar su supervivencia ante grandes cambios ambientales del ecosistema marino y la posible competencia con la aparición de los delfínidos. Por ello la similitud entre las distintas especies actuales se trataría del resultado de procesos de convergencia adaptativa. Son todos delfines de pequeño tamaño (menores de 2,50 m de largo) con características craneanas primitivas, como sus largos rostros. Sus cabezas son bulbosas y en todos ellos predominan las tonalidades grises o parduscas claras. Las aletas pectorales son más anchas que las de delfínidos, mientras la aleta dorsal suele ser de poca altura y redondeada en su extremo, como también excesivamente baja y casi ausente en alguna de las especies.

Un aspecto muy peculiar de estos delfines de agua dulce o estuarios es la gran movilidad de sus cuellos que los diferencia de los delfínidos que poseen sus vértebras cervicales fuertemente soldadas.

Bajo la denominación de delfines de agua dulce se incluye un total de cuatro especies, de las cuales tres son típicas de ambientes dulciacuícolas, pero una ellas, la franciscana, es de ambientes estuariales y marinos costeros.

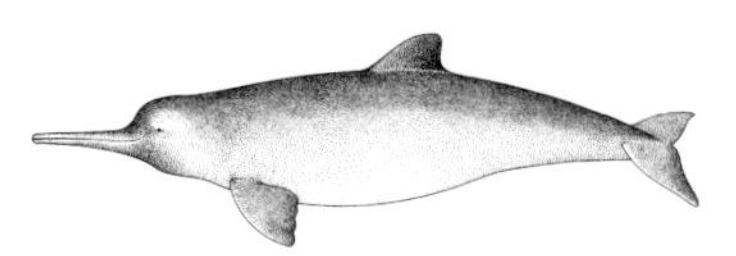

Familia Pontoporiidae

Incluye dos especies actuales, el baiji del río Yangtzé (China) (*Lipotes vexillifer*) y la franciscana (*Pontoporia blainvillei*) de los estuarios y zonas costeras sudamericanas del Atlántico.

En ambas especies las hembras suelen ser de mayor talla y peso que los machos, también presentan largos y finos rostros que se hacen aún más evidentes en la franciscana. Esta última presenta una aleta dorsal con su extremo redondeado; la del baiji es muy baja y subtriangular.

Familia Platanistidae

Incluye una única especie fluvial, el delfín del Ganges (India) o susu (*Platanista gangetica*) con dos subespecies, vinculadas con el río Ganges y el Indo respectivamente.

Este delfín es prácticamente ciego y se apoya en la ecolocalización para desplazarse y alimentarse. Su cuerpo es pequeño y raramente supera los 2,50 m de largo. Se caracteriza por poseer un rostro con sus extremos ensanchados, a manera de un fórceps, por donde sobresalen sus numerosos y pequeños dientes. No poseen una verdadera aleta dorsal sino más bien una elevación del área dorsal media a manera de grueso pliegue. Su cráneo se caracteriza por presentar un par de crestas maxilares muy grandes que cuelgan sobre el rostro.

Se trata de una especie altamente amenazada.

Familia Iniidae

Incluye también a una única especie, el boto o delfín del Amazonas y el Orinoco (*Inia geoffrensis*). A diferencia de las familias anteriores el cuerpo suele ser más alargado y muy flexible y la cabeza suele presentar una frente globosa. Sus aletas pectorales son muy largas y anchas mientras que la dorsal es sumamente baja y con aspecto de cresta. La coloración es gris rosada y algunas veces adquiere un tinte rosa bien fuerte a la vez que su cráneo resulta muy diferente del resto de las especies de agua dulce, ya que su arco cigomático está incompleto. Es una especie vulnerable aunque en mejor situación que los delfines de agua dulce de China, India y Pakistán.

Familia Mustelidae

Familia Otariidae

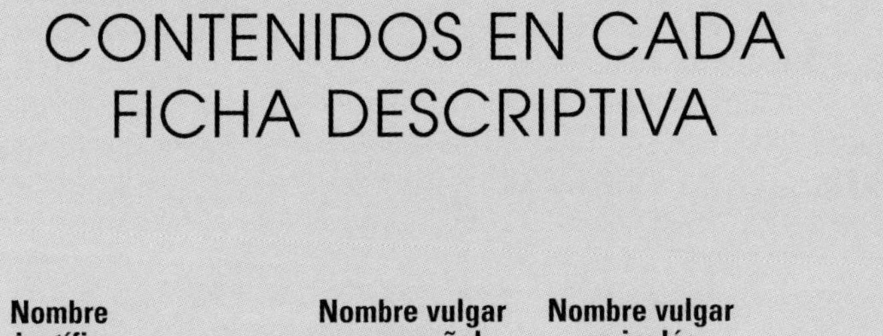

ESTRUCTURA Y ELEMENTOS CONTENIDOS EN CADA FICHA DESCRIPTIVA

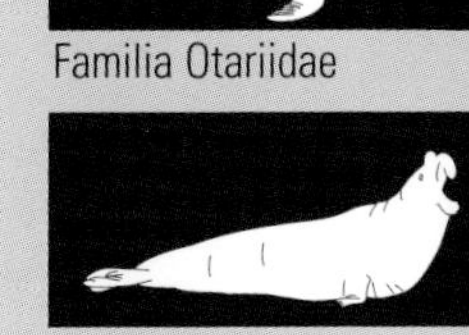

Familia Phocidae

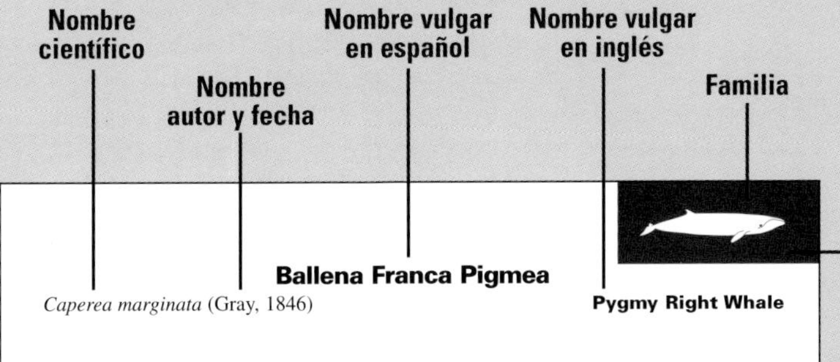

Familia Balaenidae

Ballena Franca Pigmea

Caperea marginata (Gray, 1846)

Pygmy Right Whale

Familia Neobalaenidae

Ilustración especie

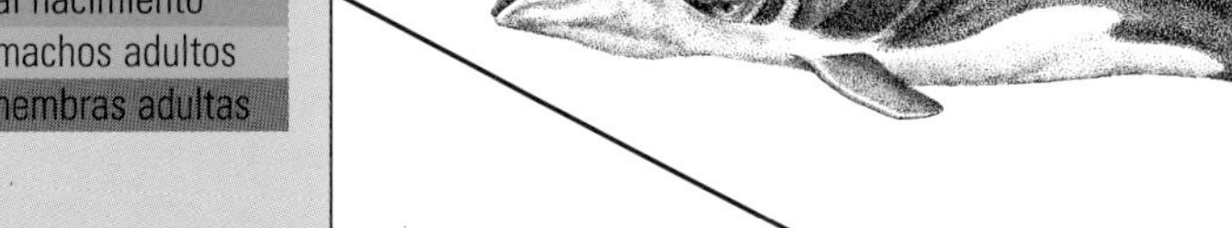

Familia Balaenopteridae

Peso promedio:
- al nacimiento
- machos adultos
- hembras adultas

Talla promedio:
- al nacimiento
- machos adultos
- hembras adultas

0 1 2 3 4 5 6 7 8 9 10 m — ? — 3,5 tn — 3,5 tn

Familia Physeteridae

Area de distribución

0° — 55°

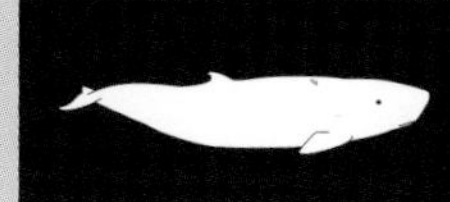

Familia Kogiidae

Clave de identificación para avistajes y varamientos

CLAVE PARA SU IDENTIFICACIÓN

- Ballenas de cuerpo pequeño y compacto que no superan los 6,50 m de largo.
- Coloración general negra o gris oscura, aclarándose hacia el vientre.
- Aleta dorsal pequeña y falcada en el tercio posterior del cuerpo.
- Cabeza sin callosidades.
- Boca arqueada, con barbas angostas, color blanco amarillento con reborde negro.
- Sin conjunto de surcos profundos en garganta.

Familia Pontoporiidae

Temáticas abordadas:
- Características generales
- Biología y ecología
- Distribución geográfica
- Estatus y conservación

A mediados del siglo XIX dos buques de la corona británica, el *Erebus* y el *Terror*, exploran los mares del hemisferio sur y realizan una importante colección biológica que depositan en el Museo Británico. Entre dicho material había unas barbas de ballena colectadas en Australia. El naturalista Gray al verlas supone que se trata de una nueva especie de ballena franca (familia Balaenidae). Luego en 1870 ingresa al museo un cráneo procedente de Nueva Zelanda que tenía las mismas barbas que había visto Gray. Ya pudiendo analizar el cráneo completo llega a la conclusión de que no es una verdadera ballena franca, por lo cual decide crear una nueva familia, Neobalaenidae, aunque emparentada con la anterior.

Caperea marginata es la más pequeña de todas las ballenas actuales y seguramente la menos conocida. Si bien parecida a las verdaderas ballenas francas se diferencia fácilmente de ellas por poseer una aleta dorsal.

Caperea es un término del latín que significa *arrugarse* y hace referencia a la textura de uno de los huesos del oído de esta especie. El término específico *marginata*, también del latín, significa *rebordeado* y hace referencia al borde oscuro que presentan las barbas de esta ballena.

Características generales

Si bien con ciertos rasgos parecidos a los de la ballena franca austral (*Eubalaena australis*), se diferencia claramente de ésta por poseer una pequeña aleta dorsal falcada, carecer de callosidades cefálicas y presentar labios menos arqueados. Su tamaño y peso también son notablemente menores, no excediendo nunca los 6,50 m de largo y sin superar las 4 toneladas.

El cuerpo de la franca pigmea es compacto y su cabeza es relativamente pequeña.

Las hembras suelen ser un poco más grandes que los machos y los cachorros al nacer oscilan entre 1,60 y 2 m de largo.

La boca presenta entre 213 y 230 barbas que cuelgan a cada lado de la quijada superior, son de coloración blancoamarillenta y llevan sobre su borde una banda negra que las diferencia de las barbas de otras

87

Familia Delphinidae

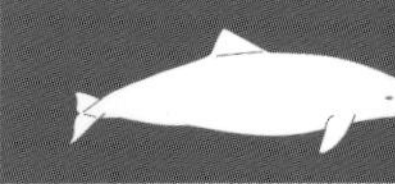

Familia Phocoenidae

Familia Ziphiidae

Chungungo o Nutria Marina

Lontra felina (= Lutra felina) (Molina, 1782) **Marine Otter**

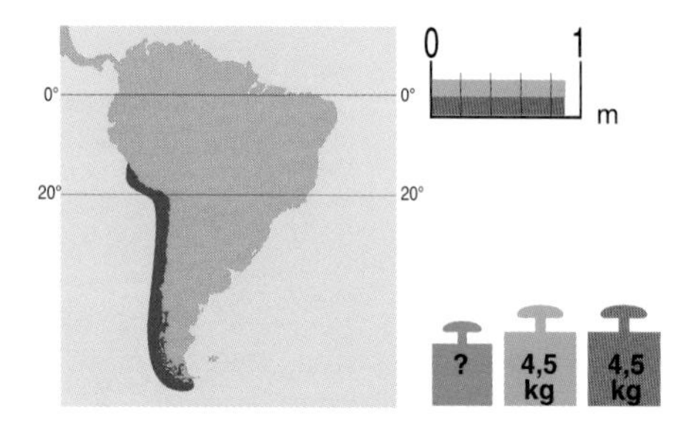

CLAVE PARA SU IDENTIFICACIÓN

- Cuerpo pequeño (máx. 1 m) con cola larga.
- Pelaje tupido con dos tipos de pelo.
- Coloración pardo oscura, más clara en zona ventral.
- Cabeza pequeña, ancha y chata.
- Dedos de manos y patas terminan en fuertes garras.
- Restringido a Tierra del Fuego e Isla de los Estados.
- Introducido en Islas Malvinas.
- De actividad diurna, en zonas costeras rocosas y praderas de algas.

Se trata de la única nutria marina de Sudamérica. Pertenece al orden Carnívora, al igual que las focas y lobos marinos, si bien no pertenecen a ninguna de las dos familias de estos últimos (Phocidae y Otariidae). El chungungo es integrante de la familia Mustelidae, en la que se incluyen también especies típicamente terrestres, como son los hurones y zorrinos (subfamilia Galictinae y Mephitinae). Varias especies de esta familia se han adaptado al ambiente acuático (subfamilia Lutrinae), pero sin llegar a desarrollar modificaciones anatómicas tan llamativas como se observa en pinnípedos y cetáceos. Sin duda que el típico lobito de río (*Lontra longicaudis*) es el representante más común de esta subfamilia en Argentina.

La nutria marina o chungungo es el mustélido menos conocido de la Argentina y se encuentra restringido al extremo austral de la Tierra del Fuego. Sus poblaciones atlánticas son poco numerosas y, al igual que las poblaciones del Pacífico, están altamente fraccionadas.

El nombre científico de esta especie, en sus dos alternativas, se origina del latín y significa *nutria con aspecto de gato,* en virtud de su aspecto general.

Características generales

Es la más pequeña de las nutrias marinas ya que raramente excede el metro de largo (max. 1,14 m) y los 5 kg. de peso (max. 5,8 kg). No se detectan diferencias de tamaño entre machos y hembras, ignorándose el tamaño exacto de las crías al nacimiento.

Su aspecto general es muy semejante al del huillín (*Lontra provocax*), que habita cuerpos de agua dulce en la zona de Tierra del Fuego, si bien el cuerpo de este último suele ser más largo y robusto.

Su coloración general es pardusca y su vientre levemente más claro que el dorso, siendo la zona de la garganta y las mejillas las más claras. Posee dos tipos de pelo; una manta de pelo corto muy suave de un color pardo grisáceo, cubierto por una capa de pelo de guarda grueso, largo y más oscuro. La cabeza es relativamente pequeña, ancha y achatada. Su nariz es angosta, con borde superior recto o levemente hendido en el centro. Posee una dentadura bien desarrollada compuesta por 8 a 9 pares de piezas en la quijada superior y 9 pares en la inferior.

Sus cuatro miembros locomotores tienen la estructura típica de los carnívoros terrestres (suborden Fissipedia) y terminan en fuertes garras.

Biología y ecología

Coloniza zonas costeras rocosas muy expuestas al oleaje y vientos australes; también puede vivir asociada a las praderas de grandes algas pardas laminariales (*Macrocystis pyrifera, Lessonia* sp., *Durvillea* sp., etc.), como suele ser costumbre también en la nutria marina del hemisferio norte (*Enhydra lutris*). En tierra, el chungungo suele refugiarse en madrigueras y presenta hábitos típicamente diurnos y generalmente de costumbres solitarias durante una gran parte del año.

Al comenzar el período reproductivo los machos comienzan a interactuar a través de una alta vocalización y fuertes agresiones corporales. Estas últimas también pueden originarse debido a la competencia durante la obtención de las presas.

La alimentación de esta nutria marina puede ser muy variable. Los peces son el grupo faunístico más frecuente en la dieta y está representado por diversas especies, principalmente miembros de la familia Nototheniidae; también consumen crustáceos de fondo, moluscos y erizos de mar. La participación de las presas en la dieta suele variar en función del hábitat y épocas del año.

Son buenos nadadores y buceadores costeros. El nado generalmente se realiza con el vientre hacia abajo, pero también pueden hacerlo de espaldas cuando transportan el alimento o cuando las hembras ingresan al mar con sus crías. Estas últimas frecuentemente nacen de a pares, si bien ocasionalmente pueden tener 3 o 4 como máximo. El período de gestación dura poco más de dos meses y los nacimientos se producen a fines de primavera y verano. La crianza inicial tiene lugar en las madrigueras costeras y permanecen bajo los cuidados de la madre hasta poco antes de alcanzar el año de vida. Los grupos reproductivos aparentemente serían poligámicos y la cópula puede ser concretada también en el agua.

Distribución geográfica

Se distribuye principalmente a lo largo de la costa pacífica desde Perú hasta el Cabo de Hornos y otros sectores atlánticos de Tierra del Fuego e Isla de los Estados. También puede encontrársela en las Islas Malvinas, donde supuestamente fue introducida en la primera mitad del siglo XX, lográndose adaptar exitosamente.

Estatus y conservación

Desde la colonización europea, el chungungo ha sido explotado intensamente en función de su valiosa piel, provocando consecuentemente su desaparición o la reducción poblacional en muchas áreas del Pacífico y en el extremo austral del Atlántico. También se han registrado capturas incidentales de esta especie en pesquerías costeras artesanales.

La situación del chungungo en Argentina resulta preocupante en función de los pocos registros de esta especie durante las últimas décadas.

La UICN considera a esta nutria marina como especie vulnerable y CITES la tiene incorporada a su Apéndice I. El Libro Rojo de Argentina (SAREM) la considera como una especie en peligro (EN).

Chungungo en búsqueda de alimento en el intermareal rocoso austral.

Foto: Layla P. Osman

Lobo Marino de Un Pelo Sudamericano

Otaria flavescens (Shaw, 1800) **South American Sea Lion**

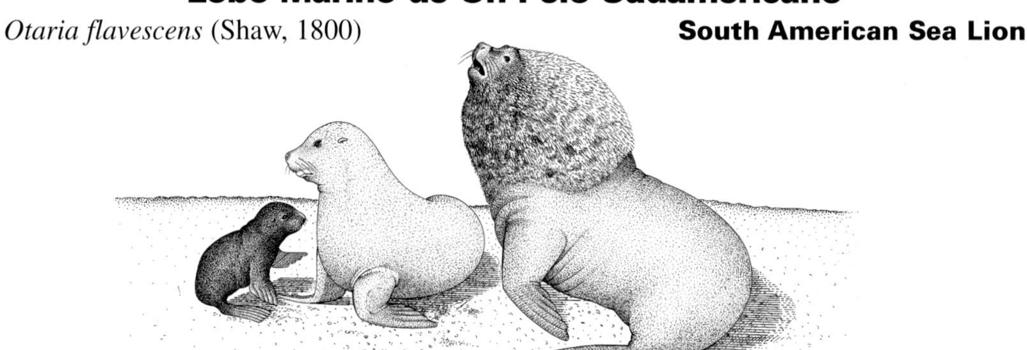

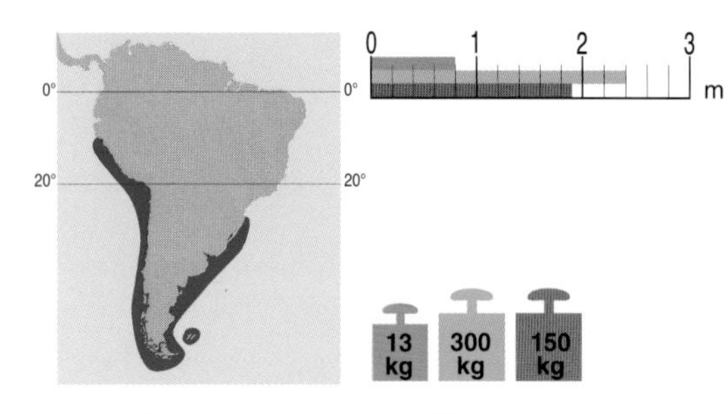

CLAVE PARA SU IDENTIFICACIÓN

- Cuerpo de tamaño mediano a grande; machos adultos, largo máximo 2,80 m, hembras adultas 2,20 m.
- Hocico romo y muy ancho.
- Orejas pequeñas.
- Colmillos muy grandes.
- Pelaje en una única capa.
- Coloración variable de amarillo claro a pardo rojizo.
- Se desplazan por el terreno caminando sobre sus cuatro patas.
- Frecuentes apostaderos costeros.
- Suelen frecuentar áreas portuarias.

La relación entre el hombre y el lobo marino de un pelo en Sudamérica es milenaria. Junto con el lobo marino de dos pelos sudamericano (*Arctocephalus australis*) fueron la principal fuente de alimento de grupos de indígenas canoeros de Tierra del Fuego hace más de 6.000 años. Otros yacimientos menos conocidos de las provincias de Río Negro y Buenos Aires, pero igualmente antiguos, dan cuenta de la relación existente entre los primeros pueblos de cazadores recolectores de la Argentina y los lobos marinos, siendo además un elemento muy común en la mitología de los pueblos australes. Estos mismos animales sorprendieron a Hernando de Magallanes durante su paso por el estrecho que hoy lleva su nombre, y fueron además alimento de la tripulación de Juan Díaz de Solís, descubridor del Río de la Plata. Marinos de todas las nacionalidades por el Atlántico sur encontraron en las vastas loberías de Patagonia, Tierra del Fuego e Islas Malvinas una fuente casi inagotable de provisiones.

Del griego *otarion* (=orejas pequeñas) y del latín *flavus* (=amarillento), su nombre científico hace referencia al color de una pequeña cría de lobo marino de un pelo proveniente del estrecho de Magallanes, el cual sirvió de base a Shaw para describir a esta especie en 1800. Durante muchos años diversos autores le asignaron el nombre de *Otaria byronia* (Blainville, 1820). Un reciente análisis más detallado de la descripción hecha por Shaw concluyó definitivamente que el nombre válido es *Otaria flavescens*.

Características generales

Es la especie de pinnípedo que más frecuentemente se observa a lo largo de las costas argentinas, siendo sus apostaderos muy numerosos a lo largo de la Patagonia, Tierra del Fuego e Islas Malvinas. También se encuentran algunos en el sur de la provincia de Buenos Aires y existen, además, importantes apostaderos portuarios tales como el de las ciudades de Mar del Plata y Necochea. Hasta el presente, ninguna otra especie de pinnípedo local forma apostaderos en estos ambientes creados por el hombre.

El lobo marino de un pelo sudamericano se distingue claramente del resto de los lobos marinos porque los machos adultos presentan una fisonomía más "leonina" y por ser la especie de otárido más grande de toda la región. En los ejemplares machos, el hocico es bien romo y se desarrolla claramente a partir del cuarto año de vida. Alrededor de los ojos, nuca y pecho de los ejemplares machos adultos, el pelo se desarrolla particularmente, formando una característica y densa melena (de allí su nombre en inglés: *sea lion*). Esta se

Foto: R. Bastida

Clásico harén de lobo marino de un pelo sudamericano con el macho dominante junto a unas veinte hembras.

ve aún más resaltada por el notorio desarrollo muscular del cuello de estos fornidos animales, cuyo peso máximo es de 350 kg y su largo máximo de 2,80 m. El cuerpo de las hembras presenta un desarrollo muy distinto, ya que carece de melena y su cuello es esbelto, sumado a su menor tamaño (máximo 2,20 m) y peso (máximo, 150 kg). Las crías al nacer miden alrededor de 85 cm y pesan entre 10 y 15 kg.

La coloración en esta especie es muy variable, oscilando desde pardo rojizo a tonalidades amarillentas muy claras, especialmente en las hembras. Las crías al nacer son negras, para cambiar a pardo oscuras luego de la primera muda, la cual se produce aproximadamente al mes de vida. Se han registrado ejemplares albinos, completamente blancos y con ojos rojizos.

Lobo marino de un pelo sudamericano, hembra adulta.

Foto: R. Bastida

El cráneo del lobo marino de un pelo es muy ancho y robusto, con paladar óseo muy largo y prominentes crestas en la nuca del macho adulto. Sus colmillos o dientes caninos son muy grandes y fuertes, diferenciándose a simple vista del resto de las especies de pinnípedos del Mar Argentino.

Biología y ecología

Las colonias de reproducción comienzan a ser ocupadas generalmente a mediados de diciembre por un reducido número de machos. Estos van tomando posiciones paulatinamente y ganando territorios a la espera del arribo de las hembras, que se produce a los pocos días. Los machos compiten agresivamente para mantener su supremacía sobre un grupo cercano de hembras o harén. Para tales confrontaciones, los machos adultos despliegan un rico repertorio de posturas y sonidos, mientras que en la mayoría de los casos existe muy poco contacto físico entre los contendientes. Los machos adultos suelen defender tanto posiciones estratégicas del terreno, como así también a un grupo de hembras que en promedio oscilan entre 4 y 9. Aquellos machos que por su avanzada edad, por su inexperiencia o por haber sido vencidos en luchas territoriales no forman harenes, suelen congregarse en la periferia de las colonias formando lo que se conoce como "grupo de solteros". Estos ejemplares en muchos casos suelen ejecutar comportamientos "antisociales", como el rapto de cachorros, hembras o el ataque grupal a machos de harén.

Entre 1 y 3 días de arribadas, las hembras dan a luz, concentrándose más del 70% de los alumbramientos en un período aproximado de dos semanas. La fecundación de las hembras se produce entre 5 y 7 días después del parto, y a las pocas semanas toda la colonia reproductiva se va disgregando para, finalmente, terminar todas las actividades vinculadas con la reproducción entre 50 y 60 días después de haberse iniciado el proceso, aproximadamente entre mediados y fines de febrero. Una comparación de los hábitos reproductivos en el Atlántico sur sugirió que la estación reproductiva es más breve en latitudes más australes.

Durante todo este período de vida terrestre, los machos se mantienen en ayunas, pero luego de disgregados los harenes se internan en el mar durante períodos variables de alimentación. La lactancia de los cachorros dura de 8 a 11 meses, en los cuales las madres

Foto: Sergio Massaro

Foto: R. Bastida

Macho adulto vencido en pelea territorial.

alternan períodos de amamantamiento en tierra con viajes de alimentación al mar.

La madurez sexual en las hembras se alcanza aproximadamente a los 4 años de edad, mientras que en los machos es a los 5-6, si bien no alcanzan la experiencia para sostener harenes antes de los 8 años.

La alimentación del lobo marino de un pelo sudamericano se basa principalmente en peces, calamares y crustáceos de hábitos costeros. Entre las especies más frecuentemente registradas en la dieta de ejemplares de Brasil, Uruguay y Argentina figuran el pequeño calamar (*Loligo sanpaulensis*), el córvalo (*Paralonchurus brasiliensis*), la pescadilla real (*Macrodon ancylodon*), la pescadilla de red (*Cynoscion guatucupa*), la corvina rubia (*Micropogonias furnieri*), la anchoíta (*Engraulis anchoita*) y el pez sable (*Trichiurus lepturus*). En la Patagonia, resulta también importante la merluza común (*Merluccius hubbsi*) y el calamar (*Loligo gahi*) como recurso alimentario. Como consecuencia de esta dieta, el lobo marino de un pelo se convierte en una especie competidora directa de las actividades de pesca costera, registrándose interacciones con ese tipo de operaciones en toda su área de distribución.

Lobo marino de un pelo sudamericano en busca de presas de fondo.

Foto: R. Bastida

Distribución geográfica

El lobo marino de un pelo sudamericano se distribuye en las costas atlántica y pacífica de Sudamérica, incluyendo las Islas Malvinas. La ubicación de las colonias reproductivas llegan por el océano Atlántico hasta el Archipiélago de la Coronilla (33° 56' S), en el Uruguay, y por el océano Pacífico hasta la isla Lobos de Tierra (6° 30' S) en el Perú, si bien ejemplares solitarios o colonias no reproductivas pueden encontrarse más al norte, sobre las costas ecuatorianas, peruanas y brasileñas.

La distribución geográfica de las colonias es prácticamente continua, habiéndose registrado 6 colonias en Uruguay, 70 en Argentina continental, 60 en Islas Malvinas, 50 en Chile y 27 en Perú. Dichas colonias se ubican principalmente en zonas de rocas planas o playas de arena o canto rodado, tanto en sectores costeros como en islotes e islas.

Otaria flavescens no es una especie migratoria y se mantiene en relación con la zona costera durante todo el año, aunque ciertos ejemplares son capaces de realizar desplazamientos de centenares de kilómetros. Ejemplares provenientes de las colonias uruguayas se distribuyen ampliamente en las costas de la provincia de Buenos Aires, donde ha habido un sostenido aumento en su presencia durante los últimos años. Por lo general su distribución es costera, aunque algunos ejemplares pueden distribuirse hasta el borde de la plataforma continental. Otro hábito muy particular de los lobos marinos de un pelo es su hábito de remontar cursos de ríos, como es el caso de la cuenca del río Uruguay y el Río Negro.

Casi todas las especies de otáridos sienten gran curiosidad por los buceadores.

Foto: Tito Rodríguez

Estatus y conservación

Como el resto de las especies de pinnípedos sudamericanos, el lobo marino de un pelo fue explotado comercialmente desde finales del siglo XVII en práctica-

Grupo de hembras de lobo marino de un pelo sudamericano, en inmersión.

Foto: Gabriel Rojo

Ocasionalmente, durante el parto pueden producirse hemorragias.

Foto: R. Bastida

mente toda su área de distribución geográfica. Comparativamente, esta especie presentaba los valores de comercialización más bajos, ya que sus cueros eran de inferior calidad que los de los lobos marinos de dos pelos (*Arctocephalus australis, A. tropicalis* y *A. gazella*), mientras que el rendimiento de aceite era inferior al de los elefantes marinos (*Mirounga leonina*). No obstante, durante este siglo se desarrollaron importantes capturas reguladas en Perú, Islas Malvinas, Patagonia y Uruguay, lo que llevó a que sólo en el sector atlántico se hayan capturado aproximadamente 750.000 animales en menos de 70 años. Finalmente, y luego de haberse registrado un importante descenso en los niveles poblacionales, hacia finales de la década del 70 esta especie fue legalmente protegida en casi toda Sudamérica y sólo se mantuvieron capturas ocasionales en Uruguay hasta mediados de la década del 80, en que cesa totalmente su comercialización.

Foto: R. Bastida

Restos óseos de una antigua concesión lobera patagónica.

Ejemplares de lobo marino de un pelo sudamericano sobre la cubierta de lanchas pesqueras en el puerto de Mar del Plata.

Foto: R. Bastida

Actualmente no existen estimaciones globales de la especie, aunque se calculó parcialmente una población mundial cercana a los 275.000 animales, excluyendo el sector sur de Chile, para 1982. Las estimaciones más recientes dan cuenta de que en Uruguay se concentraría una población aproximada de unos 15.000 animales, en Argentina continental 70.000, en Islas Malvinas 6.000, en Chile 90.000 y en Perú aproximadamente 20.000, lo que haría un total cercano a los 200.000 ejemplares en toda su área de distribución geográfica. La tendencia poblacional de esta especie es variable según las zonas, ya que en Patagonia se han estabilizado luego de la reducción por las capturas, mientras que en otras regiones se observan declinaciones lentas, como en Uruguay, o extremas como en Malvinas, donde la reducción supera el 90%.

Colonia de machos del puerto de Mar del Plata.

Foto: R. Bastida

La UICN ha clasificado a esta especie como de preocupación menor, dependiente de la conservación. El Libro Rojo de la Argentina (SAREM) también la considera una especie de preocupación menor (LC).

Lobo Marino de Dos Pelos Sudamericano

Arctocephalus australis (Zimmermann,1783) **South American Fur Seal**

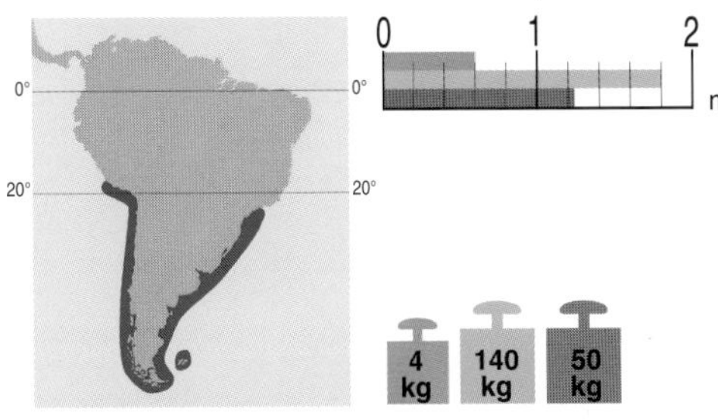

CLAVE PARA SU IDENTIFICACIÓN

- Cuerpo de tamaño mediano (menos de 2 metros y 200 kg).
- Cabeza con perfil muy afinado.
- Orejas finas y largas (hasta 5 cm).
- Vibrisas (bigotes) muy largos y claros.
- Aletas anteriores relativamente largas con uñas poco desarrolladas.
- Pelaje corto y denso, con dos capas de pelo.
- Coloración pardogrisácea oscura, con el vientre algo más claro.
- Se desplazan por el terreno caminando sobre sus cuatro aletas.
- Dientes poscaninos con varias cúspides bien desarrolladas.

El género *Arctocephalus* proviene del griego *arktos* (=oso) y *kephale* (=cabeza); los primeros exploradores y cazadores llamaron "osos marinos" a las distintas especies de lobos marinos de dos pelos, dada la similitud de sus facciones; *australis,* significa "del sur" en latín. Su nombre común deriva de los dos tipos de pelo que conforman su pelaje. Poseen una capa interna y muy densa de pelo fino y sedoso, cubierta por una segunda capa de pelo de guarda más grueso y menos denso. A finales del siglo XVIII se perfeccionaron técnicas de curtiembre que permitieron eliminar este pelo grueso, por lo cual sus finas pieles fueron muy requeridas desde aquella época para peletería. Como consecuencia, los lobos marinos de dos pelos fueron capturados por millones en todo el hemisferio sur, hasta exterminar muchas de sus poblaciones.

El lobo marino de dos pelos sudamericano no es una especie muy conocida por el público en general, pero con frecuencia aparece en las playas de la provincia de Buenos Aires. También es frecuente en acuarios y oceanarios, y es la que con asiduidad se asiste en centros de rehabilitación de fauna en Argentina, Uruguay y Brasil.

Características generales

La característica general del cuerpo en todas las especies del género *Arctocephalus* es muy parecida, siendo especies claramente dimórficas como el resto de los otáridos (familia Otariidae). El hocico es marcadamente puntiagudo y en los machos el cuello adquiere un gran desarrollo, observándose también el crecimiento de una densa melena, aunque en menor grado que en el lobo marino de un pelo (*Otaria flavescens*). Sus pabellones auditivos u "orejas" son largos y puntiagudos, y sus vibrisas o "bigotes" muy claras y pueden superar los 30 cm. Los machos de esta especie pueden alcanzar una longitud de casi dos metros y un peso de cerca de 150 kilogramos, mientras que las hembras rara vez superan el 1,40 metro y los 60 kilos. Los cachorros al nacer miden cerca de 60 cm y pesan unos 4 kg. Cabe también señalar variaciones de tamaño de ejemplares según la región. Por ejemplo, los que habitan en el sector atlántico (Argentina, Uruguay y Brasil) alcanzan tallas mayores que los del Pacífico (Chile y Perú). La existencia de subespecies se encuentra en revisión; es probable la separación futura en subespecies de las poblaciones del Atlántico y del Pacífico.

La coloración en los adultos es parda grisácea en el dorso y gris anaranjado en el vientre, con una zona oscura en el área ventral entre las aletas anteriores.

Foto: Gabriel Rojo

Las colonias del lobo marino de dos pelos sudamericano generalmente se desarrollan en terrenos muy accidentados.

Los cachorros al nacer son negros, para luego de la primera muda tornarse pardogrisáceos.

Aunque el lobo marino de dos pelos sudamericano es fácilmente identificable, durante los últimos años se viene haciendo más frecuente en toda Sudamérica la presencia de lobos marinos de dos pelos subantárticos vagabundos (*Arctocephalus tropicalis*) y antárticos (*A. gazella*), muy similares a *Arctocephalus australis*.

Por su apariencia externa y coloración *Arctocephalus gazella* y *A. australis* son muy similares, aunque el largo de las aletas es mayor en la primera especie. *A. tropicalis,* por su parte, es la única especie de lobo marino que puede identificarse de manera relativamente sencilla por su coloración, ya que presenta un característico vientre y pecho claro que contrasta con la coloración oscura del dorso. Esta diferencia de coloración es muy evidente en los machos y hembras adultas, pero en juveniles resulta muy similar en ambas especies. Un aspecto interesante –que sirve como un elemento adicional para la identificación– es el marcado olor almizclado que emanan las especies subantártica y antártica, que puede olerse fácilmente a varios metros de distancia.

El cráneo del género *Arctocephalus* presenta un rostro muy fino, los incisivos superiores de igual tamaño y un escaso desarrollo de las crestas sagital y occipital. En cuanto a la forma se notan similitudes entre *Arctocephalus gazella* y *A. australis,* cuyos cráneos son robustos, con arcadas dentarias y huesos nasales anchos en su extremo posterior y procesos coronoides de la mandíbula altos y robustos. Al contrario, *A. tropicalis* presenta cráneos más finos, con arcadas dentarias rectas, huesos nasales muy finos y procesos mandibulares bajos y frágiles.

Un elemento de gran utilidad para identificar al lobo marino de dos pelos sudamericano es la presencia de pronunciadas cúspides secundarias anteriores y posteriores en los dientes poscaninos. Al contrario, en *Arctocephalus gazella* y *A. tropicalis* los dientes no presentan tales características, siendo los poscaninos notoriamente unicúspides. La segunda característica dentaria que permite separar *A. tropicalis* de *A. gazella* es el tamaño y grado de desgaste de los poscaninos superiores 5 y 6. En el lobo marino de dos pelos antár-

Foto: R. Bastida

Lobo marino de dos pelos sudamericano, hembra adulta.

tico estos dientes se encuentran muy reducidos hasta prácticamente no sobrepasar la encía, con un notorio desgaste del esmalte. En el lobo marino de dos pelos subantártico, dichos dientes, algo reducidos, mantienen las características cónicas del resto de las piezas poscaninas y no presentan desgaste.

Biología y ecología

Arctocephalus australis es una especie polígama, como el resto de los representantes de la familia Otariidae. Los machos comienzan a tomar posiciones en las áreas reproductivas durante noviembre, si bien algunos ejemplares pueden hacerlo semanas antes. Las hembras comienzan a tomar posición en el terreno para dar a luz a un único cachorro unos días después; ya en diciembre, aproximadamente 5 a 8 días después de la parición, las hembras se hacen receptivas y son fecundadas por el macho; luego de unas semanas se disgrega toda la estructura reproductora entre enero y febrero. Los partos de esta especie en las colonias uruguayas y peruanas se concentran principalmente entre la última semana de noviembre y la primera de diciembre de cada año, si bien la estación reproductiva en el Pacífico es aproximadamente entre mediados de octubre y mediados de diciembre. Estudios recientes en las colonias del Uruguay han confirmado variación del éxito reproductivo de las hembras en distintos años.

La madurez sexual se alcanza en las hembras entre los 2 y 4 años y en los machos entre los 5 y 6, si bien estos últimos no están comportamentalmente maduros para sostener harenes antes de los 7 u 8 años. El tamaño de los harenes oscila entre 1 y 13 hembras, aunque el promedio es de 5 a 6 por macho territorial, las cuales se mueven libremente entre distintos harenes. La lactancia dura aproximadamente 8 a 12 meses; en las colonias peruanas es frecuente registrar hembras que amamantan a sus cachorros más de un año, principalmente en períodos de influencia del fenómeno de El Niño.

Durante la lactancia las hembras alternan períodos de 1 a 2 días en tierra amamantando a sus cachorros con períodos de alimentación en mar abierto por unos 4-5 días. Este comportamiento va variando conforme crecen los cachorros, ya que después del nacimiento los viajes de alimentación son muy cortos (1-2 días), pero se van incrementando cuando los cachorros son mayores, llegando a estar las madres ausentes por períodos de hasta 7 días. Durante estos viajes las hembras pueden trasladarse a muchos kilómetros de sus colonias; ejemplares que se reproducen en Uruguay suelen alimentarse en el sur del Brasil y en la provincia de Buenos Aires, y otros provenientes de las Islas Malvinas se alimentan en cercanías de Tierra del Fuego y la Patagonia austral.

La supervivencia de los cachorros sufre grandes variaciones según los años; es mayor en colonias de alta densidad (hasta 40%). En áreas donde comparten hábitat con lobos marinos de un pelo, éstos pueden interactuar agresivamente con los cachorros y causar más del 10% de las muertes.

Los ejemplares hembra de esta especie suelen vivir hasta 23-30 años; los machos, hasta 15-20 años.

Este lobo se alimenta tanto de especies costeras como de plataforma, habiéndose registrado el desplazamiento de ejemplares hasta el talud continental. En el norte de Argentina, Uruguay y sur del Brasil se ha registrado en su dieta ejemplares de langostinos (*Pleoticus muelleri*), camarones (*Artemesia longinaris*), calamares (*Loligo sanpaulensis*), corvinas rubias (*Micropogonias furnieri*), pescadillas (*Cynoscion guatucupa*), anchoítas (*Engraulis anchoita*), sureles (*Trachurus picturatus*) y caballas (*Scomber japonicus*). En el Perú, los adultos basan su alimentación principalmente en peces pelágicos; ejemplares juveniles suelen complementar su dieta con organismos bentónicos o de fondo. En Chile, las langostas también constituyen un rubro importante en su dieta.

Los lobos marinos de dos pelos sudamericanos bucean a profundidades menores a los 40-50 metros, permaneciendo sumergidos generalmente durante 2 o 3 minutos, aunque se han registrado algunos buceos que superan los 150 metros y 7 minutos.

Ejemplar macho de lobo marino de dos pelos sudamericano.

Foto: Gabriel Rojo

Distribución geográfica

Su distribución reproductiva se extiende desde la Isla del Marco en Uruguay hasta la Isla Mayorca en el Perú, si bien algunos ejemplares solitarios pueden alcanzar latitudes menores. A diferencia de *Otaria flavescens,* el lobo marino de dos pelos sudamericano no presenta una distribución uniforme de sus loberías. La mayor concentración se encuentra en un grupo de seis islas uruguayas, mientras que en el resto del Atlántico sus colonias están dispersas en islotes escarpados (12 próximos al continente y 10 en Islas Malvinas).

Para la Argentina se ha citado su presencia en 29 localidades. El único asentamiento en la provincia de Buenos Aires se encuentra en bajos fondos de la costa de Mar del Plata, frente a Punta Mogotes (36° 6′ S, 57° 33′ O), si bien es un asentamiento estacional de invierno y primavera que puede congregar varios cientos de ejemplares. Otras colonias se encuentran en Patagonia y Tierra del Fuego, como la islas Escondida, Arce, Rasa y el Cabo Dos Bahías en Chubut y Cabo Blanco en Santa Cruz; hay otros asentamientos en la Península Mitre e Isla de los Estados, en el extremo austral del continente. En las Islas Malvinas se han registrado 10 colonias reproductivas. Una de las más accesibles de Argentina es la de Cabo Blanco (Santa Cruz), con una población de alrededor de 1.500 ejemplares y entre las típicamente insulares puede mencionarse a una de las colonias de Isla de los Estados con varios miles de ejemplares. En el Pacífico, las colonias se distribuyen en la región de Magallanes, centro de Chile y costas centrales del Perú.

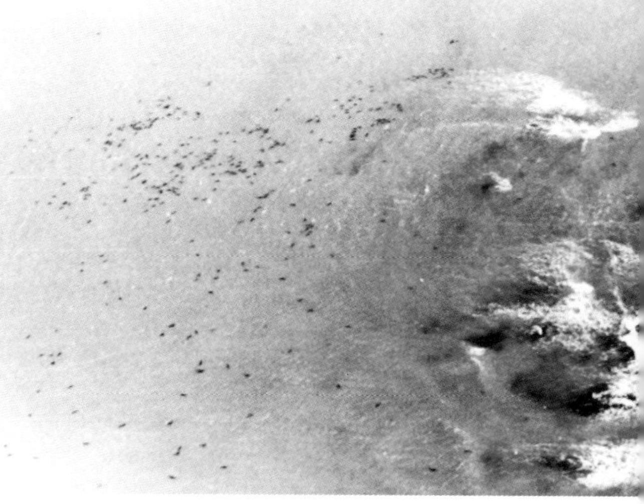

Vista aérea de la colonia estacional de Punta Mogotes, Mar del Plata.

Foto: R. Bastida

Estatus y conservación

El aprovechamiento de esta especie, por parte del hombre, se remonta a varios miles de años atrás en la Tierra del Fuego (Argentina y Chile), donde habitaban los indios canoeros conocidos como yámanas y alakaluf. La pericia náutica de estos pueblos, tanto para la construcción de pequeñas canoas como para la navegación, les permitía la explotación de esta especie en el mar sin necesidad de incursionar en los apostaderos. Para la caza en canoas de lobos y delfines, desarrollaron diversos modelos de puntas de arpón, tallados en hueso de diversos mamíferos marinos. Estas puntas de arpón tenían la particularidad de desmontarse de la vara luego que se clavaba profundamente en el cuerpo del lobo, quedando así unido a la embarcación por medio de un cabo con el cual el cuerpo era luego recuperado.

En Argentina la inaccesibilidad de sus colonias probablemente ayudó a que se conservaran varios apostaderos, mientras que en las Islas Malvinas se cazaron intensamente lobos marinos de dos pelos, aunque no se tienen registradas estadísticas. En el Perú, las capturas también son de larga data, habiéndose registrado importantes matanzas durante la primera mitad del siglo XX, con volúmenes superiores a los 45.000 animales anuales. También en Chile fueron intensamente explotados, habiéndose capturado un mínimo de 65.000 entre finales del siglo XIX y principios del XX; a fines de la década el 70, por conflictos con pesquerías locales, se cazaron cerca de 10.000 animales.

Actualmente esta especie se encuentra protegida legalmente en casi toda su área de distribución, habiéndose establecido prohibición de capturas en Islas Malvinas (1921), Argentina (1937), Perú (1959) y Chile (1978). Las estimaciones generales sobre el tamaño

Foto: R. Bastida

Grupo de harenes de lobo marino de dos pelos sudamericano, en una colonia insular.

Foto: R. Bastida

Rígidas medidas sanitarias deben contemplarse ante la posibilidad de contagio de tuberculosis.

poblacional en Sudamérica daban cuenta de un total cercano al medio millón de animales en la década del 80, el cual podría haber disminuido a 350.000-400.000 actualmente. Un gran porcentaje de la población mundial se reproduce en costas del Uruguay, donde se concentrarían más de 250.000 animales y cuyas poblaciones se encuentran en un crecimiento sostenido entre el 1% y 2% anual. Las colonias de Argentina no han sido evaluadas en su totalidad, aunque podrían superar los 15.000-20.000 animales; evaluaciones recientes en las Islas Malvinas dan cuenta de un total de entre 10.000 y 15.000 lobos marinos. Las poblaciones del Pacífico son numerosas, pero están sujetas a grandes fluctuaciones debido al fenómeno de El Niño. En Perú, por ejemplo, durante El Niño 1982-1983 murieron casi el 100% de los cachorros nacidos ese año, mientras que durante El Niño 1997-1998 la mortalidad trepó al 80%. Esta situación hace que, a pesar de que las estimaciones para el Pacífico fueron más altas durante la década del 80, se estima que existirían unos 40.000-50.000 animales en Chile y menos de 10.000 en Perú.

La interacción de esta especie con las pesquerías costeras suele ser mucho menor que la observada con el lobo marino de un pelo; probablemente se deba a los hábitos de vida más pelágicos de *Arctocephalus australis* y a diferencias en la dieta de ambas especies.

Esta especie se encuentra ubicada en el Apéndice II de CITES y fue calificada por la UICN como una especie insuficientemente conocida; estatus éste que sin duda no coincide con la vasta información existente actualmente sobre este lobo marino. El Libro Rojo de Argentina (SAREM) la considera una especie de preocupación menor (LC) y dependiente de la conservación.

Foto: R. Bastida

Los ejemplares más frecuentemente rehabilitados en la provincia de Buenos Aires son los juveniles de lobo marino de dos pelos sudamericano.

La explotación comercial

Las captura de lobos marinos de dos pelos para la utilización comercial de cueros y aceite se inició en Uruguay poco después de su descubrimiento en 1515, aunque su masiva explotación comercial comienza en el primer cuarto del siglo XVIII en distintas zonas de Sudamérica. En las colonias uruguayas, a partir de 1950 las capturas comienzan a efectuarse en base a un plan de regulación biológica que restringía la matanza exclusiva de ejemplares macho. Las estadísticas de capturas en Uruguay se remontan aproximadamente a 1870, con un total cercano a los 800.000 animales capturados hasta 1991, el último año en que se capturaron estos lobos. Cabe señalar que durante los últimos años las capturas en Uruguay estuvieron fundamentalmente orientadas a la obtención de los órganos sexuales de los machos, que en el mercado de países orientales se cotizaban a precios altísimos como afrodisíacos.

Foto: R. Bastida

Lobo Marino de Dos Pelos Antártico

Arctocephalus gazella (Peters, 1875) **Antarctic Fur Seal**

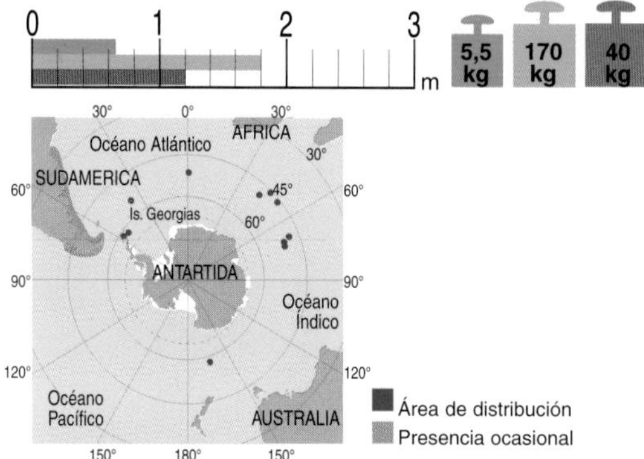

CLAVE PARA SU IDENTIFICACIÓN

- Cuerpo de talla mediana; machos adultos, largo máximo 2 m; hembras adultas, 1,35 m.
- Orejas largas y finas; sin pelos en el extremo.
- Pelaje en dos capas, una profunda, suave y corta, y una externa, más larga y dura, de coloración gris o pardo oscura.
- Hocico levemente desarrollado.
- Dientes poscaninos con marcado desgaste.
- Miembros anteriores muy largos (1/3 del largo total).
- Vibrisas o "bigotes" muy largos, de color claro.
- Apostaderos reproductivos en islas cercanas a la Convergencia Antártica.
- Se desplazan en tierra sobre sus cuatro miembros.

Es el lobo marino que con mayor frecuencia podrán observar quienes recorran las costas rocosas del continente antártico e islas adyacentes. Su nombre genérico, *Arctocephalus,* proviene del griego *arktos* (=oso) y *kephale* (=cabeza), seguramente inspirado en la terminología de los primeros exploradores antárticos, quienes designaban a estos animales como osos marinos. El término *gazella* proviene del buque de investigación *Gazella* que, en su campaña austral para seguir la trayectoria del planeta Venus, coleccionó los primeros ejemplares de este pinnípedo en las Islas Kerguelen en 1874.

Características generales

Durante el comienzo del período reproductivo –y antes de la etapa de ayuno– los machos adultos pueden alcanzar tallas de hasta 2 metros y un peso máximo de 230 kg; son fácilmente diferenciables de las hembras y machos subadultos por poseer una melena que cubre el cuello, pecho y la parte alta de la cabeza, produciendo una frente bien convexa. Las hembras, como es típico, son más pequeñas, con valores máximos de largo de 1,35 m y 50 kg de peso. Los cachorros al nacer miden entre 60 y 70 cm, según se trate de hembras o machos, y pesan entre 5 y 6 kg según el sexo.

Como su nombre lo indica, esta especie posee dos tipos de pelo. Uno corto muy suave, que queda oculto por otra capa de pelo de guarda, mucho más grueso y largo. Precisamente fue el pelaje de base el que era valorado por la industria peletera y la principal razón de su irracional explotación por parte del hombre. En los ejemplares adultos este último pelaje es de color gris pardusco, muy oscuro en los machos adultos pero más claro en las hembras y juveniles. Los cachorros al nacer son de coloración oscura, casi negra, pero van aclarándose a medida que mudan su pelaje. Se han registrado casos de cachorros de color blanco o crema.

Foto: Santiago Imberti

Macho adulto de lobo marino de dos pelos antártico, protegiendo su territorio.

El lobo marino de dos pelos antártico presenta grandes similitudes con otras especies de lobos peleteros, pero puede diferenciarse de ellos por algunos elementos tales como su hocico, que es un poco más corto, ancho y redondeado que otras especies afines, como por ejemplo el lobo de dos pelos sudamericano (*Arctocephalus australis*). En resumen, la nariz no se extiende mucho más allá de la boca y no es bulbosa, mientras que las narinas u orificios nasales apuntan hacia adelante. Otra característica de esta especie es el gran tamaño de sus miembros anteriores, que suelen medir un tercio del largo del animal, y las vibrisas o "bigotes", que en los machos adultos pueden ser muy largas (entre 30 y 50 cm) y de coloración clara. El pabellón auricular semeja una fina y larga oreja tubular, y no posee pelos en su extremo.

El cráneo de este lobo marino es muy semejante al del resto de las especies de *Arctocephalus;* sin embargo, son los dientes los que permiten una buena y rápida diferenciación: los poscaninos muestran un desgaste muy marcado, no presente en las especies afines.

Biología y ecología

Las colonias reproductivas de este lobo marino se ubican en zonas costeras de diversas islas periantárticas desde los 61° S hacia el norte de la Convergencia Antártica. Aproximadamente el 90% de los nacimientos tienen lugar en las Islas Georgias del Sur y las Bird y Willis; también existen otras colonias reproductivas en las Shetland y Sandwich del Sur, Orcadas, Kerguelen y algunas que rodean el continente antártico.

Las hembras alcanzan la madurez sexual aproximadamente entre los 2 y 5 años, mientras que los machos son maduros a los 3-5, pero no poseen harenes hasta después de los 7 años

Los machos adultos arriban a los apostaderos a fines de la primavera y hasta principios de diciembre. A partir de ahí se producen las primeras disputas entre los machos adultos para delimitar su territorios y los conservan por alrededor de un mes, pudiendo tener cada macho un harén de hasta 20 hembras. Estas últimas se integran a los te-

Foto: Sergio Morón

Un macho adulto exhibe la lengua y sus largas vibrisas claras.

rritorios defendidos por el macho alrededor del mes de diciembre y suelen tener sus crías a los pocos días de arribar, pasado un período de gestación de aproximadamente un año. Después del nacimiento, las hembras permanecen constantemente con sus crías alrededor de una semana y luego ya realizan incursiones en el mar para alimentarse. La cópula suele tener lugar aproximadamente en la semana siguiente a que las hembras ingresan al agua. Los cachorros en lactancia, que se extiende por alrededor de 100 días, aumentan cerca de 100 gramos diarios. Los machos adultos, durante su ayuno en tierra, pueden perder más de un kilo diariamente.

Después de la reproducción, las hembras permanecen en el mar por largos períodos, mientras que los juveniles pueden hacerlo por algunos años hasta volver a sus apostaderos natales, para reproducirse por primera vez. La longevidad máxima registrada ronda los 23 años para las hembras y 14 para los machos.

Es interesante mencionar que en los apostaderos de la Isla Marion esta especie se hibridiza con el lobo marino subantártico y que los híbridos resultan difíciles de diferenciar de las especies que les dieron origen.

Su alimentación en las Islas Georgias del Sur y la Península Antártica se basa fundamentalmente en el *krill* durante el verano. En otoño e invierno, en las Islas Heard y Macquarie, suelen alimentarse de peces y especialmente de pequeños calamares. Los machos adultos también pueden alimentarse de diversas especies

Foto: Layla P. Osman

Ejemplar adulto con su pelaje húmedo.

Grupo de cachorros durante el verano antártico.

Foto: Koen Van Waerebeek

Foto: Sebastián Poljak - Instituto Antártico Argentino

Frecuentemente, el lobo marino de dos pelos antártico comparte la línea costera con diversas especies de pingüinos.

de pingüinos, tales como el pingüino rey (*Aptenodytes patagonica*), el papua (*Pygoscelis papua*) y el macaroni (*Eudyptes chrysolophus*).

Los lobos marinos antárticos, como muchos otros, no suelen realizar buceos muy profundos, si bien existe un registro de 180 metros de profundidad con una duración máxima de 10 minutos. La profundidad de buceo de esta especie suele variar con la hora del día; en base a ello se ha podido determinar que los buceos nocturnos no exceden los 30 metros; en cambio, durante el día pueden llegar hasta los 70 metros y ello estaría vinculado con las migraciones verticales del *krill*.

Los cachorros al alcanzar los 4 meses de vida ya bucean de la misma forma que los ejemplares adultos.

Distribución geográfica

Las colonias reproductivas se ubican en islas que rodean el Continente Antártico entre los 61° S y la Convergencia Antártica. Tales archipiélagos incluyen Georgias, Sandwich, Shetland y Orcadas del Sur, Bouvet, Heard, McDonald, Kerguelen, Prince Edward y Macquarie. Con cierta frecuencia se registran ejemplares vagantes de esta especie en las costas de Argentina, Uruguay y sur de Brasil.

Foto: Koen Van Waerebeek

Ejemplar juvenil de lobo marino de dos pelos antártico.

Estatus y conservación

Antes de iniciarse la actividad ballenera en el hemisferio sur, las flotas loberas asolaron los apostaderos de lobos marinos de Patagonia y de la región antártica. En esta última, las capturas comenzaron en las Islas Georgias del Sur en 1790, con un pico de explotación a principios del siglo XIX. Hacia 1822 se había capturado más de un millón de animales y su población estaba virtualmente extinta. En 1870 se reanudaron las capturas, tras cierta recuperación, hasta finalizar en 1907 con otra virtual extinción. En las Islas Shetland del Sur comenzó su explotación a poco de descubiertas en 1819 y para 1820 se habían capturado 250.000 animales, llegando a niveles poblacionales muy bajos.

La últimas estimaciones indican más de 3 millones de ejemplares, de los cuales más del 95% se reproduce en las Islas Georgias del Sur. El lobo de dos pelos antártico probablemente sea la especie de mamífero que más se ha recuperado; luego de su virtual extinción durante el siglo XIX, ha crecido a tasas superiores al 15% anual en cuatro décadas.

Actualmente, el mayor riesgo son las muertes accidentales por actividad pesquera y por basura plástica arrojada al mar (zunchos, restos de redes, cabos, etc.).

Según la UICN, se trata de una especie insuficientemente conocida, si bien en los últimos años diversos estudios permitirían definir mejor su estatus. Como muchas otras especies, está protegida por el Tratado Antártico al sur de los 60° S. Los apostaderos de las Georgias y Sandwich del Sur están protegidos por normas británicas. Esta especie aún no está contemplada en el libro Rojo de Argentina (SAREM).

Lobo Marino de Dos Pelos Subantártico

Arctocephalus tropicalis (Gray,1872) **Subantarctic Fur Seal**

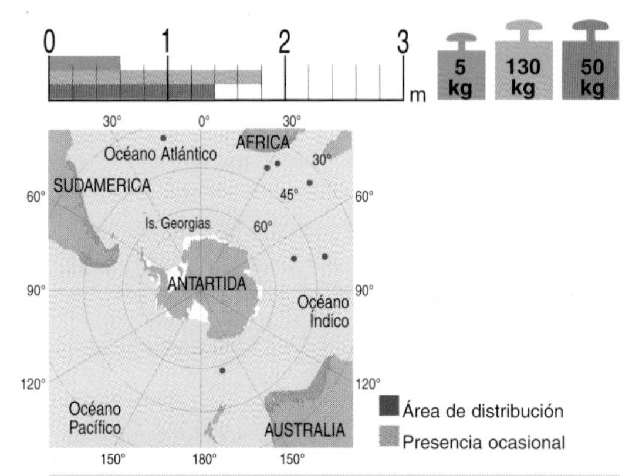

CLAVE PARA SU IDENTIFICACIÓN

- Cuerpo de tamaño mediano (no excede los 2 m y 160 kg de peso).
- Cabeza con perfil muy afinado.
- Orejas finas y largas (hasta 5 cm).
- Vibrisas (bigotes) muy largas y claras.
- Aletas anteriores relativamente largas, con uñas poco desarrolladas.
- Pelaje corto y denso, formado por dos capas de pelo.
- Coloración pardogrisácea oscura, con la garganta, pecho y "máscara facial" muy clara.
- Se desplazan por el terreno caminando sobre sus cuatro aletas.
- Característico olor almizclado.
- Poscaninos unicúspides y con poco desgaste del esmalte.

El género *Arctocephalus* deriva del griego *arktos* (=oso) y *kephale* (=cabeza), dado que los primeros cazadores y exploradores llamaban a estos animales osos marinos. El segundo término, *tropicalis,* deriva también del griego *tropikos* (=tropical) por creerse, erróneamente, que el ejemplar tipo había sido colectado en la costa norte de Australia. En inglés esta especie también era conocida como *Amsterdam Island Fur Seal,* aunque este nombre ha sido paulatinamente reemplazado por el de *Subantarctic Fur Seal.*

Hasta no hace mucho tiempo esta especie era confundida con el lobo marino de dos pelos antártico (*Arctocephalus gazella*), especie con la cual puede producir híbridos.

Características generales

La apariencia general es similar a todas las especies del género *Arctocephalus,* presentando un marcado dimorfismo sexual, con un hocico afinado pero robusto y orejas y vibrisas largas. Pese a ello, la especie puede ser claramente identificada por su coloración, ya que ambos sexos poseen una coloración gris amarillenta en la cara, garganta y pecho, siendo también sus vibrisas marcadamente claras en los adultos. Los machos adultos son generalmente más oscuros y el pelo de su frente suele estar más erguido formando una especie de "cresta". Los cachorros al nacer son completamente negros con vibrisas también oscuras, para luego de la primera muda (entre los 2 y 3 meses de vida) tomar coloraciones pardas. Las aletas pectorales son usualmente cortas y anchas, y el fuerte olor almizclado de esta especie es otra de sus características distintivas.

Los machos adultos suelen alcanzar tallas de hasta

2 m y pesar hasta 160 kg, mientras que las hembras raramente superan el 1,50 m y 55 kg de peso. Al nacer, los cachorros miden cerca de 60 cm y pesan entre 4 y 5 kg.

El cráneo de *A. tropicalis* es más bien angosto, con arcadas dentarias rectas, huesos nasales muy finos y procesos mandibulares bajos y frágiles. Los poscaninos superiores 5 y 6 son claramente unicúspides con poco desgaste de su esmalte.

Biología y ecología

Los lobos marinos de dos pelos subantárticos suelen reunirse en áreas costeras rocosas de islas subantárticas entre los meses de noviembre a enero para reproducirse. La madurez sexual es alcanzada por las hembras entre los 4-6 años de edad, mientras que en los machos entre los 4-8 años, si bien raramente se reproducen antes de los 9 años de edad. En cada estación reproductiva los machos adultos arriban antes que las hembras para establecer sus territorios, los cuales son defendidos agresivamente de otros machos. Hacia fines de noviembre, las hembras llegan para parir, concentrándose la mayoría de los nacimientos a principios de diciembre. Las cópulas se producen aproximadamente una semana después que las hembras paren dentro de los harenes, los cuales pueden albergar entre 6 y 12 hembras.

La lactancia de los cachorros comienza casi de manera inmediata y es continua durante los primeros 8-12 días de vida; la leche es extremadamente rica en calorías, pudiendo alcanzar al 40% en grasa. La lactancia dura aproximadamente 300 días, cuando las hembras alternan períodos de atención de sus cachorros en tierra con períodos de alimentación en el mar. Investigaciones recientes encontraron que las hembras de esta especie presentan un período de atención de sus cachorros en tierra mucho más largo que el resto de las especies de lobos marinos de dos pelos. Estos viajes de alimentación pueden superar los 500 km de distancia de las colonias reproductivas, en áreas costeras muy productivas y que generalmente están asociadas con ricos frentes oceánicos. El período de muda es aproximadamente de marzo a mayo.

La longevidad oscila entre los 23 años en hembras y poco más de 18 en machos.

La dieta del lobo marino de dos pelos subantártico consiste esencialmente en calamares, complementados con *krill*, peces y ocasionalmente pingüinos y otras aves. No obstante ello, la dieta suele variar notablemente en función de la región y la estación del año. Generalmente los buceos son someros (< 30 m) y de corta duración (< 2 minutos), aunque ocasionalmente pueden superar los 200 metros de profundidad y los 6 minutos de duración.

Ejemplar adulto de lobo marino de dos pelos subantártico exhibiendo su típica coloración y su cresta frontal.

Foto: R. Bastida

En 1996 se registró por primera vez en esta especie un caso de tuberculosis. Dicha enfermedad es producida por una nueva bacteria del complejo *Mycobacterium tuberculosis,* recientemente descripta como *Mycobacterium pinnipedii.* Dado que también se han registrado en Argentina y Uruguay casos de tuberculosis en el lobo marino de un pelo (*Otaria flavescens*) y en el lobo de dos pelos sudamericano (*Arctocephalus australis),* y teniendo en cuenta que dicha enfermedad también puede transmitirse al hombre, es aconsejable manejarse con gran precaución al entrar en contacto con ejemplares salvajes.

Distribución geográfica

Arctocephalus tropicalis es el lobo marino de dos pelos de más amplia distribución geográfica, ya que sus colonias reproductivas se encuentran en islas oceánicas inmediatamente al norte de la Convergencia Antártica de los océanos Atlántico, Indico y Pacífico. Esta distribución abarca a las Islas Gough, Crozet,

Macquarie, Amsterdam, Saint Paul y Prince Edward. Si bien no es una especie migratoria, algunos ejemplares suelen desplazarse a gran distancia de sus colonias reproductivas, siendo frecuentemente registrados en Sudáfrica, Sudamérica, Australia, Islas de Juan Fernández y Georgias del Sur. Con excepción de las hembras lactantes con sus cachorros, la mayoría de la población mundial pasa el invierno y la primavera dispersa a lo largo del hemisferio sur. Los machos se concentran en colonias sólo para la reproducción y la muda (marzo-mayo).

A pesar de que esta especie se reproduce en áreas alejadas de Sudamérica, su presencia en aguas de Brasil, Uruguay y Argentina se ha incrementado a través de los años. En el Mar Argentino se la registra principalmente en aguas de la provincia de Buenos Aires entre junio y diciembre, si bien los meses de mayor afluencia son los de julio, agosto y septiembre. Los ejemplares predominantes son los machos adultos, aunque también se registran hembras y juveniles de ambos sexos. La distribución de los registros en las costas sudamericanas (aproximadamente entre 5° y 40° S) coincide claramente con el área de influencia de la corriente del Brasil, principalmente entre los 30-40° S, donde se localiza una celda de recirculación anticiclónica de dicha corriente. Un fenómeno similar se registra en Sudáfrica, donde su presencia pareciera estar influenciada por la corriente de Benguela; de esta manera el Vórtice Anticiclónico del Atlántico sur pareciera estar influyendo en la presencia de ejemplares provenientes de las islas de Tristan da Cunha en Sudamérica y Africa.

Esta especie suele compartir áreas reproductivas con el lobo marino de dos pelos antártico en las Islas Marion y Macquarie, donde se ha registrado la hibridación entre ambas especies. Las áreas preferenciales para la reproducción son las costas rocosas y escarpadas.

Estatus y conservación

Arctocephalus tropicalis fue intensa e indiscriminadamente explotada por sus pieles desde finales del siglo XVIII, siendo sus *stocks* prácticamente exterminados durante el siglo XIX. No obstante ello, en algunas islas un número suficiente quedó remanente como para producir una drástica recuperación durante el siglo XX. En la actualidad se ha estimado una población mundial cercana a los 300.000-350.000 ejemplares, reproduciéndose más de la mitad en las Islas Gough, y encontrándose importantes concentraciones en las Islas Prince Edward y Amsterdam. Esta especie, junto con el lobo marino de dos pelos antártico, son ejemplos de la gran recuperación que puede darse en ciertas poblaciones de mamíferos marinos. Algunas de estas poblaciones han aumentado entre el 10 y el 15% anual y de manera sostenida durante varias décadas.

Con cierta frecuencia esta especie ingresa a los centros de rehabilitación de Argentina, Uruguay y Brasil. También ha sido mantenida en oceanarios con cierto éxito, si bien su adaptación al cautiverio resulta más compleja que en el caso del lobo marino de dos pelos sudamericano.

En casi todo su área de distribución, esta especie se encuentra legalmente protegida por distintas normas nacionales e internacionales. CITES la incluye en el Apéndice II, mientras que la UICN la considera una especie insuficientemente conocida. El Libro Rojo de la Argentina (SAREM) no incluye a *Arctocephalus tropicalis*, por no haber sido citada formalmente para el Mar Argentino a la fecha de su publicación.

Durante la última década se ha incrementado la presencia de ejemplares de lobo marino de dos pelos subantártico en la provincia de Buenos Aires.

Foto: R. Bastida

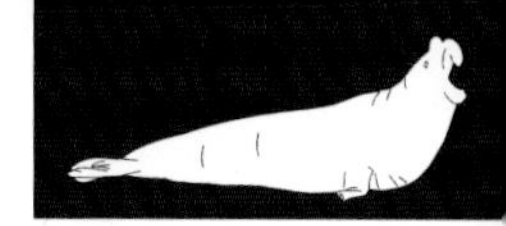

Elefante Marino del Sur

Mirounga leonina (Linnaeus,1758) **Southern Elephant Seal**

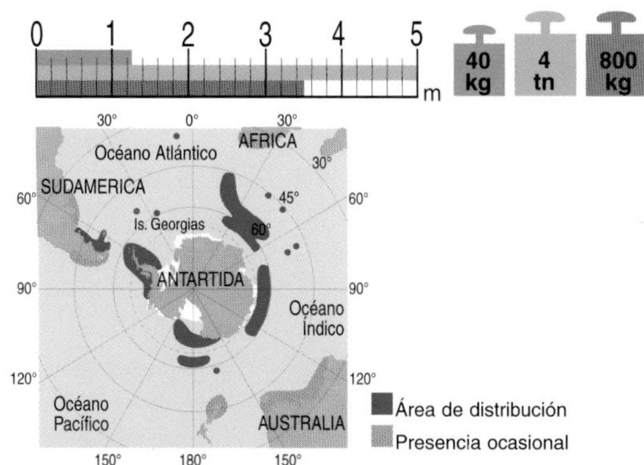

CLAVE PARA SU IDENTIFICACIÓN

- Cuerpo muy grande; machos, máx. 6,20 m; hembras, máx. 3,70 m.
- Cabeza con proboscis o trompa muy desarrollada en machos.
- Ojos grandes.
- Orejas ausentes.
- Aletas anteriores relativamente cortas con uñas bien desarrolladas.
- Pelaje corto y en una única capa.
- Coloración variable de gris a pardo claro.
- Se desplazan por el terreno reptando y en forma ondulante.

De la misma forma que la ballena austral (*Eubalaena australis*), el elefante marino del sur constituye una especie emblemática de la Península Valdés (Chubut). Sin embargo, durante la década del 60 constituía una verdadera rareza en la misma Península Valdés, pues los ejemplares se hallaban localizados exclusivamente en Punta Norte y no superaban el centenar. En la actualidad esta especie ha aumentado notablemente su población por el cese de su irracional captura y ya se distribuyen por casi toda la Península Valdés varias decenas de miles de individuos.

El nombre genérico *Mirounga* está inspirado en el nombre con el cual los nativos de Australia designaban a este animal marino. El término *leonina* deriva del latín *leoninus,* o parecido a un león, quizá en referencia al rugido que producen los machos de esta especie, fundamentalmente en la época de celo. El reconocido naturalista Linnaeus describió a esta especie sobre la base de un material óseo colectado por el famoso marino inglés lord Anson en 1744 en la Isla de Juan Fernández (Chile), colonias que fueron diezmadas por la captura indiscriminada desde fines del siglo XVIII, XIX y primera mitad del XX.

Características generales

El elefante marino del sur es el más grande de los pinnípedos. Los machos adultos son cerca de cinco veces más pesados que las hembras y poseen una marcada proboscis o trompa, de donde deriva su nombre común. Esto hace que los elefantes marinos sean la especie más dimórfica entre los mamíferos actuales. La proboscis es un agrandamiento de los conductos nasales, y está totalmente desarrollada cerca de los 8 años de edad, cuando los machos comienzan a competir por la reproducción. La proboscis se infla por acción del aire exhalado, de los movimientos musculares y por la concentración de sangre.

El cuerpo del elefante marino austral es robusto y su cabeza es muy grande, particularmente en los machos, que pueden alcanzar tallas impresionantes, de hasta más de 6 m de largo y pesar hasta 5 toneladas.

Foto: Gabriel Rojo

Ejemplares machos juveniles, simulando una lucha.

Las hembras nunca alcanzan los 4 m de largo y pesan como máximo 900 kg. Los cachorros al nacer miden alrededor de 1,30 m y pesan unos 40 kg.

El cráneo de los machos presenta el área nasal muy desarrollada para sostener la proboscis, con 30 dientes implantados en ambas quijadas. Los dientes de leche son reabsorbidos antes de nacer, y aproximadamente al mes de vida ya se encuentra desarrollada toda la dentadura definitiva. Sus ojos son excepcionalmente grandes, dada la necesidad de luz a grandes profundidades. Sus aletas delanteras son relativamente cortas, con uñas que pueden alcanzar los 5 cm de largo.

La coloración del elefante marino es bastante variable y ello depende de diversos aspectos. Por una parte, si el pelo está mojado resulta mucho más oscuro que cuando está seco. Otro aspecto muy importante está vinculado con el cambio de piel, que tiene lugar durante el período que permanece en tierra. De esta forma el color puede oscilar de un gris brillante a un pardo muy claro, con tonalidades más claras en la zona ventral. La muda del pelo de los adultos ocurre una vez al año entre primavera y verano, y es de tipo drástico; en pocos días pierden totalmente el pelo junto con la capa externa de la piel, que se desprende en grandes parches. En el período de muda los ejemplares permanecen siempre en tierra y ayunando. El color de los cachorros al nacer es negro, para tornarse gris plateado con vientre claro después de la muda, aproximadamente a las 3-4 semanas de vida.

La piel del pecho y cuello de los machos adultos está muy engrosada y resquebrajada, con gran cantidad de cicatrices como consecuencia de heridas infligidas por otros machos durante las luchas territoriales donde concentran su harén.

El movimiento en tierra de los elefantes marinos sigue el patrón general de las focas; se desplazan con movimientos ondulantes del vientre sin utilizar las aletas. Cuando nadan, al contrario, se desplazan con movimientos alternados de las aletas posteriores y la sección posterior del abdomen.

Esta especie es fácilmente distinguible y sólo puede ser confundida con el elefante marino del norte (*Mi-*

Macho adulto solitario de elefante marino del sur descansando sobre playa (Península Valdés, Chubut).

Foto: R. Bastida.

Foto: Sebastián Poljak - Instituto Antártico Argentino

Lucha entre machos adultos en colonia antártica durante una fuerte nevada.

rounga angustirostris Gill, 1866), que habita la costa oeste de Norteamérica.

Biología y ecología

Los elefantes marinos tienen un ciclo de vida en el cual alternan períodos de permanencia en tierra para la reproducción y muda con otros de alimentación en mar abierto. Su estadía en tierra usualmente es muy corta; no supera en total los dos meses durante la reproducción y un mes para la muda, lo que hace que pasen más del 80% de sus vidas navegando en mar abierto y permaneciendo sumergidos la mayor parte del tiempo.

Son excelentes buceadores, con inmersiones que duran en promedio entre 20 y 30 minutos, y pueden alcanzar los 800 metros de profundidad. Sin embargo, se han registrado inmersiones a más de 1.200 metros, que superaron las dos horas de duración. Sus presas principales son calamares y peces (fundamentalmente nototénidos); muchos de ellos se concentran en las cercanías de la Península Antártica. Los elefantes marinos de la población de Península Valdés se alimentan fuera de la plataforma continental y sus grandes buceos superan los 1.000 metros con tiempos de buceo de unos 60 minutos. La alimentación en estas zonas de total penumbra se facilitaría por la bioluminiscencia de varias especies de organismos profundos y la adaptación de los ojos de los elefantes para captar mínimas intensidades luminosas. Durante la época de alimentación se desplazan de manera solitaria, y aparentemente machos y hembras se alimentan en regiones distintas. Se estima que la zona de mayor importancia alimentaria para esta especie la constituye el Océano Austral, desde la Convergencia Antártica hasta el límite de los hielos flotantes, donde su mayor presa sería el calamar *Psychroteuthis glacialis* y los peces antárticos *Gymnoscopelus richolsi* y *Electrona antarctica.*

Los elefantes marinos forman grandes concentraciones en tierra para reproducirse, donde un grupo reducido de machos monopoliza la fecundación de un número elevado de hembras, conocido como harén. El tamaño de los harenes suele ser muy variable, desde pocas decenas de hembras hasta algunos cientos por harén. Los machos compiten agresivamente para transformarse en el macho dominante del harén (o macho *alfa*); los ejemplares perdedores suelen ubicarse como subordinados en la estructura reproductiva.

Foto: R. Bastida

Cambio estival drástico del pelaje de un macho adulto.

Los machos arriban a los apostaderos costeros o elefanterías aproximadamente a partir de agosto, mientras que las hembras llegan entre septiembre y octubre. Los grupos suelen ser muy numerosos, pero hay muy poco contacto físico entre los animales. Durante todo este período, que puede llegar a los 90 días, los machos se mantienen en ayuno, llegando a adelgazar más de 12 kilogramos diarios. Sólo un porcentaje muy bajo de los machos presentes (2-3%) fecunda hembras, llegando a fecundar a más de 100 por temporada.

Las hembras dan a luz aproximadamente en el quinto día después del arribo a la playa. Los nacimientos tienen una marcada sincronía, ya que la gran mayoría se produce en un período no mayor a tres semanas en el año. Las madres amamantan a diario a sus cachorros por un período promedio de 23 días, durante los cuales las hembras se mantienen en ayuno. La transferencia de energía por la leche es muy alta, ya que los cachorros al nacer pesan entre 30 y 45 kilos, con aumentos diarios de alrededor de 5 kg; al destete han incrementado en un 300% su peso inicial. Todo el proceso de la lactancia se basa en las reservas corporales de la madre, lo que hace que las hembras pierdan aproximadamente 9 kilogramos diarios. Luego de transcurridos unos veinte días del parto, las hembras son fecundadas y a los pocos días abandonan la playa, forzando abruptamente el destete.

Los cachorros pasan un período de ayuno en tierra de uno a tres meses, durante el cual pierden aproximadamente el 30% de su masa corporal; luego se internan en el mar en busca de su primer alimento sólido. Este período es uno de los más críticos para los cachorros, ya que la mortalidad suele ser muy alta al iniciarse su independencia alimentaria.

Los elefantes marinos son las focas de más rápido crecimiento corporal, las que maduran sexualmente más temprano y las que mueren también más jóvenes. La madurez sexual de los machos se alcanza entre los 4 y 5 años, pero raramente se reproducen antes de los 10 años de edad. La mortalidad es muy alta; más del 90% muere antes de reproducirse. Las hembras alcanzan su madurez sexual entre los 3 y 6 años de edad, si bien la mayoría lo hace a los 4 años y tienen una vida reproductivamente activa durante casi 15 años. Los

Madre y cachorro de pocos días de vida, de elefante marino del sur.

Foto: Sebastián Poljak - Instituto Antártico Argentino

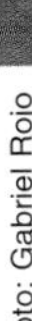

Elefante marino del sur en cópula, donde se aprecia la diferencia de tamaño entre macho y hembra.

machos raramente superan los 15 años de edad; las hembras pueden pasar los 20.

Distribución geográfica

Actualmente se distribuyen sobre playas de arena o grava de islas subantárticas cercanas a la Convergencia Antártica; su límite sur lo constituye un conjunto de islas del Arco de Scotia (Shetland, Sandwich y Orcadas del Sur), no sobrepasando la línea de los hielos flotantes. Las colonias reproductivas se encuentran distribuidas en tres grupos principales, los cuales presentan muy poco intercambio genético entre sí. El primero incluye las Islas Georgias, Sandwich, Orcadas y Shetland del Sur, Península Valdés (única elefantería continental del mundo), Islas Malvinas e Islas Gough; el segundo incluye las Islas Kerguelen, Heard, Prince Edward y Crozet, mientras que el tercer grupo incluye las Islas Macquarie, Campbell y Antipodes.

Existían colonias en las Islas de Juan Fernández, sur de Australia y Tasmania, pero fueron exterminadas. Algunas son recolonizadas lentamente.

También estuvieron presentes en épocas remotas en varios sectores de la provincia de Buenos Aires, entre ellos, la zona de Mar del Plata y la de San Blas.

En virtud del aumento poblacional registrado en las últimas décadas en el norte de Patagonia (se estima una población de 45.000 individuos), resulta frecuente ver ejemplares vagantes por toda la costa de la provincia de Buenos Aires, Uruguay y sur de Brasil.

Estatus y conservación

Las capturas comerciales de elefantes marinos en las Islas Georgias del Sur comenzaron a principios de 1800, principalmente para obtener aceites de su capa de grasa. En esta actividad, que se hacía en forma complementaria con la caza ballenera, se podía llegar a obtener más de 300 litros de aceite por animal. Como era lógico de esperar, a finales del siglo XIX, el bajo nivel de las poblaciones no las hacía ya rentables, habiéndose estimado un total capturado superior al millón de animales. Luego de una corta recuperación se retomó la caza bajo regulación entre 1909 y 1964, capturándose anualmente entre 2.000 y 6.000 machos. Durante el siglo XX se cazó un total superior a los 250.000 animales.

La actual población mundial oscila entre 650.000 y 750.000 ejemplares, presentando los distintos *stocks* tendencias poblacionales opuestas. La población de las

Foto: R. Bastida

Apertura de los orificios nasales previa a una inmersión.

Islas Georgias del Sur se ha mantenido estable o con un lento aumento durante la segunda mitad de este siglo, siendo la colonia de Península Valdés la única que presenta un marcado crecimiento. La situación de los *stocks* de Kerguelen y Macquarie es muy distinta porque han declinado casi el 40-60% por razones desconocidas.

La presencia de ejemplares de distinta edad en las costas de la provincia de Buenos Aires resulta muy frecuente en los últimos años. Varios de ellos presentan diversos tipos de afecciones y han podido ser rehabilitados exitosamente por la Fundación Mundo Marino (San Clemente del Tuyú).

Las poblaciones actuales, según estimaciones recientes, oscilarían en valores cercanos a los 400.000, 190.000 y 80.000 animales para los *stocks* de Georgias del Sur, Kerguelen y Macquarie respectivamente.

Esta especie se encuentra ubicada en el Apéndice II de CITES y fue calificada como en bajo riesgo y de mínima preocupación para la UICN. El Libro Rojo de Argentina (SAREM) la considera una especie de preocupación menor (LC), dependiente de su conservación.

Ejemplar de elefante marino del sur, con sus vibrisas congeladas.

Foto: Sebastián Poljak - Instituto Antártico Argentino

Atardecer en una colonia antártica.

Foto: Sergio Morón

Foca de Weddell

Leptonychotes weddellii (Lesson, 1826)

Weddell Seal

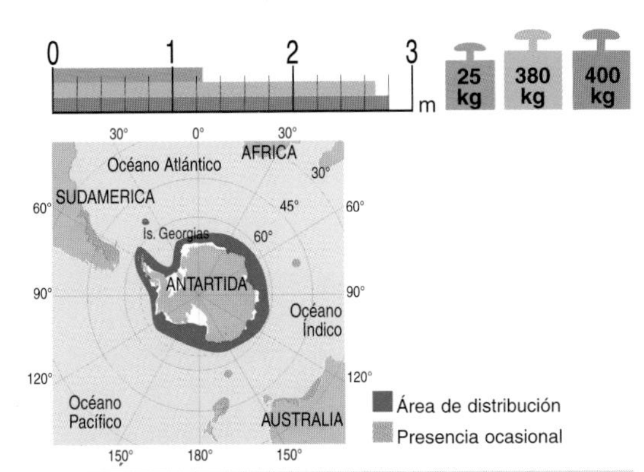

CLAVE PARA SU IDENTIFICACIÓN

- Cuerpo voluminoso, redondeado, de talla mediana a grande (máx. 3,30 m).
- Cabeza muy pequeña, de aspecto gatuno.
- Hocico poco desarrollado con vibrisas largas y frecuentemente retorcidas.
- Aletas pectorales pequeñas.
- Pelaje gris o pardo con manchas oscuras y claras en todo el cuerpo.
- Frecuentemente se recuestan sobre uno de sus costados.
- Se desplazan por tierra reptando.

Sin duda es la foca que más frecuentemente podrán observar los viajeros antárticos y además la especie mejor estudiada desde el punto de vista científico. Los descubrimientos trascendentales sobre la fisiología del buceo de los mamíferos surgieron precisamente de las experiencias con esta carismática foca.

El nombre genérico *Leptonychotes* proviene del griego: *leptos* que indica *pequeño o estilizado* y *onux* que se interpreta como *garra*, haciendo así referencia al pequeño tamaño de sus miembros anteriores, aunque estos no constituyen una de las características más conspicuas de esta foca. El nombre específico *weddellii* fue asignado en honor al explorador y ballenero escocés del siglo XIX James Weddell, quien coleccionó los primeros ejemplares de esta foca. Paradójicamente, dichos ejemplares no fueron colectados en el continente Antártico, sino en el extremo austral patagónico, área no tradicional para esta especie.

Características generales

Durante gran parte del año la foca de Weddell suele presentar un cuerpo rechoncho, que recuerda la forma de un tonel alargado. Por dicho motivo, les resulta difícil o imposible apoyar simultáneamente ambos miembros anteriores sobre el suelo, hecho que compensan con sus movimientos reptilianos para así lograr desplazarse. Otra actitud muy característica de esta foca es que cuando descansa fuera del agua suele apoyarse en un flanco dejando su vientre expuesto.

El largo del cuerpo de los ejemplares adultos oscila entre 2,30 y 3,30 m y el peso entre 320 y 550 kg; las hembras son un poco más grandes que los machos. Los cachorros al nacer miden entre 1,20 y 1,40 m y pesan entre 22 y 29 kg. En resumen, es de largura intermedia entre la foca cangrejera (*Lobodon carcinophaga*) y el leopardo marino (*Hydrurga leptonyx*).

La cabeza es continua con el cuerpo y, en comparación con éste, resulta muy pequeña, hecho que se hace aún más evidente durante el período de engorde primaveral. El hocico es muy corto y se encuentra enmarcado por un par de ojos grandes y un conjunto de vibrisas frecuentemente curvadas que pueden llegar a retorcerse en 360°. Todo ello le otorga, según algunos

Foto: Randy Davis

Ejemplar adulto. Su enorme cuerpo y pequeña cabeza indican un período de máxima acumulación de reservas.

autores, un aspecto gatuno que, unido a la curva ascendente de la línea de los labios, le brinda a esta foca además una apariencia benigna y dócil.

Las aletas anteriores son relativamente pequeñas y no cumplen un rol importante ni en superficie ni debajo del agua, ya que en los fócidos el mayor desplazamiento subacuático se obtiene mediante la ondulación del cuerpo y el movimiento de los miembros posteriores.

En la parte anterior del cuerpo pueden observarse

Aspecto gatuno de un ejemplar juvenil de foca de Weddell.

Foto: Randy Davis

Foto: Roberto Cinti

Detalle del miembro anterior.

cicatrices o heridas como consecuencia de las peleas reproductivas entre los individuos; algunas también pueden ser producidas por mamíferos predadores como focas leopardo y orcas (*Orcinus orca*).

El pelaje en adultos es corto y su coloración variable a lo largo del año. El dorso siempre es más oscuro que el vientre y típicamente de color gris azulado o pardo oscuro; sin embargo, antes de la muda suele aclararse tornándose en un pardo grisáceo herrumbroso. Todo el cuerpo está cubierto de manchas de diverso tamaño (vetas, motas y puntos) de tonalidades claras y oscuras que resaltan sobre la coloración de base. El área del hocico, desde las narinas hacia la boca y sector de los "bigotes", es usualmente pálida, al igual que sobre los ojos. Al nacer, los cachorros presentan un pelo más largo (lanugo) de color gris o pardo que mudan a las pocas semanas.

El cráneo presenta una configuración normal, aunque es un poco más chato que el de otras especies afines. Resaltan en él algunas piezas dentales, ya que los incisivos y caninos de la quijada superior son muy fuertes y están proyectados hacia delante. En base a estas estructuras dentarias la foca de Weddell puede realizar grandes agujeros en el hielo para llegar al agua y salir a respirar después de las inmersiones. Este hábito parece no perderse en cautiverio, pues suelen gastar sus dientes en el cemento de las piletas.

Ejemplar adulto en su típica postura lateral.

Foto: Eduardo Secchi. Projeto Baleias-PROANTAR

Biología y ecología

Las focas de Weddell se encuentran frecuentemente en las zonas de hielos de poco espesor, alrededor del continente e islas antárticas. Se las observa solitarias o formando pequeños grupos, aunque ocasionalmente hay congregaciones de hasta 100 individuos.

En las zonas más australes, esta foca tiene la costumbre y la necesidad de realizar agujeros en el hielo para poder acceder al agua y a su vez a la superficie. Para ello, deben continuamente ocuparse de mantener abiertos dichos orificios gracias al trabajo de sus fuertes dientes superiores y que suelen desgastarse con el tiempo. Aunque haya toda una serie de agujeros próximos, cada individuo ingresa al agua y vuelve a salir por el mismo orificio. Como consecuencia del desgaste excesivo de los dientes, en algunos casos, pueden presentarse problemas vinculados con la alimentación y la longevidad de los ejemplares.

Es una especie que no teme ni muestra agresividad con los humanos, hecho que la convirtió en un animal ideal para el desarrollo de estudios experimentales. Las hembras ingresan a la actividad reproductiva a los 4-5 años. Los machos suelen entrar en actividad reproductiva mucho más tarde, a partir de los 10 años. Los harenes que controlan los machos generalmente

Cachorro de foca de Weddell rascándose con su miembro anterior, junto a su madre.

Foto: Randy Davis

Foto: Randy Davis

Foto: Sebastian Poljak - Instituto Antártico Argentino

La foca de Weddell suele bucear a gran profundidad para alimentarse. Con frecuencia capturan peces antárticos de gran tamaño.

tienen un promedio de diez hembras y los apareamientos tienen lugar dentro del agua. El período de gestación se extendería entre 8 y 10 meses y la lactancia al-

Ejemplar juvenil descansando sobre el hielo antártico.

rededor de 6 semanas, y durante ellos el cachorro incrementa entre 10 y 15 kg de peso. Al destete tienen un largo superior a 1,50 m y pesan poco más de 100 kg, si bien ya ingresan al agua desde los 10 días de vida.

Los grupos reproductivos de esta foca se distribuyen tanto en el continente antártico como en las islas muy próximas y los ejemplares parecen mostrar fidelidad anualmente por los sitios reproductivos. También se ha detectado un pequeño grupo reproductivo, de unos 100 individuos, en las islas Georgias del Sur, al norte de la Convergencia Antártica, constituyéndose así en la colonia más septentrional de esta especie.

Es un fócido con amplio repertorio vocal, que también podría emplear como sistema de ecolocalización durante las inmersiones.

La alimentación de esta foca es tal vez la que más se aproxima a la dieta típica de los fócidos; consume fundamentalmente peces de fondo y de media agua, si bien calamares, pulpos e invertebrados bentónicos también suelen integrarla. Las presas pueden ser obtenidas en algunos casos a profundidades moderadas, pero aquellos individuos que viven sobre las plataformas de hielo suelen tener un largo camino hasta su alimento, por lo cual resultan frecuentes los buceos entre 200 y 400 metros por períodos de hasta 15 minutos; muchas veces capturan peces muy grandes.

Los estudios sobre fisiología del buceo fueron iniciados hace algunas décadas en la estación norteamericana Mc Murdo, en la Isla Ross, con el empleo de equipos de alta tecnología que registraron inmersiones de esta especie de hasta 600 metros de profundidad.

Distribución geográfica

La foca de Weddell es el mamífero de mayor distribución austral de nuestro planeta. Sin duda es un típico representante antártico de distribución circumpolar que también habita sectores insulares como las Islas Shetland del Sur y las Orkneys. Ejemplares vagantes también han sido encontrados en las costas de Uruguay, Argentina, Nueva Zelanda y sur de Australia.

No presenta el hábito de otros fócidos antárticos y árticos de navegar en bandejas de hielo, prefiriendo establecerse sobre áreas extensas de hielo pero con un espesor tal que le permita realizar sus agujeros de ingreso al agua.

Durante el invierno, la foca de Weddell pasaría gran parte del tiempo en el agua evitando así las temperaturas extremas.

Estatus y conservación

Esta especie ha sido motivo de una caza rutinaria desde las primeras expediciones antárticas; con su carne se alimentaban ocasionalmente los expedicionarios y en forma sistemática los perros de trineos, práctica empleada hasta hace algunas décadas. Actualmente su caza está totalmente prohibida, salvo para aquellos estudios científicos que así lo justifiquen.

Se estima que la población mundial de la foca de Weddell podría estar entre 700.000 y 1 millón de ejemplares. La UICN la considera una especie insuficientemente conocida y el Libro Rojo de Argentina (SAREM) le asigna a esta especie la categoría de Datos Insuficientes (DD), si bien por su densidad, disponibilidad alimentaria y reglamentaciones proteccionistas vigentes, esta especie correría un bajo riesgo.

La vida submarina de la foca de Weddell
Técnicas de última generación para su estudio

El proceso por el cual los mamíferos terrestres buscan, localizan y atrapan sus presas ha sido objeto de considerable esfuerzo de investigación en los últimos años. Poco se conoce sobre el comportamiento alimentario de los mamíferos marinos, principalmente porque son muy difíciles de observar bajo el agua. La profundidad y duración de sus inmersiones, la velocidad a la que se desplazan y su agilidad limitan la observación directa del comportamiento con cámaras fijas, vehículos a control remoto, sumergibles o buceadores autónomos. Usualmente estas tecnologías sólo ofrecen breves imágenes de especies de gran movilidad.

Con dicha finalidad hemos desarrollado un registrador de datos y video portátil que nos permite observar las focas de Weddell cuando buscan y capturan alimento, y podemos reconstruir sus movimientos en detalle y anotar datos ambientales. La medición simultánea de datos fisiológicos nos provee de información adicional sobre las limitantes energéticas y fisiológicas asociadas a la caza submarina y las estrategias utilizadas por estos mamíferos para reducir costos energéticos y aprovechar exhaustivamente su eficiencia de forrajeo.

El sistema de video y el registrador de datos están dentro de una pieza metálica en forma de torpedo, de 35 cm de largo y 15 de diámetro, y resiste la presión a 1.000 metros de profundidad. La cámara de video es monocromática y sensible a baja luz (6 cm de largo por 6 de diámetro), y la rodea un sistema de diodos de emisión de luz cercana al infrarrojo (LEDS). Estos LEDS le permiten a la cámara registrar imágenes en completa oscuridad a una distancia de un metro, o a distancias mayores cuando hay luz natural. La fuente lumínica de los LEDS se estima que es invisible para las focas

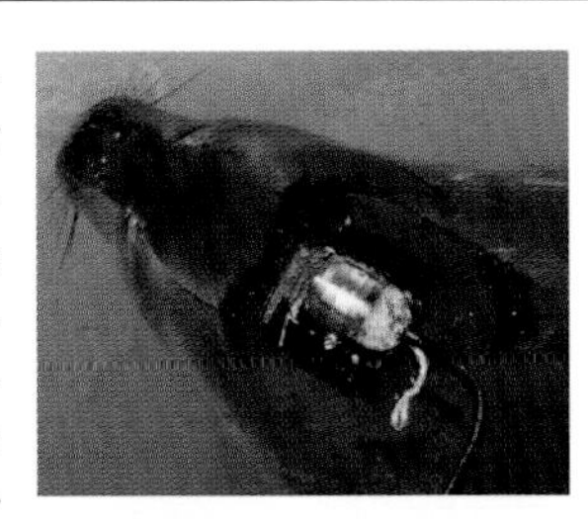

y sus presas. La cámara, que se conecta con el registrador principal por medio de un cable, está montada sobre la cabeza de la foca y obtiene imágenes cercanas de los ojos, hocico, bigotes y del área frente al animal. El registrador principal tiene un grabador de video de 8 mm (VTR), baterías recargables de litio y una microcomputadora que controla cada segundo el VTR y la toma de datos de presión hidrostática, velocidad y dirección del animal; tales datos se almacenan automáticamente en una placa de memoria. Detrás del registrador principal, en un compartimiento separado y unidos por un cable, se localiza una brújula. Un pequeño acelerómetro (6 cm de largo, 3 cm de ancho y 2 cm de alto) se monta casi sobre la cola de la foca para medir la frecuencia del movimiento de sus aletas posteriores durante la natación. Un posicionador satelital (o GPS) con su antena (3 cm x 3 cm x 1 cm) se monta al lado de la cámara en la cabeza de la foca, y se conecta al registrador principal por un cable fino. Cuando la foca sale a respirar, el GPS determina su posición geográfica exacta en menos de 30 segundos.

La foca de Weddell es una especie muy popular, dado que ha sido objeto de estudio de las adaptaciones fisiológicas y de comportamiento de los pinnípedos para el buceo profundo. Su estudio en la zona de McMurdo (Antártida) se realiza en los huecos de respiración que ellas construyen en el hielo y a los cuales regresan permanentemente, comportamiento que ha permitido instalar registradores en animales libres y recuperarlos con facilidad. De esta manera hemos podido utilizar al sistema en focas de Weddell entre 1997 y 2001. Esta técnica novedosa nos permitió obtener las primeras observaciones sobre su comportamiento de caza, las interacciones predador-presa, una visión tridimensional de sus movimientos y estimaciones sobre su metabolismo durante buceos profundos. En los últimos cinco años hemos registrado más de 500 horas de filmación submarina y más de 1.000 patrones tridimensionales de buceo con sus correspondientes datos sobre rendimiento en la natación, provenientes de 24 focas de Weddell. Sumado a esto, hemos apuntado las mediciones metabólicas de 172 buceos y grabado más de 200 vocalizaciones con sus correspondientes imágenes en video y datos de posición geográfica exacta. Dicha información incluye referencias de focas cazando tanto en la columna de agua como en el fondo o inmediatamente debajo de la capa de hielo. En aquellas observaciones en la columna de agua hemos podido estudiar más de mil encuentros entre focas y sus presas, principalmente peces. Las focas los atacan cuando ascienden, posiblemente utilizando la superficie del hielo como luz de fondo, lo que implica utilización de la visión cuando los niveles de luz natural son suficientes. Hay muchos buceos que se realizan en el fondo (100-585 m), donde las focas exploran las comunidades allí presentes, pero raramente se alimentan con ellas. En la superficie, inmediatamente debajo del hielo, las focas exhalan burbujas para forzar la salida de pequeños peces de sus escondites dentro del hielo.

En función de estudios futuros, en estos momentos estamos desarrollando un registrador de datos y video digital con el fin de que sea de menor tamaño y que permita captar información por más tiempo que el sistema analógico actual. El nuevo dispositivo contará con una pequeña carcasa de titanio para los sistemas electrónicos, un pequeño disco duro, giros en tres direcciones, baterías de litio y sensores de presión hidrostática, velocidad de natación, brújula, temperatura ambiente, conductividad, oxígeno disuelto, niveles de luz, bioluminiscencia, inclinación, caída y rolido. El video digital y el sonido se comprimen en un minidisco rígido que permite registrar hasta 80 horas de filmación. Una segunda carcasa contiene una cámara de video en blanco y negro en miniatura con LED como fuente de luz y un posicionador satelital (GPS) con su antena. Esta cámara estará montada en la cabeza del animal y conectada con un fino cable al resto de los aparatos. La nueva generación de instrumentos será utilizada inicialmente para estudiar el comportamiento submarino de focas de Weddell, así como también para otras especies de mamíferos marinos.

Dr. Randall W. Davis

Departamento de Biología Marina
Universidad de Texas, Galveston (EE.UU.)
davisr@tamug.tamu.edu

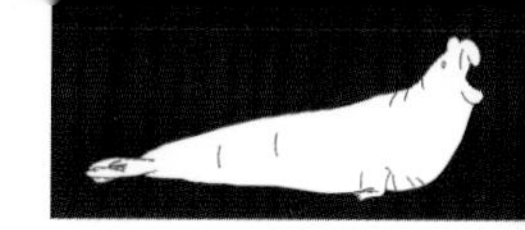

Foca Cangrejera

Lobodon carcinophaga (= L. carcinophagus) (Hombron y Jacquinot, 1842)

Crabeater Seal

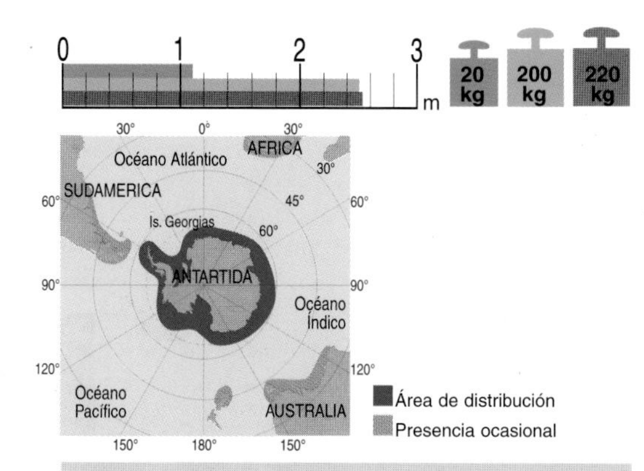

CLAVE PARA SU IDENTIFICACIÓN

- Cuerpo estilizado de talla mediana (max. 2,60 m).
- Pelaje gris plateado o pardo con pequeñas manchas claras y oscuras.
- Hocico alargado y nariz respingada.
- Frecuentes cicatrices en el cuerpo.
- Dientes incisivos pequeños y poscaninos multicúspide.
- Se desplaza por tierra reptando.

La foca cangrejera es el pinnípedo más abundante del mundo, pero pese a ello no ha sido tan estudiado como otras especies de focas. Son animales gregarios, circumpolares y pelágicos; viven la mayor parte del año sobre los hielos antárticos, pero en ciertas épocas se pueden registrar individuos ocasionales en las costas de Australia, Tasmania, Nueva Zelanda, Sudáfrica y la costa atlántica de América del Sur, con algunos registros en las costas de la Argentina.

El nombre genérico *Lobodon* hace referencia a la compleja estructura de los dientes poscaninos de esta especie y proviene del griego *lobos* (=lóbulo) y *odon* (=diente). El nombre específico *carcinophaga* o *carcinophagus* remite a los hábitos alimentarios y proviene del griego *karkinos* (=cangrejo) y *phagein* (=comer).

Características generales

Esta especie presenta un cuerpo delgado y estilizado que en los ejemplares adultos llega a un máximo de 2,60 m y con un peso corporal aproximado de hasta 225 kg. Hay pequeñas diferencias de tamaño entre los sexos, siendo las hembras ligeramente mayores que los machos. Al nacer, el peso promedio es de 20 kg, con un largo aproximado de 1,15 m; al destete, los cachorros miden entre 1,50 a 1,60 m y 80 kg de peso.

La cabeza y el hocico son moderadamente largos y delgados; este último presenta un aspecto respingado visto de perfil. El reborde de la boca forma una línea recta y los "bigotes" o vibrisas son cortas y poco llamativas. Cuando los ejemplares están nerviosos eliminan espuma por la nariz, como la foca de Weddell (*Leptonychotes weddellii*) y el elefante marino (*Mirounga leonina*).

Las aletas anteriores son largas, en forma de remo y aguzadas en su extremo, con los primeros dedos largos y robustos y el quinto reducido.

El pelaje de una foca cangrejera recién mudada es lustroso, con tonos claros a oscuros de un gris plateado a marrón amarillento. El cuerpo presenta manchas de forma y extensión variables, generalmente a los costados del cuerpo, en las aletas y alrededor de sus inserciones, con un efecto reticulado característico.

Como las aletas están fuertemente marcadas con estas áreas, parecen más oscuras que el resto del cuerpo. A medida que los ejemplares envejecen van perdiendo dramáticamente el color, eliminando virtualmente el contraste entre la zona dorsal y ventral del cuerpo. Pueden observarse también importantes cicatrices en el dorso y flancos del cuerpo producidas por

Foto: Randy Davis

Juvenil de foca cangrejera en reposo.

los frecuentes ataques de la foca leopardo (*Hydrurga leptonyx*) hacia ejemplares jóvenes. Otras cicatrices en la cara o en las aletas son consecuencia de heridas producidas durante la época reproductiva.

Los cachorros al nacer tienen un suave pelaje lanudo marrón grisáceo, con aletas más oscuras. La muda comienza 2 o 3 semanas después del nacimiento y pasa a un pelaje subadulto similar al de los adultos.

La dentición de esta especie se caracteriza por presentar dos pares superiores y un par inferior de pequeños incisivos, junto con pequeños caninos superiores y aun más pequeños caninos inferiores. Todos los dientes poscaninos presentan múltiples cúspides accesorias, y al cerrarse las quijadas conforman una especie de filtro que les resulta de gran utilidad cuando se alimentan de *krill;* de esta forma retienen el alimento en la cavidad bucal y eliminan el agua.

El cráneo, en su aspecto general, es semejante al de la foca leopardo; se diferencia fundamentalmente

Foto: Randy Davis

Ejemplar juvenil apoyado sobre sus miembros anteriores. Posición poco frecuente en los fócidos.

Foto: Randy Davis

Cachorro de foca cangrejera en pleno amamantamiento.

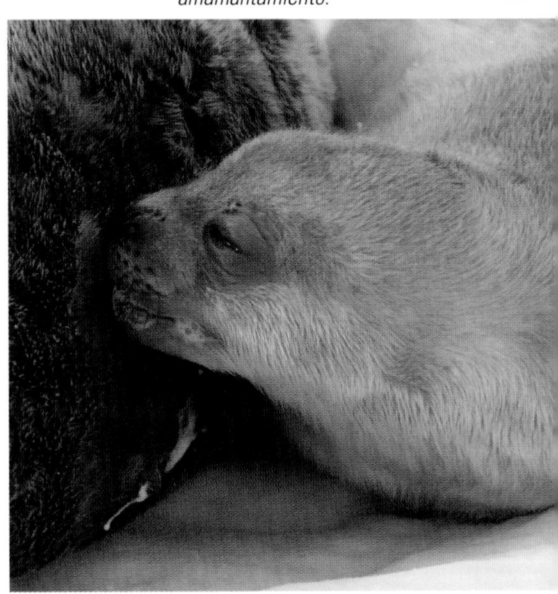

de ésta en que la foca cangrejera posee piezas dentales con un mayor número de cúspides

Biología y ecología

A las focas cangrejeras se las suele encontrar solas o en pequeños grupos de más de 10 individuos, sobre el hielo o en el agua. Sin embargo, se han observado grandes grupos de varios cientos de animales, que ocasionalmente pueden estar viajando en manadas, buceando y respirando casi sincrónicamente.

Un grupo típico consiste en un macho, una hembra y un cachorro.

Las hembras alcanzan la madurez sexual entre los 3 a 5 años y los machos entre los 3 a 6 años de edad. Al menos el 80% de las hembras adultas dan a luz una vez al año, generalmente en la primavera, desde septiembre a diciembre. La gestación es de aproximadamente 11 meses y el parto se produce sobre el hielo. El período de lactancia es de 14 a 21 días, durante el cual la hembra pierde alrededor de 6 kg/día y el cachorro gana unos 4,5 kg/día. A las dos semanas de ocurrido el destete se produce la copulación entre la hembra y el macho, comenzando luego a alimentarse para recuperar las reservas energéticas.

Recientes investigaciones en el Mar del Weddell determinaron que pueden bucear a una profundidad de 430 m durante 11 minutos, aunque muchas sesiones de alimentación ocurren en aguas más superficiales (alrededor de 25 m) y por períodos más cortos (menos de 5 minutos). Su alimento principal y, a veces el único, lo constituye el *krill*, y precisamente es durante la noche cuando se alimentan con mayor intensidad debido a que este crustáceo se concentra más superficialmente cuando disminuye la iluminación. Complementariamente, las focas cangrejeras pueden incluir en su dieta algunas especies de peces y calamares antárticos.

Foca cangrejera con cicatrices producidas por predadores.

Foto: Eduardo Secchi. Projeto Baleias-PROANTAR

El promedio de vida de esta especie es de 20 años, si bien se ha registrado en algunos ejemplares una longevidad máxima de 40 años.

Distribución geográfica

La distribución de la foca cangrejera es circumpolar, vinculada a las masas de hielos antárticos. Pueden ser halladas en mayor abundancia en las aguas costeras de la Antártida y al sur del Mar de Ross. En la época de deshielo existen registros de ejemplares que recorren largas distancias. También existen registros

Pareja de focas cangrejeras descansa sobre hielos flotantes.

Foto: Zelfa Silva

ocasionales de individuos a lo largo de la costa de Nueva Zelanda, sur de Australia, Tasmania, Sudáfrica y las costas de América del Sur, llegando en pocas oportunidades hasta Río de Janeiro (Brasil).

En Argentina se registraron individuos en Tierra del Fuego, Chubut, costas de la provincia de Buenos Aires e incluso en el Río de La Plata, frente a Buenos Aires.

Foto: Layla P. Osman

Ejemplar juvenil exhibiendo sus vibrisas y dientes.

Estatus y conservación

Las focas cangrejeras no fueron intensamente explotadas por el hombre. En 1986-87 una expedición soviética comercial a la Antártida capturó más de 4.000 ejemplares. Durante algunos años un pequeño número de ejemplares fue sacrificado por científicos de EE.UU, Alemania, Gran Bretaña y otros países con el propósito de investigar su dieta, anatomía, fisiología y demografía.

No hay dudas de que su población es muy grande y se estima que el número total de individuos estaría, como mínimo, entre los 11 y 12 millones, si bien evaluaciones de algunos autores elevan esta cifra hasta 50 millones. De esta forma la población de esta especie sería aproximadamente igual o mayor al total de todas las especies de pínnipedos del mundo. Se supone que históricamente la población de foca cangrejera era mucho más reducida que en la actualidad y que la sobreexplotación de las ballenas antárticas dejó disponible un alto porcentaje de *krill* en beneficio de esta especie. Al igual que otras focas antárticas, la foca cangrejera está protegida por el Tratado Antártico, que establece que sólo pueden ser capturadas con propósitos científicos.

Hasta el presente muy pocas focas cangrejeras han sido mantenidas en cautividad. En Argentina hay registros de ejemplares varados atendidos en centros de rehabilitación de fauna marina ubicados en San Clemente del Tuyú y la ciudad de Buenos Aires.

La UICN la considera una especie insuficientemente conocida. El Libro Rojo de Argentina considera que la categoría para esta especie es de Datos Insuficientes (DD), si bien las evaluaciones poblacionales y el incremento de estas en el siglo XX haría suponer que la categoría debería ser de Riesgo Bajo (LR).

Los fócidos se desplazan en tierra reptando, mientras que para su desplazamiento acuático emplean sus fuertes miembros posteriores.

Foto: Zelfa Silva

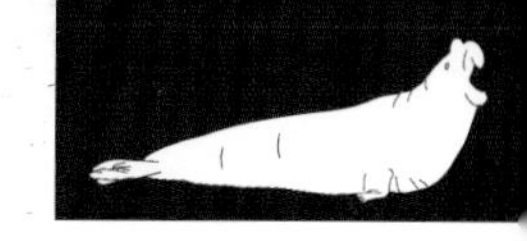

Foca Leopardo (= Leopardo marino)

Hydrurga leptonyx (Blainville, 1820)

Leopard Seal

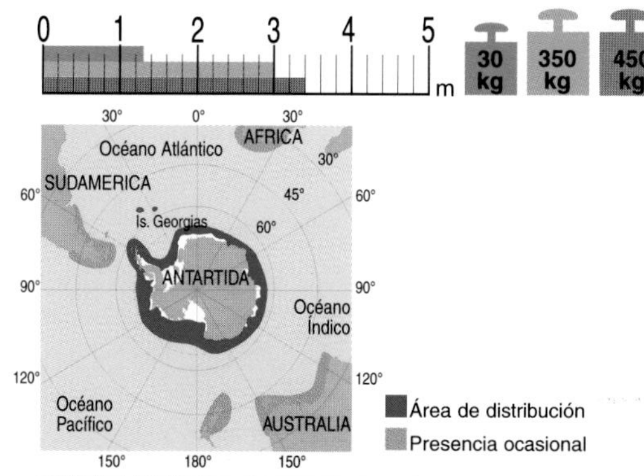

CLAVE PARA SU IDENTIFICACIÓN

- Cuerpo estilizado de talla mediana (máx. 3,60 m).
- Cabeza grande y amplia abertura bucal.
- Piezas dentales con varias puntas.
- Cuello diferenciable.
- Pelaje corto y moteado de tonalidades grisazuladas; el dorso oscuro y el vientre claro.
- Hocico con orificios nasales en posición dorsal.
- Miembros anteriores largos.

La foca leopardo es un habitante típico del Continente Antártico y uno de los máximos predadores de dicho ecosistema, especializado en la captura de pingüinos y focas. El primer ejemplar sobre el cual se basó la descripción del naturalista Blainville fue capturado cerca de las Malvinas en 1820.

La aparición de esta foca en las costas del Mar Argentino es poco frecuente; varios ejemplares son registrados anualmente en Tierra del Fuego y Patagonia sur. En la provincia de Buenos Aires, son esporádicos.

El nombre *Hydrurga*, o "trabajador del agua" deriva del latín *hudor* (=agua) y *ergo* (=trabajo) o del griego *urgeo* (=manejo); *leptonyx* deriva del latín *eptos* (=pequeño) y *onux* (=uña), en referencia al pequeño tamaño de sus uñas.

Características generales

La foca leopardo tiene cuerpo alargado y esbelto, con una gran cabeza que se destaca por su gran abertura bucal. El hocico tiene muy pocos "bigotes" o vibrisas y las aletas anteriores son proporcionalmente muy largas. El gran desarrollo del tórax hace visiblemente notoria el área del cuello, dando al cuerpo un contorno "jorobado" visto de perfil. Estas características unidas a su estilo de desplazamiento hacen que a las focas leopardo se las describa como animales de aspecto reptiliano. A diferencia de otras focas, los cachorros son muy similares a los adultos.

Al nacer miden entre 1 y 1,5 m de largo y pesan entre 30 y 35 kg; los adultos pueden alcanzar tallas máximas de 3,4 m en ejemplares machos y 3,6 en hembras y pesos máximos de 450 y 590 kg respectivamente.

Una característica diferencial del leopardo marino es su masiva dentadura. Los colmillos o caninos están muy desarrollados, al igual que los poscaninos, que son curvados y desarrollan una serie de tres puntas o "cúspides" muy filosas; el cierre de quijadas es casi perfecto. La forma particular de sus dientes le permite tener un eficiente sistema de corte de presas grandes, como también un sistema de filtrado para organismos pequeños.

La coloración general del pelaje es grisácea, con tonalidades azules y plateadas especialmente luego de la muda. El dorso es más oscuro que el vientre, aunque los límites son difusos, está cubierta por gran cantidad de manchas ovales, oscuras ventralmente y claras dorsalmente, de donde derivaría su nombre de leopardo marino.

Biología y ecología

Son animales básicamente solitarios ya que no forman grandes concentraciones reproductivas como otros pinnípedos. A la hembra generalmente se la en-

Foto: Zelfa Silva

La foca leopardo se caracteriza por su cuerpo estilizado de aspecto reptiliano, largos miembros anteriores y pelaje moteado.

cuentra solitaria junto con su cachorro, sin interacciones con los machos. Los primeros nacimientos son registrados a partir de septiembre, pero el pico ocurre entre noviembre y diciembre, si bien la variedad de tamaño de los cachorros durante este período podría sugerir un período de nacimiento algo más largo. La fecundación se supone que ocurre en el agua al final del período de lactancia, cuya duración aproximada es de cuatro a seis semanas. La madurez sexual se alcanza en los machos y en las hembras entre los 3-7 años. Mudan la piel entre enero y junio.

El nombre foca leopardo sintetiza claramente los hábitos alimentarios de esta especie. Si bien es una cazadora muy activa, también puede alimentarse del *krill,* que sería cerca del 50% de su dieta, más variable de lo que se suponía.

La captura estacional de varias especies de pingüinos es frecuente en la Antártida. Tiene lugar principalmente en la época de reproducción y serían sólo los machos los que poseen este hábito. También es importante la predación sobre cachorros y juveniles de la foca cangrejera (*Lobodon carcinophaga*), aunque más del 80% de los adultos tienen cicatrices de ataques fallidos de los leopardos marinos. Cerca del 35% de su dieta está formada por aves (principalmente pingüinos y petreles) y focas; alrededor del 15% son peces y calamares. Presentan una compleja gama de comportamientos asociados con el acecho y caza de sus presas mayores (pingüinos y focas). La captura puede tener lugar tanto en el agua como en tierra o témpanos y cuando las presas vuelven del mar.

Foto: Santiago Imberti

Su cabeza grande y amplia abertura bucal, diferencia claramente al leopardo marino del resto de las focas antárticas.

Distribución geográfica

Es la foca de mayor distribución; se la encuentra desde las costas antárticas hasta el cordón de islas subantárticas y también ocupa todo tipo de hielos flotantes; normalmente no se internan en el Continente Antártico. En invierno migra hacia el norte, habiéndose registrado ejemplares solitarios en Sudamérica, Sudáfrica, Australia, Tasmania y Nueva Zelanda; en verano se concentra fundamentalmente en la zona antártica. Hay poblaciones en islas, algunas estables a lo largo del año (Islas Heard, Georgias del Sur, Kerguelen, Auckland y Campbell), otras son invernales (Islas Macquarie y Malvinas). Por las poblaciones de esas islas pareciera que se trata de fenómenos de dispersión más que de una migración programada. El grado de recambio de los animales en estas islas es alto, dado que su residencia oscila entre un par de días a unos 3 meses. Los adultos parecieran concentrarse hasta el borde norte de los hielos flotantes, mientras los inmaduros ocupan zonas más al norte.

El patrón de presencia de focas leopardo en la costa argentina estaría relacionado tanto con sus hábitos tróficos como por su ciclo reproductivo. Es más frecuente entre junio y septiembre, siendo predominantes los machos juveniles. Esta tendencia podría deberse a una fuerte competencia por el alimento en invierno que hace que los ejemplares menos experimentados sean desplazados de las áreas principales de alimentación. Por ello necesitan buscar recursos en zonas más alejadas como la costa argentina. El brusco descenso en los registros durante noviembre en las costas sudamericanas estaría directamente vinculado con el marcado aumento de presas disponibles en la Antártida debido a decenas de miles de cachorros de foca cangrejera recién nacidos, la principal fuente de alimento de esta especie.

Foto: Zelfa Silva

La foca leopardo siempre permanece atenta al borde de los hielos flotantes ante eventuales presas.

Si bien generalmente son animales solitarios, en algunas oportunidades pueden encontrarse grupos de unos pocos individuos.

Foto: Santiago Imberti

Foto: Sebastian Poljak - Instituto Antártico Argentino

Aunque pasivo ante el hombre, suele ser un activo predador de pingüinos y otras focas.

Estatus y conservación

Las estimaciones sobre la abundancia de la foca leopardo son imprecisas, dada su distribución austral; se calcula una población mundial entre 200.000 y 300.000 ejemplares. Nunca fue capturada comercialmente; en las temporadas 1986-1987 buques factoría soviéticos hicieron capturas exploratorias con unos 650 ejemplares. La Convención para la Conservación de las Focas Antárticas ha calculado una captura anual permitida de unos 12.000 ejemplares, un 5% de su población estimada. El Libro Rojo de de la Argentina (SAREM) la cataloga como una especie con datos insuficientes (DD). No está listada en CITES, y es considerada insuficientemente conocida por la UICN.

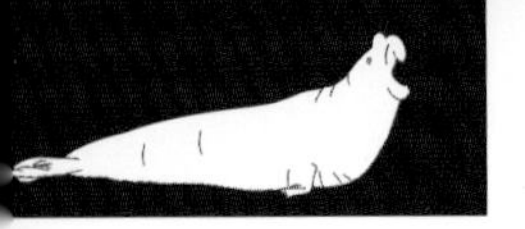

Foca de Ross

Ommatophoca rossi (Gray, 1844) **Ross Seal**

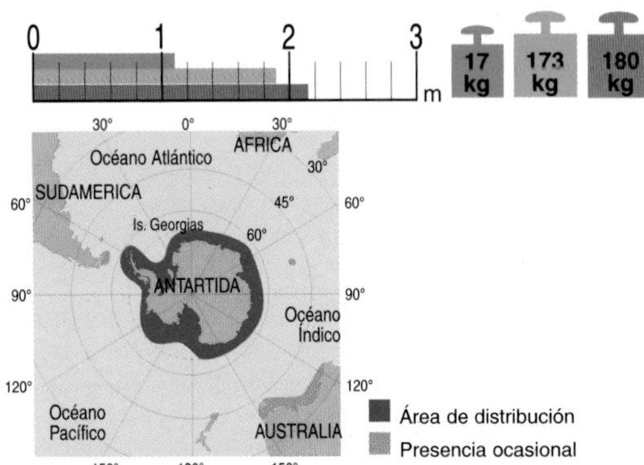

CLAVE PARA SU IDENTIFICACIÓN

- Cuerpo bien compacto, de talla mediana (máx. 2,40 m).
- Cabeza corta y ancha.
- Narinas dirigidas hacia arriba.
- Boca relativamente pequeña con dientes cortos y agudos.
- Ojos prominentes.
- Pelaje corto, gris plateado con rayas oscuras que adornan cabeza y cuello.
- Puede emitir sonidos muy agudos en el aire.
- Habita generalmente sobre el *pack* de hielo antártico.

La foca de Ross es la más pequeña y la menos conocida de todas las focas antárticas. Son básicamente animales de vida solitaria y es muy poco lo que se conoce de su biología y ecología. Fue durante la campaña británica a la Antártida del *HMS Erebus,* a mediados del siglo XIX, cuando fueron colectados los primeros ejemplares por su comandante, James Clark Ross, mientras navegaba en el mar que hoy lleva su nombre. De ahí también proviene su nombre vulgar.

El nombre genérico *Ommatophoca* es un término de origen compuesto; proviene del griego *omma* que hace referencia al gran tamaño de las órbitas oculares del cráneo, las que seguramente llamaron la atención del naturalista Gray, del Museo Británico, cuando la describe por primera vez. El término *phoca,* también de origen griego, es el que usaba dicha cultura para designar a la foca del Mar Mediterráneo, *Monachus monachus* (Hermann, 1779), ahora en vías de extinción.

Características generales

Los ejemplares adultos presentan un cuerpo bien compacto, que oscila en su largo entre 1,90 y 2,40 m. Los individuos machos suelen ser menos largos que las hembras. El peso corporal oscila entre 130 y 215 kg. Los cachorros al nacer miden entre 0,96 y 1,20 m y pesan entre 16 y 18 kg.

La cabeza es pequeña pero ancha y el cuello es bien grueso. La boca también es relativamente pequeña, con dientes pequeños y filosos. El hocico es corto y a cada lado se ubican entre 15 y 17 vibrisas que configuran un corto bigote que nunca sobrepasa los 5 cm de largo. Los orificios nasales están dirigidos hacia arriba. Los ojos son grandes, pero mucho menores que la cavidad orbitaria que los contiene. Las aletas anteriores están bien desarrolladas y poseen uñas muy reducidas, mientras que las posteriores son notablemente largas y pueden representar el 20% de la longitud del cuerpo, constituyéndose así en el fócido con mayores aletas posteriores.

El pelaje de la foca de Ross se caracteriza por ser el más corto de todos los fócidos antárticos. La coloración varía entre diferentes individuos, pero general-

Foto: Jorge Mermoz

Foca de Ross solitaria sobre un témpano antártico, en pose típica de la especie.

mente es gris oscura en el dorso y plateada en el vientre. Frecuentemente se observan líneas o rayas de color pardo o pardo rojizo que se extienden paralelamente desde el mentón hacia el pecho y desde los ojos hacia los lados de la cabeza, configurando así una especie de "máscara". Los costados del cuerpo presentan manchas o líneas oblicuas entre la zona dorsal oscura y la ventral más clara. Las aletas son de color oscuro. Los cachorros al nacer son pardooscuros y muestran el patrón de líneas sobre el pecho característico del adulto.

La muda de pelo tiene lugar entre enero y febrero y a veces presentan una muda epidermal que involucra también la pérdida de pequeños trozos de piel.

En el cuello y otras partes del cuerpo de los ejemplares adultos suelen observarse pequeñas cicatrices como consecuencia de peleas entre individuos, pero tampoco hay que descartar ataques de la foca leopardo (*Hydrurga leptonyx*) o de orcas (*Orcinus orca*).

Biología y ecología

La madurez sexual se alcanza en las hembras entre los 3 a 4 años de edad y en los machos entre los 3 y 7 años; la época reproductiva tiene lugar entre noviembre y diciembre y los nacimientos a principios de noviembre. Es poco lo que se conoce de su comportamiento; sin embargo, cuando son molestadas adoptan una postura especial caracterizada por la elevación vertical de la cabeza, extienden el pecho y arquean la espalda. También son muy característicos los sonidos que emite esta foca a manera de gorjeos y que estarían producidos por expansiones de la garganta y cierre de la glotis.

Gracias al uso de microprocesadores satelitales ubicados en la espalda de algunos individuos se sabe que esta foca puede bucear a una profundidad promedio de 100 m durante 6 minutos. La mayor profundidad registrada en estos estudios fue de 212 m y 10 minutos de permanencia en apnea.

La dieta de esta especie consiste fundamentalmente en calamares (47%), luego siguen los peces (34%) y el *krill* (19%). Habitualmente la alimentación ocurre por la noche, cuando el alimento está cerca de la superficie del agua.

Distribución geográfica

Al igual que todas las focas antárticas, su distribución es circumpolar, encontrándose la mayor densidad de individuos en el mar de Ross (cerca de Cape Adare) y en el Mar King Haakon VII. Generalmente ocupan masas de hielo pesadas y consolidadas, aunque también pueden ser vistas ocupando grandes o pequeños paquetes de hielo flotantes, a cierta distancia de la costa. Si bien raramente se las observa fuera de la zona antártica, individuos errantes fueron registrados al sur de Australia, Heard Island y Tierra del Fuego.

Estatus y conservación

Censos realizados entre 1968 y 1983 indicaron que la población mínima de esta especie sobre los hielos antárticos era de 130.000 ejemplares. Sin embargo, otras estimaciones dan entre 220.000 y 650.000 individuos.

Esta especie nunca ha sido explotada en forma significativa y solamente un número reducido de ejemplares fueron cazados con propósitos científicos.

Al igual que el resto de las focas antárticas está protegida por el Acuerdo para la Conservación de la Fauna Antártica. La UICN la considera una especie insuficientemente conocida y el Libro Rojo de Argentina (SAREM) le asigna a la especie categoría de datos insuficientes (DD).

La foca de Ross es una de las especies más difíciles de avistar.

Foto: Jorge Mermoz

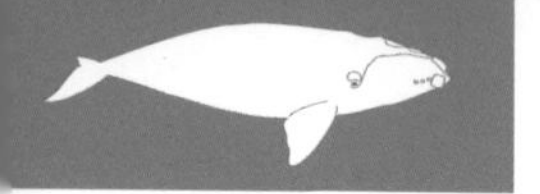

Ballena Franca Austral

Eubalaena australis Desmoulins, 1822 **Southern Right Whale**

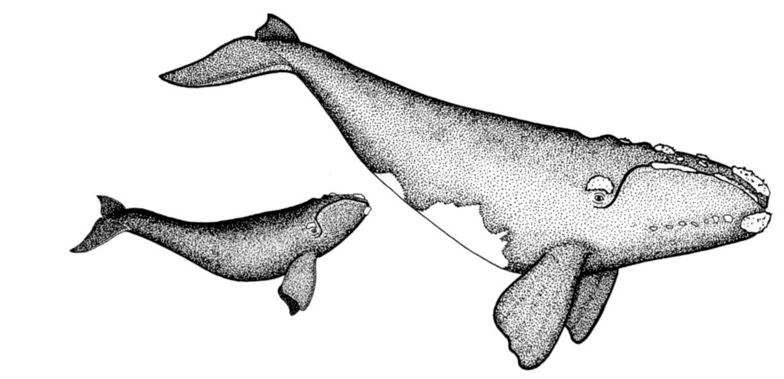

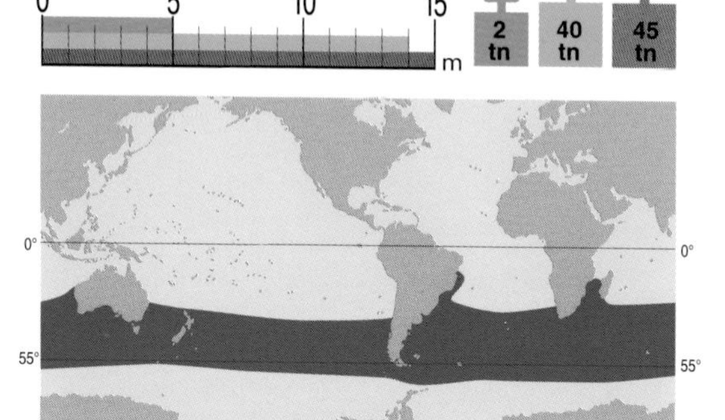

CLAVE PARA SU IDENTIFICACIÓN

- Ballenas de cuerpo muy grande, voluminoso y robusto, que no supera los 17 m de largo.
- Area dorsal sin aleta.
- Coloración general negra, muchos ejemplares con manchas blancas de tamaño y forma variable, principalmente en vientre y garganta.
- Cabeza larga, de aspecto extraño, con grandes callosidades de tonalidad clara.
- Reborde labial muy arqueado.
- Barbas bucales muy largas (220 a 260 pares).
- Aletas pectorales en forma de ancha paleta o remo, con reborde posterior levemente ondulado.
- Aleta caudal o cola de forma clásica, de gran superficie, claramente hendida en su parte central y borde posterior liso.
- Resoplido en forma de V.
- Suele sacar la cola del agua antes de bucear.
- En período reproductivo y de crianza se concentra en áreas bien costeras.

Las ballenas francas habitan ambos hemisferios y constituyen uno de los grandes cetáceos más conocidos desde la antigüedad.

Estas ballenas, probablemente originadas a partir de una única especie, fueron aislándose con el tiempo en tres grupos principales sin que existiera entre ellos intercambios reproductivos durante milenios. Recientes investigaciones genéticas sostienen que la divergencia entre la ballena franca del norte y la del sur se habría iniciado hace cientos de miles de años.

Actualmente se reconocen tres especies de ballenas francas en todo el mundo. La más conocida, y la primera en ser explotada por el hombre desde el siglo XI, fue la ballena franca del Atlántico Norte (*Eubalaena glacialis*), le siguió en su explotación la ballena franca del Pacífico Norte (*Eubalaena japonica*) y más recientemente la ballena franca austral (*Eubalaena australis*), actualmente constituida en el primer Monumento Natural de la Argentina por ley 23.094 del año 1984.

Estas tres formas de ballena franca resultan muy semejantes entre sí, tanto en su aspecto externo como en sus hábitos generales. Por ello, algunos autores consideran la existencia de una única especie (*Eubalaena glacialis*) con tres poblaciones, formas o subespecies; aunque la postura planteada anteriormente sería más acertada que esta última.

A principios del siglo XIX un ejemplar de ballena franca fue obtenido en la Bahía de Algoa (Sudáfrica) por Antoine Delalande, un veterano coleccionista. Dicho esqueleto luego fue enviado a Francia donde el naturalista Antoine Desmoulins la describe en 1822 como una nueva especie, si bien no pudo compararla con la ballena franca del norte que había sido descripta por Müller en 1776 bajo el nombre de *Balaena glacialis*. Probablemente por el origen austral del ejemplar estudiado, Desmoulins supuso que se trataba de una nueva especie a la que designó como *Balaena australis*. Posteriormente el naturalista británico Gray en 1864 decide incluir a todas las ballenas francas en el género *Eubalaena* para diferenciarlas así de la ballena de Groenlandia o *Bowhead* (*Balaena mysticetus*).

El nombre de la ballena franca austral deriva del griego *eu* (=verdadero) y del latín *balaena* (=ballena), el segundo término *australis* también deriva del latín y hace referencia al origen geográfico del ejemplar tipo.

En las últimas décadas, la ballena franca austral se ha convertido en una de las especies emblemáticas de la Patagonia y, particularmente, de la Península Valdés (Chubut), una de las más importantes reservas naturales de mamíferos marinos del mundo.

La presencia en la zona de esta ballena fue siempre bien conocida por los pobladores de Puerto Madryn y estancieros de la Península. Incluso, mucho antes, el mismo perito Francisco P. Moreno nos relata en sus memorias que cuando en 1834 se aproximaba a la desembocadura del Golfo Nuevo, embarcado en la goleta Santa Cruz, fue escoltado por una hermosa ballena en un marco de flotantes cachiyuyos. También era bien conocida la presencia de ballenas en la zona por los primeros grupos de buceadores argentinos que, hacia fines de la década de 1950, iniciaron las exploraciones submarinas a todo lo largo de las costas de Valdés.

Sin embargo, este hecho frecuente para los patagónicos era desconocido mundialmente, por lo cual tuvo una gran repercusión en el ambiente científico cuando el buque norteamericano de investigación antártica *Hero* observó un grupo de ballenas francas en la desembocadura del Golfo San José y el hallazgo fue comunicado en una breve publicación científica en 1969.

Características generales

Uno de los principales aspectos para diferenciar a la ballena franca entre los grandes cetáceos es su falta de aleta dorsal. El cuerpo es extremadamente voluminoso y el dorso notablemente ancho y redondeado.

Su gran cabeza (casi un tercio del largo del cuerpo) presenta labios extremadamente arqueados, con una cavidad bucal muy amplia y rodeada de 220 a 260 pares de barbas que cuelgan de su quijada superior y que pueden superar el metro de largo en adultos (máximo 2,70 m). El orificio respiratorio o espiráculo es doble en esta especie, al igual que en el resto de las ballenas; se presenta en forma de dos ranuras, situadas muy por detrás del extremo anterior de la cabeza, sobre una protuberancia. Las dos ranuras forman una V que diverge hacia la parte posterior. El soplido de esta ballena, visto por delante o por detrás, es en forma de V, dirigida levemente hacia adelante.

La cabeza presenta numerosas callosidades distribuidas por detrás y delante de los orificios respiratorios, por encima de la angosta quijada superior, sobre el borde de sus labios curvados, en el extremo de la quijada inferior y sectores laterales e incluso sobre los ojos, a manera de grandes cejas. Las callosidades, a partir de que nacen los cachorros, son colonizadas por miles de pequeños crustáceos anfípodos de la familia Cyamidae, provenientes del cuerpo de la madre. Estos organismos encuentran en las callosidades la rugosidad necesaria para prenderse con sus apéndices, y les otorgan la coloración blanco crema o anaranjada que las caracteriza.

Esas callosidades han jugado un papel crucial en el estudio de estos cetáceos ya que no suelen variar en el tiempo y cada individuo presenta un patrón particular propio, algo parecido a las huellas dactilares de los humanos. En base a este principio, investigadores norteamericanos que trabajan en la Península Valdés desde la

Encuentro subacuático con un ejemplar subadulto de ballena franca austral exhibiendo claramente sus callosidades y ancha aleta pectoral.

Foto: Sergio Massaro

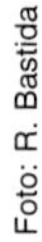
Foto: R. Bastida

Imagen que ilustró el primer póster de la ballena franca austral, y que recorrió todo el mundo promoviendo los recursos naturales de Península Valdés, Chubut.

década del 70 llevan registradas estas marcas naturales de todos los ejemplares de ballenas que visitan la zona.

En líneas generales hay dos métodos para obtener imágenes cefálicas, uno por fotografías aéreas perpendiculares y, otro muy útil, aplicado por investigadores argentinos, que consiste en imágenes de las cabezas con fotografía submarina, si bien la aproximación a los ejemplares resulta más compleja y toma mayor tiempo.

La ballena franca austral puede presentar una talla máxima de 17 metros, según ha sido registrado en ejemplares hembras que son un poco más grandes que los machos, los que no suelen superar los 15,50 metros de largo. Los ejemplares adultos en general oscilan entre los 13 y 15 metros de largo con un peso de entre 40 y 50 toneladas, con registros máximos de casi 100 toneladas.

Al nacimiento los cachorros miden entre 4 y 5,50 metros con un peso de entre 1 y 3 toneladas.

Sus aletas pectorales son grandes, de forma trapezoidal, con aspecto de anchos remos, con el borde anterior un poco más largo y curvado y con el extremo distal levemente ondulado. De todas maneras suele observarse una variación bastante grande en el aspecto de esta aleta según los individuos.

La aleta caudal es muy ancha, triangular y con una clara escotadura media posterior. En su conjunto, la misma brinda una imagen de gran plasticidad y belleza, de la cual hizo referencia el escritor Herman Melville en su famosa obra "Moby Dick".

El diámetro máximo del cuerpo se encuentra un poco por detrás de las pectorales, y a partir de ahí tiende a angostarse rápidamente hasta hacerse muy fino a la altura del pedúnculo caudal.

La coloración general del cuerpo es oscura, prácticamente de color negro, si bien en algunos ejemplares se pueden detectar tonalidades grisáceas o pardas. Las tonalidades e intensidades muchas veces dependen del cambio de piel de los individuos, lo que suele ser frecuente y fácil de observar durante la permanencia de los ejemplares en la Península Valdés. Por ello, en las salidas costeras frecuentemente se pueden ver restos de piel flotando, los que suelen ser comidos por las gaviotas cocineras (*Larus dominicanus*).

Muchos ejemplares pueden presentar además manchas blancas de distinto tamaño y forma. Generalmente se localizan en la zona del vientre y la garganta, aunque también pueden extenderse por los flancos y el dorso; en este último caso suelen ser de menor tamaño. Dichas manchas, que no son otra cosa que áreas despigmentadas de la piel, permanecen inalteradas a lo largo de toda la vida del individuo, y por ello también pueden ser usadas como marcas naturales para la identificación de ejemplares. Ocasionalmente pueden observarse también ejemplares muy claros, casi blancos, con pequeñas manchas negras o grises, a los que la gente suele designar como ejemplares "albinos", si bien no responden exactamente a dicha condición. En la Península Valdés se calcula que cada tres años nace en promedio una de estas crías blancas.

En la mitad posterior de la zona ventral se observan las aberturas genitales, únicos elementos que pueden utilizarse para diferenciar los sexos en esta especie. Los ejemplares machos presentan su abertura genital muy próxima al ombligo, es decir, mucho más adelante que las hembras y, a diferencia de esta última, termina en forma de V. Por detrás de la abertura genital y bastante separada de ella se encuentra la abertura anal. El pene es retráctil, pudiendo alcanzar alrededor de 2 metros de largo, y generalmente está invaginado, pero puede observarse durante los juegos que preceden a la cópula y que son muy frecuentes en Valdés entre agosto y septiembre. Las hembras presentan su abertura genital a bastante distancia por detrás del ombligo e íntimamente asociada con la abertura anal, ubicada por detrás. A cada lado de la abertura genital femenina se encuentra un pequeño pliegue correspondiente a cada una de las mamas.

El cráneo de la ballena franca austral es muy característico, tanto por su tamaño como por su gran fortaleza. Presenta una caja craneana pequeña y erguida. Sus maxilas y mandíbulas son largas, claramente arqueadas y fuertes y ello motiva el arqueamiento de los labios para permitir así un cierre hermético de la boca.

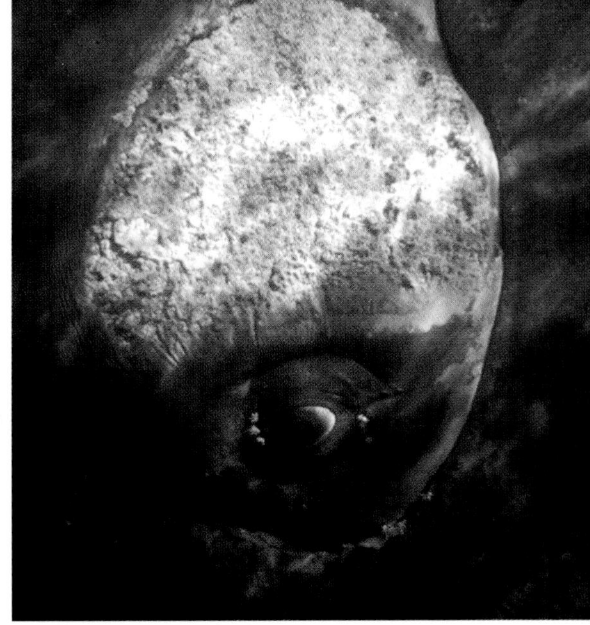

Callosidad de ceja y detalle del ojo donde se observan ejemplares de ciámidos.

Foto: Gabriel Rojo

Se calcula que la ballena franca austral vive alrededor de 70 años, al igual que otras especies afines.

Biología y ecología

La estructura grupal suele variar notablemente según la época del año y función que cumplen los individuos de acuerdo con el sexo y la edad. Básicamente la vida de estas ballenas, como de muchas otras, presenta anualmente un período de alimentación en áreas de alta productividad biológica y otro vinculada con actividades reproductivas en aguas más templadas y costeras.

Durante la temporada reproductiva, la población de la Península Valdés comienza a arribar progresivamente a dicha zona a fines del otoño; sin embargo, en

Ballena franca austral abriendo su boca y exhibiendo las laminillas de sus barbas. Se observa también el "bonete" o primera callosidad de la cabeza.

Foto: R. Bastida

las últimas décadas los arribos tienen lugar incluso a comienzos del otoño. Los ejemplares permanecen en la zona durante todo el invierno y la primavera, y la abandonan de manera progresiva mientras se acerca diciembre, cuando quedan muy pocos ejemplares y casi todos se encuentran migrando hacia las áreas de alimentación. Excepcionalmente durante el verano pueden permanecer unos pocos ejemplares.

Pese al extenso litoral marítimo de la Argentina, la zona reproductiva y de crianza de esta especie está limitada a un área reducida, tal cual es la Península Valdés. Sus características generales sin duda contribuyen a los requerimientos de la especie para el cumplimientos de estas etapas biológicas. Debe tenerse presente que los golfos Nuevo y San José se caracterizan por ser muy cerrados, con bocas estrechas que contribuyen a que sus aguas sean muy calmas y con altos acantilados que se intercalan también con extensas playas y restingas. Se trata de un ambiente reducido, pero altamente diversificado, que puede brindar condiciones propicias ante cualquier situación meteorológica adversa. Históricamente es probable que hayan existido a lo largo de la costa argentina otras áreas de concentración reproductiva, si bien nadie puede asegurarlo.

Cuando las ballenas ingresan a cualquiera de los golfos se desplazan dentro de ellos siguiendo el perfil costero por sobre la isobata de entre 5 y 10 metros de profundidad. Los ejemplares no se concentran al azar, sino que lo hacen en ciertas localidades concretas. Una de ellas se ubica en el Golfo San José en la zona del fondeadero Sarmiento, otra en el Golfo Nuevo en los alrededores de Puerto Pirámides y hacia la zona del Istmo Ameghino; en la zona externa de la Península lo hacen entre Punta Norte y la desembocadura de la Caleta Valdés. Sin embargo, en las últimas décadas se registran ciertos cambios tales como el incremento de ejemplares en la zona del Doradillo, cercana a Puerto Madryn, y una menor presencia de individuos en la zona externa de la Península. Las ballenas suelen desplazarse libremente de una zona de concentración a otra, tanto dentro de una misma temporada como en años sucesivos. Dado que las ballenas están en actividad continua y además se desplazan siguiendo el perfil costero, pueden encontrarse en cualquier lugar de la Península, incluso en la parte central de los golfos, si bien en bajo número, donde suelen predominar los ejemplares machos solitarios. También pueden concentrarse muchos ejemplares en zona de gran actividad humana como es la zona portuaria de Puerto Madryn donde, contrariamente a los esperado, dicha actividad parece atraer a los ejemplares más que ahuyentarlos, según se ha podido comprobar por estudios realizados en esa zona durante algunos años.

La madurez sexual es alcanzada por las hembras en edades que oscilan entre 7 y 15 años, a una talla mínima de 12,50 m. Los machos probablemente comienzan su madurez sexual a una edad semejante pero no adquieren madurez física o reproductiva hasta muchos años después y a una talla mayor, en virtud de las fuertes exigencias que implica acceder a la cópula. Esta úl-

Ejemplar subadulto de ballena franca austral mostrando el dorso de su cabeza y la distribución de las callosidades.

Foto: Gabriel Rojo

tima se presenta más frecuentemente durante la primera mitad de la temporada reproductiva y su pico en Valdés suele ocurrir alrededor de septiembre. Las relaciones sexuales son de tipo promiscuo, pudiendo una hembra aparearse con distintos machos en un mismo día. La cópula generalmente está precedida por una gran actividad de cortejo en la que suelen intervenir muchos ejemplares. La actitud habitual de la hembra en estos casos es evitar los asedios sexuales de los machos; para ello, el comportamiento más habitual es ubicarse en superficie con el vientre hacia arriba. Ante esta actitud, dos o más machos suelen unirse empleando una estrategia conjunta, obligando a la hembra a girar el cuerpo hasta quedar con el vientre hacia abajo y permitir que uno de ellos concrete la cópula. En otras ocasiones, las hembras evaden a los machos dirigiéndose a zonas de muy poca profundidad donde la cópula resulta imposible. En definitiva, existe gran competencia entre los machos y probablemente algunos de ellos sólo colaboren en el acoso, pero no llegarían a copular hasta unos años después. Cabe señalar que la ballena franca posee los testículos más grandes de la naturaleza ya que pueden pesar más de una tonelada.

El período de gestación es de aproximadamente un año. Los primeros nacimientos tienen lugar generalmente en agosto y los últimos a fines de octubre. Al nacer los cachorros miden entre 4 y 5,50 metros de largo. Cabe mencionar también que no todos los nacimientos tienen lugar en la Península, ya que se ha registrado con cierta frecuencia el ingreso de madres con cachorros de varias semanas, provenientes de zonas más australes. También se han registrado nacimientos en la costa de la provincia de Buenos Aires.

Desde su nacimiento, el cachorro es asistido y cuidado por su madre, quien busca zonas costeras de baja profundidad y reparadas de los vientos preponderantes de la zona. Estas condiciones básicamente contribuyen a brindar tranquilidad para la madre y el cachorro, facilitando así la tarea de amamantamiento. Los cachorros tienen un período de lactancia prolongado, que puede oscilar, según los diversos autores, entre 6 y 12 meses. Sin duda, durante las primeras semanas de vida el régimen de los cachorros es exclusivamente lácteo y luego, con el correr del tiempo, se hace mixto. Debido a la riqueza de la leche materna en esta especie (50% de materia grasa y un alto contenido proteico) , el ballenato casi puede duplicar su talla en un año creciendo de 2 a 3 cm diariamente.

Foto: Gabriel Rojo

Un macho adulto exhibe parte de su pene evaginado. Durante principios de la primavera, resultan frecuentes los grupos de cópula en aguas de Península Valdés, Chubut.

Durante el período de crianza las madres generalmente permanecen en zonas costeras reparadas y poco profundas; la mayor parte del tiempo descansan estáticas en superficie, nadan lentamente y en menor medida juegan con su cría.

Hasta aproximadamente el mes de vida, el cachorro está casi continuamente en directo contacto físico con su madre, despliega muy poca actividad y en caso de separarse ambos, es la madre la que busca nuevamente la proximidad con la cría. A partir del segundo

Foto: R. Bastida

Callosidad anterior ("bonete") con mínima colonización de crustáceos ciámidos. Nótese que la callosidad tiene la misma coloración del cuerpo.

Foto: R. Bastida

Callosidad anterior casi totalmente colonizada por crustáceos ciámidos.

Foto: Gabriel Rojo

Especies de crustáceos ciámidos que colonizan distintas especies de ballenas.

Detalle de callosidad anterior totalmente colonizada.

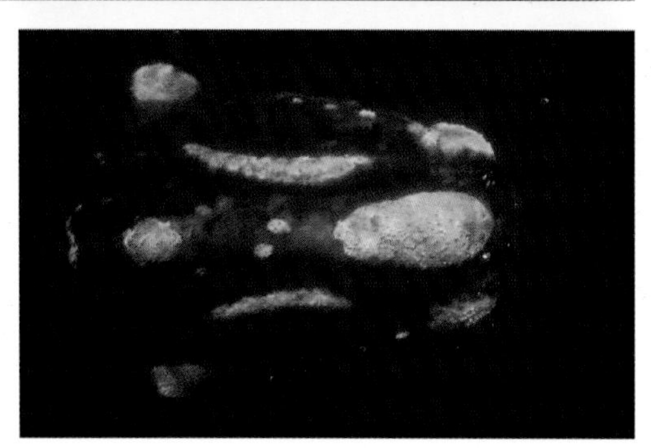

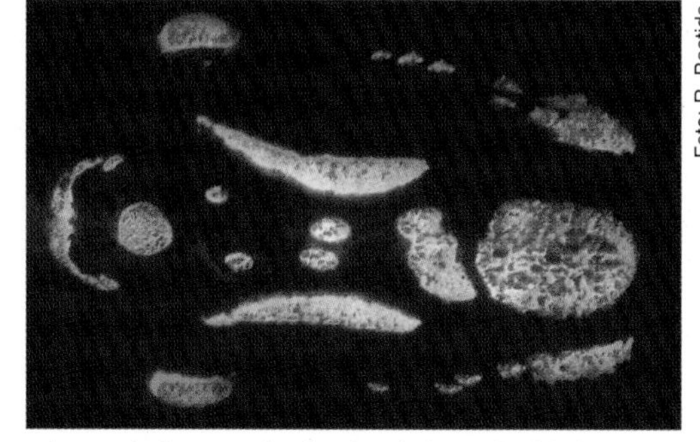

Foto: R. Bastida

Fotos subacuáticas para la identificación de individuos en base a la forma y distribución de las callosidades.

mes, el ballenato comienza a desarrollar una mayor actividad. En este período son más frecuentes los juegos, que consisten en golpes en superficie con las aletas pectorales y caudal, y saltos fuera del agua. Durante los saltos, el cachorro muchas veces cae sobre el cuerpo de su madre. Las separaciones se hacen más frecuentes, pero siempre se restablece el contacto.

Luego de casi dos décadas de contacto entre embarcaciones turísticas y ballenas, parece haberse modificado el comportamiento de las madres; en la actualidad no restringen con tanta vehemencia la aproximación de sus hijos a las embarcaciones como en el pasado.

Las madres permanecen con sus crías por un período prolongado, de aproximadamente un año; se supone que puede ser aún mayor cuando se trata de cachorros hembras. Este período, unido al de gestación, hace que la hembra no pueda tener más de una parición cada tres años y, probablemente una gran parte de los nacimientos se presenten en forma aún más espaciada.

Un aspecto frecuente de observar en la Península Valdés es el varamiento de ejemplares de ballena. Si bien les ocurre a ejemplares de cualquier sexo y edad, los más frecuentes corresponden a cachorros que, ya sea por abortos, enfermedad, aislamiento de su madre o predación por orcas pueden encontrarse muertos en la costa. Durante la década del 70 y principios del 80 el número promedio anual de ejemplares cachorros varados era entre dos y tres, ya en la década del 90 subió a alrededor de 7 y es posible que siga aumentando en el futuro por el incremento poblacional de esta especie. Otros varamientos de adultos y cachorros han tenido lugar con ejemplares vivos y en muchos casos los pobladores, las organizaciones no gubernamentales y las autoridades oficiales han logrado volverlos vivos al mar.

Las zonas de alimentación de la ballena franca austral no están concretamente definidas, pero se sabe que se ubican en las áreas de alta productividad estival alrededor de la Convergencia Antártica; también se sospecha que pueden existir áreas de alimentación próximas al borde de la plataforma e incluso en áreas plenamente oceánicas. Su técnica de alimentación es totalmente distinta a la de los balaenoptéridos que engullen agua junto con al alimento; en el caso de la ballena franca su estrategia es eminentemente filtradora y el mecanismo de alimentación consiste en nadar lentamente, a una velocidad de 4-5,5 km/h, con la boca abierta, tanto por la superficie como debajo de ella. De esta forma, grandes volúmenes de agua pasan a través de la inmensa boca junto con los pequeños organismos con los que se alimenta. Luego de un período de filtrado, cierra su boca, quedando el alimento retenido en

Foto: R. Bastida

Resoplido o "surtidor" típico en forma de V.

los filamentos internos de las láminas de las barbas. El alimento así acumulado tiene el aspecto de la pasta o papilla que luego es deglutida. Periódicamente la ballena suele limpiar y reordenar sus barbas mediante fuertes aberturas y cierres de la boca. Su dieta alimentaria es exclusivamente planctónica y está integrada por diversas especies de crustáceos como los copépodos, eufaúsidos y larvas del bogavante *Munida gregaria* y *M. subrugosa.*

Si bien la Península Valdés no constituye su área de alimentación, en ciertas ocasiones pueden observarse ejemplares alimentándose en zonas de alta concentración de copépodos y especialmente en densos manchones de larvas del bogavante *Munida gregaria,* e incluso ingiriendo organismos gelatinosos como los ctenóforos. Los cachorros de uno o dos meses de vida son capaces de imitar a sus madres en la filtración del alimento, por lo cual la dieta de los cachorros debe convertirse en mixta siendo aun muy jóvenes.

Se han realizado interesantes cálculos teóricos sobre la alimentación de esta ballena. En base a ellos, puede decirse que un ejemplar adulto de gran talla, con su boca abierta, tiene un área de filtración de 13,50 metros cuadrados. Alimentándose sobre una concentración de plancton de 4.000 g/m, a una velocidad de alrededor de 5,5 km/h, podría llegar a capturar aproximadamente 300 kg de alimento por hora.

El único predador conocido de esta especie –aparte del hombre– es la orca (*Orcinus orca*), si bien existen pocos registros en comparación con otras ballenas. En las aguas de Península Valdés, donde ballenas francas y orcas comparten la misma área durante parte del año, los ataques o intentos de ataques parecen ser menos frecuentes de lo que podría esperarse. Así, por ejemplo, en la costa atlántica de la Península, donde se concentran ejemplares adultos con cachorros, son frecuentes los encuentros cercanos entre ambas especies, pero no así los ataques. Es probable que la abundancia de apostaderos de lobos y elefantes marinos en la zona haga innecesario que las orcas intenten ataques a ballenas francas, cuya captura resulta indudablemente más dificultosa. Sin embargo hay algunos registros de ataques a cachorros, los que luego de muertos suelen quedar varados en la costa.

La ballena franca austral, durante su permanencia en la zona de la Península Valdés, tiene frecuentes contactos con otras especies del área. Así, entre los cetáceos, puede mencionarse al delfín oscuro (*Lagenorhynchus obscurus*), que en algunas ocasiones se concentra en número de cientos de ejemplares alrededor de las ballenas. Grupos menos numerosos del delfín nariz de botella (*Tursiops truncatus*) también pueden observarse cerca de las ballenas. Las orcas entran en contacto en muchas oportunidades con las ballenas y no siempre en

Foto: Gabriel Rojo

Movimientos violentos de la cola o aleta caudal de ballena franca austral.

actitudes de predación. Los lobos marinos de un pelo (*Otaria flavescens*) también suelen aproximarse a las ballenas y, en menor medida, también los elefantes marinos (*Mirounga leonina*).

Otros organismos que frecuentemente se asocian a las ballenas, tanto en la zona de Península Valdés como en la provincia de Buenos Aires, son las aves. La especie más común de observar en esta asociación es la gaviota cocinera (*Larus dominicanus*), que en grandes grupos revolotea encima de las ballenas. Tiempo atrás, esta relación parecía ser una actitud de oportunismo trófico, en función de que las ballenas al remover los fondos provocan la resuspensión de pequeños invertebrados que son consumidos por las aves. Otra fuente de alimento para las aves probablemente haya sido la materia fecal de las ballenas y las capas superficiales de la piel, que suelen desprenderse y quedan flotando en superficie. En algunos casos, las gaviotas incluso podían posarse sobre el dorso de las ballenas para consumir ciámidos o trozos de piel suelta, mientras la ballena reposa en superficie. Este último comportamiento, que resultaba circunstancial hasta la década de los 80, fue transformándose paulatinamente en una acción perjudicial hacia las ballenas, pues las gaviotas las picotean y se alimentan directamente de su piel y grasa. Este fenómeno, que actualmente es un grave problema para todas las ballenas que visitan la Península Valdés, aparentemente tuvo sus comienzos en el Golfo San José hace más de dos décadas, y tal vez estuvo restringido a un bajo número de ejemplares de gaviotas que desarrollaron este inusual comportamiento de picotear a las ballenas. Durante la década del 80 no se observaba este tipo de ataques en aguas del Golfo Nuevo. Ya a partir de la década del 90 dichos ataques resultaron frecuentes en ambos golfos, y hoy día casi el 80% de las ballenas muestran cicatrices producidas por los ataques de las gaviotas. Estas acciones incluso han provocado cambios en el comportamiento de las ballenas, las que tratan de permanecer menos tiempo en superficie y evitan exponer al máximo la superficie de sus dorsos. Este fenómeno está asociado al incremento poblacional de la gaviota cocinera, motivado por el aporte alimentario extra de basurales urbanos, industriales de la pesca y el descarte pesquero desde las embarcaciones en el mar. Aún no se ha adoptado ninguna medida tendiente a controlar el problema.

La ballena franca austral no suele efectuar inmersiones prolongadas ni sumergirse a grandes profundidades, como es común en otras ballenas. Los mayores períodos de inmersión en esta especie casi nunca superan los 10 minutos, aunque hay registros excepcionales de 20 minutos para la zona de Valdés y de 40 para las zonas australes de alimentación.

La frecuencia de inmersión así como el tiempo de permanencia bajo el agua y la profundidad alcanzada están íntimamente relacionados con el tipo de actividad. Por ejemplo, las hembras con cachorros de corta edad permanecen por períodos muy prolongados en superficie; habiéndose registrado desplazamientos de varios kilómetros sin que tuviera lugar ninguna inmersión.

Las inmersiones más prolongadas en las zonas reproductivas son realizadas por los machos adultos durante los intentos de cópula. En las zonas de alimentación no se observan diferencias por sexos o edad y están reguladas por la alimentación en profundidad. Las inmersiones profundas son precedidas por una maniobra en la cual el animal saca la aleta y pedúnculo caudal fuera del agua en posición vertical.

La velocidad máxima de desplazamiento es de alrededor de 15 km/h, si bien pueden registrarse algunas mayores por cortas distancias. También pueden permanecer reposando inmóviles en superficie durante largos períodos, hecho que muchas veces les produce desecamientos o quemaduras en la piel del dorso. En ciertas ocasiones, cuando se encuentra en superficie, la ballena franca suele asomar la cabeza fuera del agua hasta el nivel de los ojos para tener una visión del ambiente que la rodea, comportamiento conocido por los ingleses como *spy-hoping*.

Un aspecto del comportamiento de esta especie que más impacta son sus saltos fuera del agua o *breaching*. Parece imposible que estos gigantescos animales sean capaces de oponerse a la fuerza de gravedad. Sin embargo, su poderosa cola es capaz de desarrollar la fuerza suficiente para el despegue de la superficie del agua de más de 40 toneladas de un ejemplar adulto.

Durante las primeras etapas de vida, los saltos son una expresión de juego que desarrollan cerca de la madre. Cuando el cachorro inicia sus cortos alejamientos de la madre, los saltos podrían cumplir la función de mantener la comunicación entre ambos.

En cuanto a los adultos, los saltos también pueden interpretarse como forma de comunicación con otros ejemplares que se encuentran a distancia. Hay autores que mencionan una probable demostración de fuerza individual o cierta expresión de territorialidad, dado que son bastante frecuentes estos saltos en zonas donde momentos antes circulaba una embarcación.

Al saltar, la ballena gira levemente su cuerpo, de manera que la caída se produce invariablemente sobre uno de los flancos o sobre el dorso. En general, efectúan varios saltos en serie y el de un ejemplar generalmente es contagioso e imitado por otros individuos que, incluso, pueden estar a grandes distancias.

Los estudios sobre los sonidos de la ballena franca austral fueron iniciados en la Península Valdés en la década del 70. A través de ellos se ha podido determinar que los distintos sonidos producidos por esta especie –tanto en superficie como debajo del agua– están relacionados con la composición, tamaño, sexo y tipo de actividad de los grupos de ballenas. Los sonidos más simples y de estructura más predecible están asociados con comunicaciones que se establecen entre individuos separados por distancias importantes. Aquellos sonidos más complejos y altamente variables están asociados con grupos de ballenas que desarrollan alguna actividad social. A mayor complejidad social, mayor complejidad de sonidos; los ejemplares solitarios en reposo emiten pocos sonidos. Dentro del complejo campo de la emisión de sonidos, tienen también importancia los que son consecuencia de acción mecánica con el agua, como golpes de aletas pectorales, de cola y otros producidos por los majestuosos saltos.

Finalmente, la ballena franca no es capaz de estructurar la unión de sonidos en forma de canciones, como lo hace la ballena de joroba (*Megaptera novaeangliae*).

Distribución geográfica

La ballena franca austral tiene una distribución de tipo circumpolar, presentando un amplio rango latitudinal en virtud de sus desplazamientos migratorios. El registro más septentrional corresponde al Banco dos Abrolhos cercano a Bahia (Brasil), donde en 1991 se registró una hembra con su cachorro; el registro más austral corresponde a un ejemplar avistado durante el verano en la Península Antártica, alrededor del los 64° S. En el verano y la primavera austral se la encuentra en las costas templadas de Sudamérica, Sudáfrica, Australia, Nueva Zelanda y diversas islas oceánicas. Al fi-

Ejemplar de ballena franca austral flotando con el vientre hacia arriba y con las aletas pectorales en superficie, posición que se vincula con actitud de descanso o rechazo de la hembra ante la cópula.

Foto: R. Bastida

Foto: Gabriel Rojo

Ejemplar juvenil "albino" de ballena franca austral espiando sobre la superficie.

nalizar la primavera se distribuyen en aguas cercanas a la Convergencia Antártica, donde se alimentan en virtud de la alta productividad de sus aguas. Aquí acumulan reservas para su migración y permanencia en las áreas reproductivas al finalizar el verano.

En la costa argentina se la encuentra desde el norte de la provincia de Buenos Aires hasta Tierra del Fuego e Islas Malvinas, con su máxima concentración en la zona reproductiva de Península Valdés, si bien desde mediados de la década del 80 se ha ampliado hacia el Golfo San Matías (Río Negro) y seguramente se irá incrementando con el correr de los años. En definitiva, esta especie, tanto en Argentina como en otras partes del mundo, muestra tendencia por volver a ocupar antiguas áreas de distribución previas a su explotación comercial. Una situación totalmente opuesta a la de la ballena franca del norte que no da signos de recuperación y cuyas áreas naturales están altamente impactadas.

Estatus y conservación

La actividad ballenera del hombre fue iniciada por los vascos franceses alrededor del siglo XI, extendiéndose paulatinamente a otras áreas de la Península Ibérica. Las capturas se limitaban casi exclusivamente a la ballena franca boreal *Eubalaena glacialis,* que al igual que la especie de sur, resultaba ideal por su lento desplazamiento y por flotar ya muertas.

La actividad de los barcos franceses y vascos fue incrementándose hasta alcanzar un pico en los siglos XVI y XVII. A partir de allí, se produce una clara disminución en las capturas, que ya no justificaba el esfuerzo de los balleneros. La estrategia de caza se basaba en capturar a los cachorros para facilitar la caza de las madres. Esta gran matanza de cachorros y hembras llevó a una reducción drástica de las poblaciones de esta zona, que hoy están totalmente extinguidas.

Agotado este recurso, los balleneros vascos comenzaron a incursionar en las costas de Canadá entre el siglo XVI y fines del XVII, momento en el cual la actividad ballenera cesa por colapso de dicha población. Posteriormente se agotan también los *stocks* de ballena franca de la costa norteamericana.

Agotada la ballena franca boreal como recurso, los esfuerzos se orientaron hacia la captura de la ballena franca austral. De esta forma, comienza una nueva explotación ballenera irracional en el hemisferio sur. Ya a fines del siglo XIX, esta especie entraba en una vertiginosa declinación, de la cual se recupera muy lentamente. Solo la flota ballenera norteamericana durante el siglo XIX cazó 60.000 ejemplares.

Las medidas de protección internacionales, vigentes desde 1931 y refrendadas en 1937 no lograron revertir la situación creada por efectos de la industria ballenera. Recién en las últimos décadas las poblaciones de Sudáfrica y Argentina parecen mostrar una tendencia hacia la recuperación. En otras áreas de su distribución original, la especie ha desaparecido por completo.

La Argentina no estuvo al margen de la captura de ésta y de otras especies de ballenas, ya que fue uno de los primeros países balleneros que operaron en la zona antártica. Esta iniciativa surgió por mediación del capitán C. A. Larsen, miembro de la expedición del explorador Nordenskjöld a la Antártida, quien en 1903 interesa

Foto: R. Bastida

Ejemplar adulto arqueando su cuerpo y exhibiendo su quijada superior, "bonete", y el reborde curvo de sus labios.

a capitalistas argentinos para formar una empresa dedicada a la caza de ballenas, que se concretó en 1904 con el nombre de Compañía Argentina de Pesca S.A.

La empresa operó fundamentalmente en Georgias del Sur, en el puerto Grytviken, donde aún quedan las construcciones de ésta y otras compañías que operaron en el área.

Se calcula que esta empresa capturó desde 1904 más de 200 ballenas francas; junto con las de otras empresas se llegó a casi 600 ejemplares en las Georgias del Sur. La mayor parte de las capturas se efectuaron antes de 1915, año a partir del cual decaen bruscamente.

Se estima que la población de ballena franca austral, antes de la actividad ballenera, oscilaba en los 100.000 ejemplares, aunque otros autores suponen que eran aún más abundantes. Actualmente se calcula para todo el hemisferio sur unos 5.000 ejemplares.

Uno de los aspectos fundamentales tendientes a la conservación de ésta y otras especie de cetáceos es poder definir sus poblaciones y *stocks.* Hasta principios de la década de los 80 se ignoraba si las ballenas francas presentes en Península Valdés estaban relacionadas con aquellas que se congregaban en el área de reproducción del estado de Santa Catarina, al sur del Brasil. Los investigadores norteamericanos consideraban que se trataba de dos poblaciones basándose en las capturas históricas de la flota ballenera norteamericana. Investigadores argentinos, por el contrario, sostenían que era una única población que alternaba ambas áreas para su reproducción. Dicha postura se basaba en la presencia de ejemplares identificados en Valdés que eran avistados con frecuencia en Mar del Plata y la costa uruguaya con un claro rumbo hacia el norte. Ello además explicaba la ausencia de muchas hembras durante temporadas reproductivas en Valdés y su retorno con ejemplares nacidos fuera de dicha zona. Ambas posturas fueron expuestas en la Primera Reunión de Trabajo sobre Ballena Franca organizada por la Comisión Ballenera Internacional en Boston, en 1983, y también en congresos locales. En la década del 90, la cuestión quedó totalmente aclarada en base a la fotoidentificación de ejemplares de Valdés reproduciéndose en las templadas aguas de Santa Catarina.

Este hecho tuvo gran trascendencia dado que, pese a las medidas internacionales de protección, en el sur de Brasil se prosiguió con la caza artesanal de esta especie hasta la década del 70. Durante el período 1952-1973 se cazaron por lo menos 350 ballenas francas, en su mayoría madres y cachorros. Probablemente estas capturas fueron las responsables de la falta de crecimiento de la población de Valdés durante varias décadas. A su vez, el cese de dicha estación ballenera coincide con el incremento poblacional registrado desde fines de la década del 70, tanto en Argentina como en Uruguay y Brasil. El hecho de tratarse de una única población que frecuenta las costas de Argentina, Uruguay y Brasil exige para el futuro medidas proteccionistas que contemplen los problemas ambientales y de manejo de esta especie a nivel regional.

Al caer la Unión Soviética, el mundo científico se vio impactado cuando capitanes de buques balleneros confesaron haber cazado entre 1951 y 1970 un total de 3.212 ballenas francas australes, gran parte de ellas

Imponentes cabezas de ejemplares adultos, emergiendo ante buzos científicos.

Foto: Gabriel Rojo

Cola de ballena franca austral ante embarcación turística.

capturadas frente a las costas patagónicas. Sin embargo, la Unión Soviética declaró ante la Comisión Ballenera Internacional haber cazado solamente cuatro ejemplares de ballena franca austral en forma accidental.

La población de Península Valdés viene mostrando en las últimas décadas un sostenido incremento poblacional. En base a la información del período 1980-1991, los cachorros han mostrado un crecimiento promedio cercano al 10% anual, mientras que el número total de adultos –aunque variable a lo largo de las temporadas– presenta un incremento promedio cercano al 8%.

Estos incrementos, observados en los censos realizados en la Península Valdés, también se ven reflejados en los avistajes de esta especie que se vienen realizando ininterrumpidamente en la zona de Mar del Plata desde 1970, y que demuestran que anualmente un mayor número de individuos visitan la zona, que los grupos son más numerosos y que es mayor la frecuencia de hembras con cachorros. Algo semejante se observa en las costas uruguayas en los últimos años.

Pese al incremento poblacional de esta especie, subsiste aún toda una serie de amenazas que periódicamente atentan contra esta población. Por una parte, las colisiones con embarcaciones, las interacciones con pesquerías y diversos impactos ambientales en la vasta zona de distribución de esta ballena.

El avistaje de ballenas francas en la Península Valdés constituye uno de los grandes atractivos turísticos de la Patagonia. Comenzó en la década del 80 y fue propuesto por delegaciones argentinas en foros internacionales, como una alternativa incruenta de aprovechamiento de las ballenas y tendiente a lograr la moratoria de la caza ballenera que, afortunadamente, se logró a partir de 1985. En virtud de las actividades de avistajes en la Península Valdés, la provincia de Chubut reglamenta a partir de 1984 el acercamiento a ballenas y regula la actividad general de esta industria, que en poco tiempo adquiere un desarrollo extraordinario. Desgraciadamente, la actividad tomó un rumbo distinto del que pensaron originalmente sus gestores, que fundamentalmente deseaban proteger las áreas reproductivas, priorizar los aspectos educativos y de concientización, generando a su vez recursos genuinos para conservar el recurso más que el movimiento masivo de turistas en áreas tan altamente sensibles.

Otro aspecto que también atenta contra esta zona es que se eliminara la condición de Parque Marino Provincial al Golfo San José, creado por la ley 1238 en 1974, como una inteligente visión del futuro conservacionista de la región. Actualmente se ha convertido en una zona de uso múltiple que, entre otras cosas, ha legalizado toda una serie de actividades que un parque provincial no hubiera admitido.

La UICN considera a la ballena franca austral una especie vulnerable, mientras que CITES la incluye en su Apéndice I. El Libro Rojo de la Argentina (SAREM) la considera también una especie vulnerable (VU).

"Pas-de-deux".

Foto: R. Bastida

Ballena Franca Pigmea

Caperea marginata (Gray, 1846) **Pygmy Right Whale**

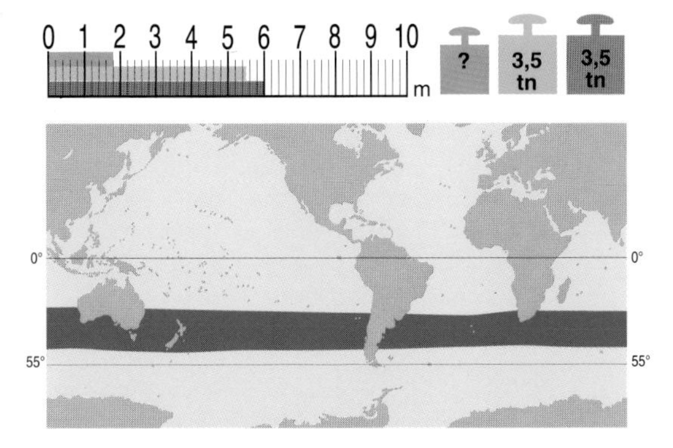

CLAVE PARA SU IDENTIFICACIÓN

- Ballenas de cuerpo pequeño y compacto que no superan los 6,50 m de largo.
- Coloración general negra o gris oscura, aclarándose hacia el vientre.
- Aleta dorsal pequeña y falcada en el tercio posterior del cuerpo.
- Cabeza sin callosidades.
- Boca arqueada, con barbas angostas, color blanco amarillento con reborde negro.
- Sin conjunto de surcos profundos en garganta.

A mediados del siglo XIX dos buques de la corona británica, el *Erebus* y el *Terror*, exploran los mares del hemisferio sur y realizan una importante colección biológica que depositan en el Museo Británico. Entre dicho material había unas barbas de ballena colectadas en Australia. El naturalista Gray al verlas supone que se trata de una nueva especie de ballena franca (familia Balaenidae). Luego en 1870 ingresa al museo un cráneo procedente de Nueva Zelanda que tenía las mismas barbas que había visto Gray. Ya pudiendo analizar el cráneo completo llega a la conclusión de que no es una verdadera ballena franca, por lo cual decide crear una nueva familia, Neobalaenidae, aunque emparentada con la anterior.

Caperea marginata es la más pequeña de todas las ballenas actuales y seguramente la menos conocida. Si bien parecida a las verdaderas ballenas francas se diferencia fácilmente de ellas por poseer una aleta dorsal.

Caperea es un término del latín que significa *arrugarse* y hace referencia a la textura de uno de los huesos del oído de esta especie. El término específico *marginata,* también del latín, significa *rebordeado* y hace referencia al borde oscuro que presentan las barbas de esta ballena.

Características generales

Si bien con ciertos rasgos parecidos a los de la ballena franca austral (*Eubalaena australis*), se diferencia claramente de ésta por poseer una pequeña aleta dorsal falcada, carecer de callosidades cefálicas y presentar labios menos arqueados. Su tamaño y peso también son notablemente menores, no excediendo nunca los 6,50 m de largo y sin superar las 4 toneladas.

El cuerpo de la franca pigmea es compacto y su cabeza es relativamente pequeña.

Las hembras suelen ser un poco más grandes que los machos y los cachorros al nacer oscilan entre 1,60 y 2 m de largo.

La boca presenta entre 213 y 230 barbas que cuelgan a cada lado de la quijada superior, son de coloración blancoamarillenta y llevan sobre su borde una banda negra que las diferencia de las barbas de otras

Foto: Fernanda F. C. Marques

Ballena franca pigmea al momento de inspirar en superficie.

especies de ballenas. El largo máximo de estas barbas puede ser de 70 cm. El arco bucal que configura el labio es menos marcado que en la ballena franca austral. La cabeza carece de callosidades y de crustáceos epibiontes (cirripedios y ciámidos).

La coloración general del cuerpo es negra o gris oscura, aclarándose hacia el vientre. No se han observado en esta especie las típicas áreas blancas, despigmentadas, que suelen presentar muchos individuos de la ballena franca austral, principalmente en su zona ventral. Se han registrado, sin embargo, unos pocos ejemplares blancos de esta pequeña ballena.

Las aletas pectorales son pequeñas y finas, de color gris oscuro en su cara superior y más claras en la inferior. La caudal es de coloración semejante.

El resoplido de esta ballena suele ser muy débil, por lo cual no se genera un surtidor o *spray* evidente a la distancia y probablemente ello sea uno de los motivos por los cuales esta especie resulta poco avistada.

El cráneo muestra cierta semejanza con el de las grandes ballenas francas, dado que posee la quijada superior curvada hacia abajo, aunque dicha curvatura no es tan marcada como en las especies afines.

Biología y ecología

La ballena franca pigmea ha sido avistada mayormente como ejemplares solitarios o de a pares; en algunos casos se han observado grupos de hasta 8 individuos. En ciertas ocasiones ha sido observada junto a otras especies de ballenas y delfines.

Su desplazamiento suele realizarse a una velocidad entre 5 y 8 km/hora, si bien en cortos recorridos puede desarrollar una velocidad mayor. Cuando emerge en superficie permanece por poco tiempo y exhibe poco su cuerpo. En algunas oportunidades expone el extremo de su hocico al emerger. Sus inmersiones no son muy profundas ni prolongadas.

Poco se sabe sobre la reproducción de esta especie, pero se cree que la estación reproductiva es prolongada. Los cachorros finalizan su lactancia al alcanzar los 3-4 metros de largo y prácticamente se desconoce la alimentación de los ejemplares adultos. Observaciones preliminares indicarían que se alimentan cerca de la superficie, consumiendo copépodos planctónicos, como también lo hace la ballena franca austral.

Parece ser que esta ballena no realiza grandes migraciones como las otras ballenas francas. Puede ser observada en áreas oceánicas pero también en áreas costeras protegidas y bahías poco profundas.

Hasta el presente un único ejemplar pudo ser observado y fotografiado con técnicas de buceo. Por ello pudo determinarse que el cuerpo mostraba gran flexibilidad para la natación y que el ejemplar denotaba cierto interés y confianza ante sus observadores.

Distribución geográfica

Esta especie solamente ha sido observada en el hemisferio sur y de manera poco frecuente. La mayor cantidad de registros han tenido lugar en Sudáfrica, Australia y Nueva Zelanda. Los registros en Argentina corresponden a varamientos ocurridos en la Península Valdés, Islas Malvinas y Tierra del Fuego.

Suele habitar aguas templadas cuya temperatura oscila entre los 5° y 20° C y se distribuye entre los 30° y 55° S, no sobrepasando nunca la Convergencia Antártica (cerca de 60° S).

Estatus y conservación

Nunca ha sido blanco de explotación comercial, si bien se han registrado capturas incidentales en redes de pesca de Sudáfrica.

La UICN la considera como especie insuficientemente conocida, mientras que CITES la ubica en su apéndice I. El Libro Rojo de Argentina (SAREM) considera que ésta una especie con datos insuficientes (DD).

Ballena Azul

Balaenoptera musculus (Linnaeus, 1758) **Blue Whale**

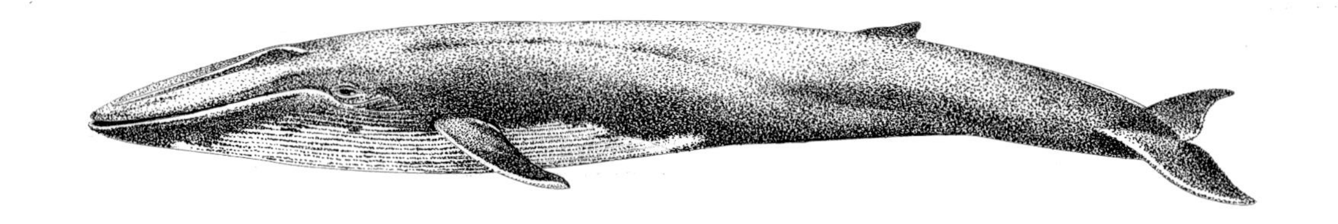

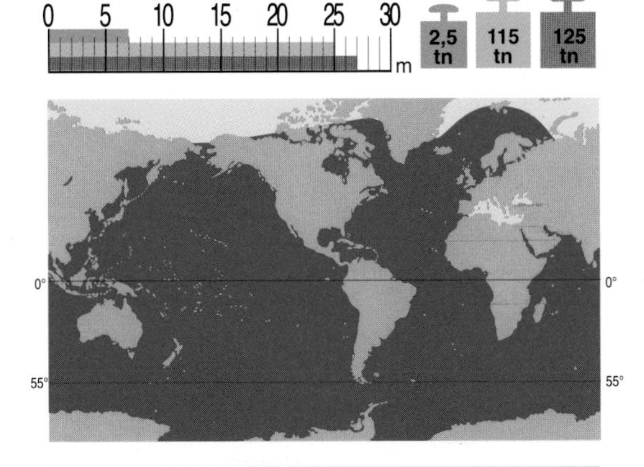

CLAVE PARA SU IDENTIFICACIÓN

- Ballenas de cuerpo enorme y estilizado de más de 24 metros de largo.
- Pliegues en la garganta (55-100) llegan hasta el ombligo.
- Coloración general gris azulada con pequeñas manchas claras.
- Cabeza chata en forma de U, con una carena central.
- Laminillas de las barbas (260-400 pares) de color negro a pardo oscuro.
- Aleta dorsal diminuta de posición posterior.
- Resoplido vertical, angosto y muy alto.
- Suele exponer la cola en superficie antes de bucear.

Es la mayor de todas las especies que han habitado nuestro planeta y sobre la cual la industria ballenera moderna ejerció su máxima presión, con consecuencias catastróficas para esta ballena.

El género *Balaenoptera* deriva del latín *balaena* (=ballena) y del griego *pteron* (= aleta o cola); el segundo término *musculus* asignado por Linnaeus a esta enorme especie deriva del latín y significa "pequeño ratón", por lo cual se interpreta como una ironía del naturalista o que optó por la otra acepción del término latino que es "musculosa" y que reflejaría mejor las características de esta ballena.

Actualmente se reconocen tres formas geográficas: la ballena azul de hemisferio norte, *Balaenoptera musculus musculus,* y las que habitan en el hemisferio sur que son la forma pigmea, *Balaenoptera musculus brevicauda* y la forma antártica o "azul verdadera", *Balaenoptera musculus intermedia.* Esta última subespecie fue descripta a partir de un ejemplar hallado por el naturalista Germán Burmeister en 1871 en la desembocadura del río Luján (provincia de Buenos Aires).

Características generales

Su cuerpo es sumamente largo, estilizado y algo deprimido dorsoventralmente. Su cabeza, vista desde arriba, tiene forma de U, es plana y posee una única carena que nace en los orificios respiratorios y se va afinando hacia el extremo del rostro. El largo de la cabeza es de aproximadamente un cuarto del largo total del animal. Los orificios respiratorios o espiráculos están más elevados que en otras especies afines y el resoplido, "chorro", "surtidor" o "spray" que produce al exhalar el aire es recto, menos difuso que en otros rorcuales y puede elevarse verticalmente hasta más de 10 metros. Como es característico en todos los rorcuales, posee una serie de pliegues en la región ventral de la cabeza que oscilan entre 55 y 100. Dichos pliegues se extienden desde la zona anterior de la cabeza hasta casi la línea del ombligo. Las barbas de las ballenas azules son de color negro o pardo oscuro, de forma triangular y de largo variable según la zona de inserción, pero sin superar el metro de largo. Poseen entre 360 y 400 pares, insertados en la quijada superior.

La aleta dorsal, de forma triangular o levemente

Vista subacuática del dorso de ballena azul. Se observa claramente la cresta central cefálica, los orificios respiratorios y las pequeñas aletas pectorales.

falcada, es diminuta con relación al cuerpo; mide entre 25 a 50 cm de altura en ejemplares adultos y está localizada en el tercio posterior del cuerpo. Sus aletas pectorales son aplanadas y relativamente cortas mientras que la aleta caudal es ancha y triangular, sin demasiadas marcas en su margen posterior.

El ejemplar más grande hallado hasta el presente en la Antártida medía 33,6 m de largo y un peso probablemente mayor a las 150 toneladas. Las ballenas azules miden en promedio entre 23 y 25 metros y pesan alrededor de 110 toneladas. Las hembras son más largas y más pesadas que los machos.

La coloración de esta especie es azul grisácea, con pequeñas manchas de coloración más clara a lo largo del cuerpo. Precisamente la distribución y la forma de estas manchas en la zona inferior de la aleta dorsal constituyen las "marcas naturales" que utilizan los científicos para identificar a los individuos de esta especie. La superficie interior de las aletas pectorales es bastante más clara que la superficie exterior, mientras que en la cola no hay diferencias de coloración entre su superficie dorsal y ventral. En ejemplares de ballena azul de diversas regiones del planeta se registra en su zona ventral –siempre más clara que el dorso– la presencia de una película de algas microscópicas (diatomeas) de la especie *Cocconeis ceticola* que le otorga un tinte amarillo verdoso, por lo que los primeros balleneros las llamaban "panzas de azufre".

Biología y ecología

A pesar de haber sido intensamente explotadas, muy poco se sabe de su reproducción. Se estima que las ballenas azules pueden vivir hasta los 80 años, si bien el promedio de vida debe ser mucho menor. La madurez sexual para ambos sexos se alcanza alrededor de los 10 años, cuando los ejemplares adquieren un largo de 22,50 m en los machos y de 24 m en las hembras. El período de gestación es de aproximadamente 11-12 meses y las crías nacerían cada 2 o 3 años. Al nacer el cachorro mide alrededor de 7 metros y pesa más de 2 toneladas. El período de lactancia dura entre 6 y 8 meses; el cachorro consume aproximadamente 350 litros de leche por día, lo que le permite aumentar 100 kg de peso diario. Cuando es destetado, el

Vista aérea de ballena azul (madre y cachorro).

Foto: Phillip Colla

cachorro mide cerca de 15-16 metros y pesa alrededor de 20 toneladas.

Las ballenas azules se alimentan fundamentalmente de *krill* (crustáceos eufaúsidos), si bien pueden consumir otros crustáceos como los copépodos y anfípodos planctónicos. Durante la estación de alimentación en altas latitudes (verano) se calcula que cada ballena azul adulta puede consumir cerca de 4 toneladas de alimento diario. Un ejemplar adulto necesita un millón y medio de calorías por día, alcanzando a cincuenta millones durante los cuatro meses que dura el período de alimentación. Esto equivaldría a las calorías que un hombre necesita durante toda su vida. El alimento es capturado tomando grandes volúmenes de agua en la cavidad de la boca (hasta 70 toneladas de agua), debido a la distensión de los pliegues de la garganta; cuando la boca se cierra el agua es presionada hacia fuera mientras que el alimento es retenido en las barbas. Luego el alimento retenido es tragado con la ayuda de la lengua. El estómago principal de una ballena azul puede albergar hasta una tonelada de alimento. Dado que otras ballenas (fin, sei, minke) también se alimentan de *krill* en la Antártida, existe una competencia directa entre estas especies para acceder al alimento. Otro tanto ocurre con las diversas especies de pinnípedos y aves antárticas que también se alimentan de este crustáceo y que han incrementado notablemente sus poblaciones desde la sobreexplotación de la ballena azul.

Las ballenas azules no tienen hábitos gregarios y usualmente son encontradas solitarias, de a pares o de a tríos. No obstante, pueden concentrarse en ciertas áreas de alimentación formando grupos numerosos de hasta 50 individuos, pero aparentemente no asociados entre sí. En estas zonas suelen bucear cerca de la superficie y casi nunca superan los 100 metros de profundidad, aunque es posible que en ciertas ocasiones lo hagan hasta los 500 m. Las ballenas azules pasan más del 90% de su tiempo en inmersión, la que no suele durar más de 10 minutos, aunque hay registros de hasta media hora. Se han identificado varios tipos de sonidos asociados con la comunicación entre los individuos (21-31 kHz). Son nadadoras muy rápidas, con velocidades promedio cercanas a los 20 km/h, aunque, en circunstancias de peligro, pueden duplicar esta velocidad durante breves períodos.

Pese a su gran tamaño y velocidad, la ballena azul puede ser presa de manadas de orcas (*Orcinus orca*).

Distribución geográfica

Las ballenas azules se distribuyen en todos los mares del mundo. Se supone que realizan desplazamientos norte-sur entre las áreas de concentración estival e

Dorso de ballena azul en desplazamiento.

Foto: Rodrigo Hucke-Gaete

Foto: Jorge Mermoz

Ballena azul antes de la inmersión, rodeada de hielos antárticos.

invernal de cada hemisferio recorriendo miles de kilómetros, si bien en algunas áreas tropicales pueden permanecer a lo largo de todo el año. En las áreas de concentración invernal los animales se reproducen y tienen lugar los nacimientos, aunque éstas son hasta el presente poco conocidas. Durante el verano se distribuyen en áreas polares para la alimentación y el resto del año en zonas templadas y también cálidas. La Comisión Ballenera Internacional estableció seis áreas de concentración en el hemisferio sur, las cuales se presumen son áreas de alimentación. Datos históricos de capturas sugieren que las formas pigmea y antártica están segregadas geográficamente, dado que se distribuirían al norte y al sur de la Convergencia Antártica respectivamente.

Para el Mar Argentino sólo se tienen registros históricos sobre el varamiento de ballenas azules en distintos sectores del estuario del Río de la Plata, provincia de Buenos Aires e Islas Malvinas. No se tienen registros recientes de esta especie en el país, aunque ejemplares solitarios han varado en las costas de Uruguay y el sur del Brasil.

Estatus y conservación

La caza de ballenas azules se inició a finales del siglo XIX, luego que el noruego Sven Foyn revolucionara la industria ballenera con la invención del arpón explosivo. Este eficiente instrumento, ubicado en la proa de los buques balleneros a motor, permitió al hombre dar alcance a estos enormes y veloces animales. Paralelamente a esto se perfeccionó la técnica de inflar los cadáveres de las ballenas una vez muertas para evitar que se hundieran. Las flotas balleneras del Pacífico norte y Antártida rápidamente adquirieron estas tecnologías, iniciándose así una caza indiscriminada de esta especie. El rendimiento en aceite de una ballena azul podía alcanzar unos 120 barriles y redituar grandes ganancias. En la temporada de 1930 y 1931 se llegaron a capturar hasta 30.000 ballenas por año. Se calcula que durante el siglo XX se capturaron cerca de 6.000 ballenas azules en el Pacífico norte, 7.000 en el Atlántico norte y la sorprendente cantidad de 330.000 en la Antártida. Los primeros indicios de sobrexplotación se observaron en el hemisferio norte entre 1915-1925, y en el hemisferio sur una década más tarde. Hacia mediados de la década del 60 la Comisión Ballenera Internacional prohibió definitivamente su captura, cuando sus niveles presentaban ya un estado muy crítico. Se calcula que de las 220.000 ballenas azules presentes originalmente en el hemisferio sur, previa la explotación, alrededor de 10.000 sobreviven hoy, de las cuales la mitad de ellas sería la forma pigmea (término realmente poco feliz).

No hay estimaciones recientes sobre la evolución de las poblaciones de ballena azul, pero únicamente en el Atlántico norte se estarían recuperando las poblaciones luego del cese de las capturas. En el hemisferio sur las poblaciones parecieran no haberse podido recuperar y se encuentran en declinación; a modo de ejemplo, cruceros de investigación realizados por la Comisión Ballenera Internacional sólo pudieron localizar 7 cachorros en aguas antárticas durante los últimos 40 años. Se calcula que en la Antártida habría entre 400 y 500 ballenas azules y 1.500 azules pigmeas.

La UICN considera a la ballena azul una especie en peligro, mientras que CITES la ubica en su Apéndice I junto con el resto de las grandes ballenas. El Libro Rojo de Argentina (SAREM) también la considera una especie en peligro (EN).

Foto: Rodrigo Hucke-Gaete

Vista posterior de ballena azul, con "arco iris" formado por el resoplido.

Ballena Fin (Rorcual común)

Balaenoptera physalus (Linnaeus, 1758) **Fin Whale (Finback Whale; Razorback Whale)**

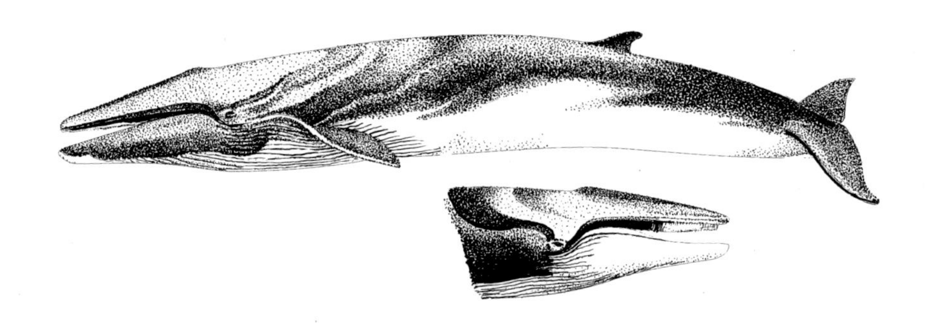

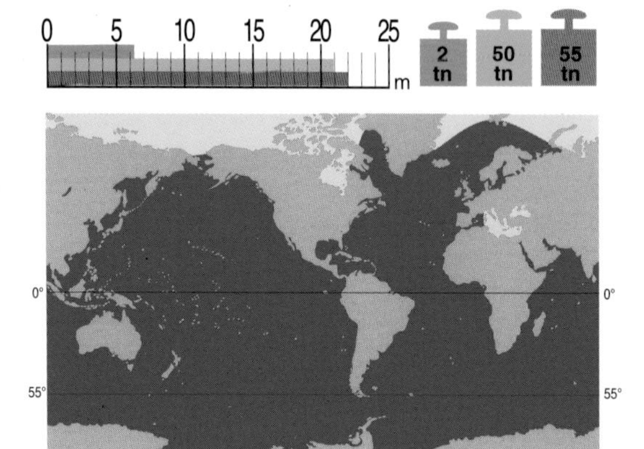

CLAVE PARA SU IDENTIFICACIÓN

- Ballenas de cuerpo estilizado que no superan los 25 m de largo.
- Entre 50 a 100 pliegues en la garganta que llegan o sobrepasan el ombligo.
- Coloración general gris oscura casi negra, ventralmente blanca o color crema.
- Pigmentación asimétrica de la quijada inferior: lado izquierdo gris oscuro, lado derecho blanco.
- Cabeza de forma triangular con una única cresta longitudinal dorsal.
- Borde dorsal del pedúnculo caudal muy filoso.
- Orificio respiratorio emerge brevemente antes de la aparición de la aleta dorsal.
- Raramente saca la cola antes del buceo.

Esta especie fue descripta en 1758 por Linnaeus, basado en los comentarios realizados por Federico Martens en su expedición a Noruega en 1671. El naturalista German Burmesteir describió a fines del siglo XIX una ballena de las costas argentinas como *Balaenoptera patachonicus,* pero actualmente se la considera un sinónimo de *Balaenoptera physalus.*

Se trata del cetáceo de más amplia distribución del mundo y el que le sigue en tamaño a la ballena azul (*Balaenoptera musculus*).

El género *Balaenoptera* deriva del latín *Balaena* (= ballena) y del griego *pteron* (= ala o aleta). El segundo término del nombre científico deriva del griego *physalos* en referencia al resoplido que produce esta ballena al emerger, el que recuerda al sonido producido por un instrumento de viento usado en la antigüedad. El nombre común de ballena fin proviene del noruego *finhval,* nombre con el cual identificaban los balleneros escandinavos a este gran cetáceo.

Características generales

La ballena fin presenta un cuerpo largo y estilizado. La talla máxima de esta especie puede superar en casos excepcionales los 25 metros, siendo los ejemplares del hemisferio sur más grandes que los del hemisferio norte. En base a estas diferencias y algunas otras características algunos autores proponen la existencia de dos subespecies: *B. physalus physalus* para el hemisferio norte y *B. physalus quoyi* para el hemisferio sur.

Su peso máximo puede superar las 70 toneladas. Al nacimiento los cachorros miden entre 6 y 6,50 m y pesan alrededor de 2 toneladas. Los ejemplares machos del hemisferio sur suelen ser 1 o 2 metros más pequeños que las hembras.

Su cabeza es angosta y en forma de V; presenta en su lado dorsal una superficie chata, surcada por una única cresta longitudinal bien desarrollada. Los repliegues de la garganta y el vientre que oscilan entre 50 y 100, se extienden de la garganta hasta el ombligo o lo sobrepasan.

La aleta dorsal, si bien relativamente pequeña, es levemente falcada y puede llegar a medir 60 centímetros de altura. Está ubicada en el tercio posterior del cuerpo y mientras nadan aparece en la superficie poco después del resoplido. El dorso, desde la aleta dorsal hasta la cola, presenta un reborde muy filoso, en el cual está inspirado el nombre vulgar en inglés de *razorback* (=espalda navaja).

Foto: Fernanda F. C. Marques

Ballena fin en desplazamiento, donde puede observarse su perfil derecho de color blanco y la pequeña aleta dorsal de posición posterior.

Las aletas pectorales son relativamente pequeñas y de forma aguzada.

El resoplido es columnar y de 4 a 6 metros de altura, levemente inclinado hacia atrás y muy parecido al de la ballena sei (*Balaenoptera borealis*). Raramente sacan su aleta caudal antes del buceo.

La coloración del cuerpo es gris oscura con tendencia hacia el negro, si bien algunos ejemplares pueden presentar también tonalidades parduscas oscuras. La coloración clara de la región ventral tiende a ascender por el flanco, un poco antes de la inserción de la aleta dorsal. En muchos ejemplares, por encima del ojo, pueden haber unas pinceladas de gris más claro.

La aleta caudal y las pectorales ventralmente son de color gris muy claro. El cuerpo carece de manchas y esto también sirve para diferenciarla de la ballena azul y la ballena sei. La coloración ventral de la cabeza es asimétrica, dado que su quijada inferior izquierda es de color gris oscuro, mientras que la quijada inferior derecha es de color blanco, semejante al resto del vientre.

La quijada superior o maxila presenta barbas que están formadas por 260 a 480 pares de laminillas; son de color oscuro, pudiendo alcanzar un largo máximo de 75 cm y un ancho de 30 cm.

El cráneo es triangular y en forma de V.

Biología y ecología

Generalmente a esta especie se la observa en la naturaleza en forma individual o en pequeñas manadas de hasta 20 individuos; sin embargo, el promedio de las manadas suele ser de 3 individuos. Las mismas parecen presentar una asociación de tipo inestable en el tiempo. Cuando se observan grandes manadas, generalmente se vinculan con áreas de intensa actividad trófica, pero éstas aparentemente no presentan vinculaciones de tipo social. Son capaces de producir sonidos o vocalizaciones de muy baja frecuencia y de extensa propagación en el agua. Llama la atención la gran velocidad que –en cortas distancias– puede desarrollar esta especie, llegando hasta velocidades de 40 km/h convirtiéndose en una de las ballenas más rápidas, pudiendo cubrir grandes distancia en un día (hasta 300 km). Ocasionalmente la ballena fin puede efectuar grandes saltos fuera del agua.

Al emerger en superficie la ballena fin exhibe primeramente su cabeza y posteriormente la aleta dorsal.

Su reproducción es poco conocida, y hasta ahora no han podido definirse áreas de reproducción y crianza estables. Tampoco nada se sabe sobre el sistema de apareamiento. Los ejemplares llegan a la madurez sexual entre los 6 y 12 años de edad, dependiendo de las áreas geográficas y cuando están próximos a alcanzar los 20 metros de largo. Su máxima actividad reproductiva tiene lugar entre los 25 y 30 años de edad. Los ejemplares del hemisferio norte maduran a tallas menores y los machos también maduran más tarde que las hembras. El período de gestación es de alrededor de 1 año y los nacimientos tienen lugar en áreas tropicales y subtropicales; la crianza del cachorro se realiza durante el invierno. Los cachorros son destetados en las áreas de alimentación del verano, entre los 6 y 7 meses de vida, cuando llegan a tener un largo de 12 m y pesan aproximadamente 13 toneladas. Las hembras dan a luz cada 2 o 3 años.

En base al estudio del tapón de cera que se ubica en el canal auditivo externo, se ha podido determinar su edad máxima, que excepcionalmente puede llegar a los 94 años.

La ballena fin se alimenta principalmente de crustáceos invertebrados tales como el *krill,* pero también de pequeños peces pelágicos tales como las sardinas (Clupeidae); estos peces nadan en cardúmenes muy compactos y de esa forma pueden ser capturados en gran cantidad junto con el agua con que llena su cavidad bucal, formando así una enorme bolsa expandida gracias a sus pliegues ventrales que recuerdan a un enorme acordeón. Los ejemplares en Antártida consumen principalmente el *krill* de *Euphausia superba* mientras que en el Atlántico norte se alimentan fundamentalmente de copépodos calánidos, sardinas y calamares. La ballena fin generalmente se voltea sobre uno de sus lados para engullir su alimento, contrariamente a lo que hace el resto de los rorcuales.

La alimentación es estacional y tiene lugar durante el verano, período en el que acumulan reservas suficientes que les permitirán cubrir el resto de su ciclo biológico. En el invierno también pueden llegar a alimentarse ocasionalmente.

Esta especie es capaz de realizar buceos de hasta 250 m de profundidad y permanecer sumergida durante 26 minutos.

Distribución geográfica

Es el cetáceo de mayor distribución mundial, por lo cual puede encontrárselo desde el Artico hasta la Antártida, aunque es más frecuente en altas latitudes y en zonas templadas. Fundamentalmente vive en aguas oceánicas, pero puede también observárselo cerca de la costa en aquellas regiones que carecen de extensas plataformas continentales y poseen grandes profundidades cercanas a la costa.

También se las observa en mares cerrados como el Mediterráneo y dicha población no estaría vinculada con la del Atlántico norte.

En cuanto a las migraciones, no se tiene un claro conocimiento de los procesos migratorios e incluso se supone que muchos *stocks* no migrarían en virtud de registrarse ejemplares de esta especie simultáneamente en un rango muy amplio de latitudes.

Estatus y conservación

La ballena fin o rorcual común ha sido altamente impactada por la actividad ballenera moderna del siglo XX. Durante el período previo al descubrimiento del arpón explosivo y el uso de embarcaciones rápidas a motor era imposible la captura de esta especie. En realidad, su extensa explotación surge a partir del agotamiento de los *stocks* de la ballena azul que era la especie de mayor rendimiento de aceite. Es a partir de ahí, donde todas las poblaciones de ballena fin fueron

Foto: Ignacio Moreno. Projeto Baleias-PROANTAR

Cabeza de ballena fin mostrando su lado derecho despigmentado.

sustancialmente reducidas y en algunos regiones altamente impactadas. Se llegaron a cazar más de 30.000 ejemplares por año, la mayoría de ellos provenientes del hemisferio sur. Esta especie fue protegida por la Comisión Ballenera Internacional en los océanos australes a partir de 1976; si bien algunos países como Islandia continuaron con las capturas en su región hasta 1989.

Su situación poblacional actual no está totalmente aclarada y su recuperación en el hemisferio norte parece haber sido más rápida que la del hemisferio sur. Se calcula que actualmente en este último hay entre 85.000 y 100.000 ejemplares, cifra reducida si se tiene en cuenta que la población original oscilaba entre 400.000 a 500.000 individuos.

En el hemisferio norte se calculan unos 25.000, de una población original de 58.000 ejemplares.

En Sudamérica los varamientos de esta especie suelen ser más frecuentes que el de otros rorcuales. En Argentina en muchos casos han ingresado al Río de La Plata. Por ejemplo, en el Museo de La Plata se exhibe un ejemplar que varó en las playas de San Fernando a fines del siglo XIX.

La ballena fin está actualmente protegida internacionalmente como una especie claramente sobreexplotada. En base a ello, la UICN considera a esta ballena como una especie vulnerable que enfrenta un alto riesgo de extinción. CITES, por su parte, la incluye en el Apéndice I donde se encuentran las especies más impactadas. El Libro Rojo de Argentina (SAREM) la considera especie en peligro, es decir, un estado anterior al peligro crítico pero enfrentada a un alto riesgo de extinción.

Ballena Sei (Rorcual de Rudolphi)

Balaenoptera borealis Lesson, 1828

Sei Whale

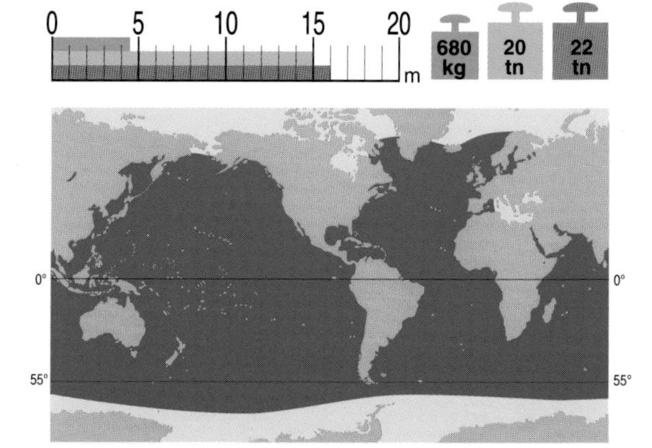

CLAVE PARA SU IDENTIFICACIÓN

- Ballenas de cuerpo estilizado que no superan los 20 metros de largo.
- Coloración dorsal gris oscura, generalmente con pequeñas manchas ovales más claras; ventralmente color blanco o crema.
- Pliegues de la garganta (32-60) no llegan hasta el ombligo.
- Cabeza con única cresta dorsal.
- Aleta dorsal de tamaño mediano y falcada (al emerger se observa simultáneamente con el orificio respiratorio).
- Aletas pectorales relativamente pequeñas y aguzadas.
- Para bucear no suele arquear su espalda ni sacar la cola fuera del agua.

El ejemplar tipo de esta especie fue encontrado en 1819 en las costas de Alemania y fue descripto por Carl Rudolphi pensando que se trataba de una especie de ballena franca. Luego Cuvier, en 1823, examina el ejemplar en el Museo de Berlín y la designa vulgarmente con el nombre de rorcual del norte. En 1828 el naturalista Lesson observa ejemplares vivos de esta especie durante un embarque; luego verifica la descripción de Cuvier y decide latinizar el nombre común otorgado por este último y de esa manera nace el nombre *Balaenoptera borealis*.

El nombre genérico *Balaenoptera* deriva del latín *balaena* (=ballena) y del griego *pteron* (=ala o aleta); el segundo término deriva del latín *borealis* (=boreal o del norte), si bien ésta es una especie de distribución mundial.

El nombre común más usado actualmente es el de ballena sei y deriva del noruego *seje* con que se designa al pez polaca, cuya aparición en la zona de pesca noruega coincidía con el arribo de estas ballenas.

Características generales

El cuerpo es estilizado, observándose variaciones entre la talla de los ejemplares del hemisferio norte y del hemisferio sur, razón por la cual algunos autores proponen la diferenciación en dos subespecies: *B. borealis borealis* y *B. borealis schlegellii* para la austral. Los ejemplares de esta última región son más grandes y alcanzan una talla máxima de 19,50 metros de largo; los ejemplares machos suelen ser un poco más pequeños que las hembras. Los ejemplares al nacer miden alrededor de 4,50 metros. Los adultos pesan generalmente entre 20 y 30 toneladas si bien hay un registro máximo de 40 toneladas. Al nacimiento estas ballenas pesan alrededor de 680 kg. Posee los típicos pliegues en la garganta de todos los balaenoptéridos; en este caso entre 32 y 60 que terminan mucho antes de llegar

Avistaje de ballena sei donde se observa claramente la aleta dorsal que, por su mayor tamaño, sirve para diferenciarla de la ballena fin.

al ombligo, elemento que sirve para diferenciarla de la ballena fin (*Balaenoptera physalus*).

La cabeza es alargada y de forma triangular, presenta sobre el dorso una cresta única que se extiende desde el orificio respiratorio hasta el extremo del rostro. La quijada superior posee entre 300 y 410 pares de barbas, de color gris oscuro con un fino borde interno blanco; el largo máximo de estas barbas es de 78 cm.

La aleta dorsal es más larga que la de la ballena fin, con una altura máxima de 60 cm y claramente falcada; se inserta en el tercio posterior del cuerpo. Las aletas pectorales son relativamente pequeñas y aguzadas en su extremo. La aleta caudal o cola es pequeña con relación al largo del cuerpo.

La coloración general del cuerpo es gris oscura, con el vientre de color blanco o crema. Generalmente presenta a lo largo de su cuerpo cicatrices ovales de color más claro producidas probablemente por lampreas durante su permanencia en aguas templadas. El cuerpo posee en su parte anterior unas ondas de coloración más clara que van hacia arriba y atrás para descender al vientre, cerca de donde terminan los pliegues.

El resoplido o surtidor de esta especie es columnar y levemente inclinado hacia atrás, pudiendo alcanzar una altura de 3 metros.

Biología y ecología

Existe un gran desconocimiento sobre el comportamiento social de esta ballena. Frecuentemente son avistadas en forma individual o formando pequeños grupos de no más de 5 individuos y de aparente inestabilidad social. Las agrupaciones más frecuentes suelen tener lugar mientras desarrollan actividades tróficas en áreas de alta productividad.

Al igual que la ballena fin, es capaz de desplazarse a grandes velocidades alcanzando los 50 km en cortas distancias. Por dicho motivo esta ballena no pudo ser capturada por el hombre hasta la modernización de las flotas balleneras que utilizaban el arpón explosivo y buques con motores de alta potencia.

Ambos sexos maduran entre los 8 y 11 años, dependiendo de la región. En dicha etapa los ejemplares ya se encuentran cercanos a su talla máxima. La mayor actividad reproductiva de esta especie tiene lugar al alcanzar los 25 o 30 años de edad. Al igual que otras ballenas, la sei posee un ciclo reproductivo cada dos o tres años y un período de gestación de alrededor de un año. El cachorro nace generalmente a mediados del invierno y permanece lactando junto a su madre durante aproximadamente 6 a 7 meses, hasta alcanzar unos 8 metros de largo y cerca de 4 toneladas de peso. El destete suele tener lugar en altas latitudes, donde se encuentran las zonas de alimentación estival.

Contrariamente al resto de las ballenas Balaenopteridae, que se alimentan llenando su boca con grandes volúmenes de agua, la ballena sei frecuentemente emplea la técnica del filtrado, como suelen hacer las ballenas francas (Balaenidae). Probablemente en vinculación con este hábito, la ballena sei posee sus barbas muy próximas entre sí y los pliegues de su vientre resultan muy cortos, por lo cual ingresa menor volumen de agua en su boca que en las especies afines. Sus presas principales son pequeños integrantes del plancton tales como copépodos y *krill.* También puede intercalar en su dieta pequeños peces y calamares, que captura aplicando la técnica de llenar su boca con agua y luego dejarla salir a través de su barba y así capturar sus presas. El empleo de cada una de las dos técnicas alimentarias, según la presa, brinda a esta especie mayores posibilidades tróficas que a otras. Las áreas de alimentación si bien se sabe que están en altas latitudes, no suelen estar perfectamente definidas como para otras ballenas y parece que además pueden variar a lo largo del tiempo.

Distribución geográfica

Es una especie cosmopolita que se encuentra en todos los mares del mundo, desde áreas subtropicales hasta las altas latitudes subárticas y subantárticas. Si bien no se trata de una especie frecuente en aguas antárticas, algunos ejemplares adultos pueden adentrarse en dichas zonas, especialmente a mediados y fines del verano. La mayor parte de los ejemplares de esta especie suelen encontrarse en aguas templadas y algunos incluso en aguas subtropicales. Realiza desplazamientos estacionales hacia las altas latitudes en verano y hacia las bajas en el invierno, al igual que la mayor parte de las ballenas, por lo cual llega a cubrir miles de kilómetros durante dicha migración. A diferencia de otras especies, la ballena sei muestra variaciones en sus áreas de concentración con el tiempo, porque pueden desaparecer de muchas regiones durante largos períodos.

Los buceos que realiza esta especie duran alrededor de 20 minutos y raramente superan los 300 metros de profundidad. Casi nunca sacan completamente la cola fuera del agua antes de una inmersión prolongada como suelen hacer otras ballenas. También producen vocalizaciones de baja frecuencia, que se transmiten en el medio acuático a largas distancias.

Es una especie que muy ocasionalmente se vara en la costa, por lo cual la mayor parte de los ejemplares estudiados han provenido de la industria ballenera.

Por el estudio del tapón de cera que se forma en el oído externo, se ha podido determinar que la ballena sei puede vivir más de 50 años.

Estatus y conservación

La explotación de esta especie tuvo lugar después que las poblaciones de ballena franca, gris, jorobada, azul y fin se agotaran. Si bien casi todas ocupaban regiones semejantes, la ballena sei no constituía un objetivo de la actividad ballenera, dado que el rendimiento en aceite era menor en esta ballena que en las dos últimas especies mencionadas. Por otra parte, su gran velocidad de desplazamiento tampoco resultaba fácil para la actividad ballenera. Una vez iniciada la captura de ballena sei, en pocos años las poblaciones fueron altamente afectadas. Se supone que hasta fines del siglo XX se habían cazado alrededor de 200.000 ejemplares, de las cuales casi la mitad serían del hemisferio sur, aunque esta cifra puede no ser totalmente exacta, dado que durante mucho tiempo la ballena sei fue confundida con las ballenas de Bryde y fin.

Afortunadamente la recuperación de esta especie ha sido mucho mejor que lo observado en otras ballenas sobreexplotadas. Actualmente las poblaciones del hemisferio norte son abundantes y tal vez semejantes a su densidad histórica; sin embargo, en el hemisferio sur la poblaciones se recuperan más lentamente y no se cuenta con evaluaciones actualizadas.

Esta especie está protegida internacionalmente; la UICN la considera una especie en peligro, lo que indica que se halla en un estado anterior al peligro crítico pero encara un riesgo muy alto de extinción en el futuro cercano. CITES la tiene incorporada en su Apéndice I. El Libro Rojo de Argentina (SAREM) la considera vulnerable (VU), lo que indica que si bien no está en ninguna categoría de peligro, enfrenta sin embargo un alto riesgo de extinción. Para este caso también es válido lo comentado para la UICN.

Al emerger, la ballena sei expone simultáneamente la aleta dorsal y los orificios respiratorios.

Foto: Jorge Mermoz

Ballena de Bryde (Rorcual Tropical)

Balaenoptera edeni Anderson, 1878 **Bryde's Whale**

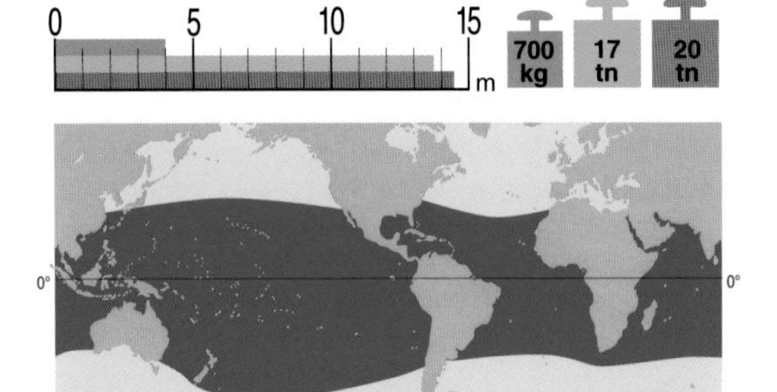

CLAVE PARA SU IDENTIFICACIÓN

- Ballenas de cuerpo estilizado que no superan los 16 metros de largo.
- Pliegues en la garganta (40 a 70) que se extienden hasta el ombligo.
- Coloración general del dorso gris oscura y ventralmente gris clara o blanca.
- Cabeza con tres crestas longitudinales dorsales.
- Aleta dorsal relativamente grande, erguida y falcada (al emerger se observa simultáneamente con el orificio respiratorio).
- Aletas pectorales relativamente pequeñas y aguzadas.
- Para bucear arquea su espalda pero no saca la cola del agua.

El esqueleto del ejemplar tipo fue colectado por el mayor A. Duff en Burma y descripto en 1878 por J. Anderson, director del Museo de Ciencias Naturales de Calcuta (India). Hasta 1912 no volvió a saberse de esta especie, hasta que el zoólogo noruego Olsen describe un rorcual del hemisferio sur que llamó *Balaenoptera brydei* en honor a J. Bryde, cónsul noruego en Sudáfrica.

En 1957 también se registra esta ballena en aguas de Japón, llegándose a la conclusión de que todas pertenecían a la especie *Balaenoptera edeni.*

Sin embargo, el nombre vulgar de esta ballena está inspirado en el nombre científico con que Olsen bautizó al material con que trabajó (*B. brydei*), pero que actualmente es un sinónimo de *Balaenoptera edeni.*

El género *Balaenoptera* deriva del latín *balaena* (=ballena) y del griego *pteron* (= ala o aleta); *edeni* fue en honor a sir Ashley Eden, comisionado en Burma.

Características generales

Su cuerpo es estilizado. La longitud máxima registrada para esta especie es de 15,60 m y un peso máximo de 26 toneladas, para el caso de las hembras. Los ejemplares machos son un poco más pequeños que estas últimas. Al nacimiento los ballenatos miden 4 m de largo y un peso de alrededor de 700 kg.

La cabeza está adornada dorsalmente con tres crestas longitudinales, una central desde el orificio respiratorio hasta casi el extremo del rostro, y dos laterales, un poco en ángulo hacia el extremo de la cresta central. Esta característica la diferencia claramente de la ballena sei (*Balaenoptera borealis*) y fin (*Balaenoptera physalus*), con las que puede confundirse.

En los últimos años se ha descubierto una forma pigmea de la ballena de Bryde, que algunos autores estiman como una nueva especie.

La ballena Bryde presenta entre 40 y 60 pliegues ventrales del extremo de la quijada inferior al ombligo.

La coloración general del cuerpo es gris oscura con el vientre blanco o a veces levemente rosado. Desde el vientre, a la altura de la aleta dorsal, se extiende una pincelada más clara en dirección al flanco. En diversas partes pueden verse motas más claras que no serían otra cosa que las cicatrices producidas por tiburones ectoparásitos *Isistius* spp. de zonas tropicales.

La aleta dorsal se inserta al inicio del tercio posterior del cuerpo; es erguida y claramente falcada. El pedúnculo caudal está comprimido lateralmente y las aletas pectorales son pequeñas y aguzadas.

Las barbas son de 250 a 370 pares de laminillas de color gris, con bandas más claras.

La altura del resoplido o "surtidor" es variable y muchas veces exhalan el aire antes de emerger. En

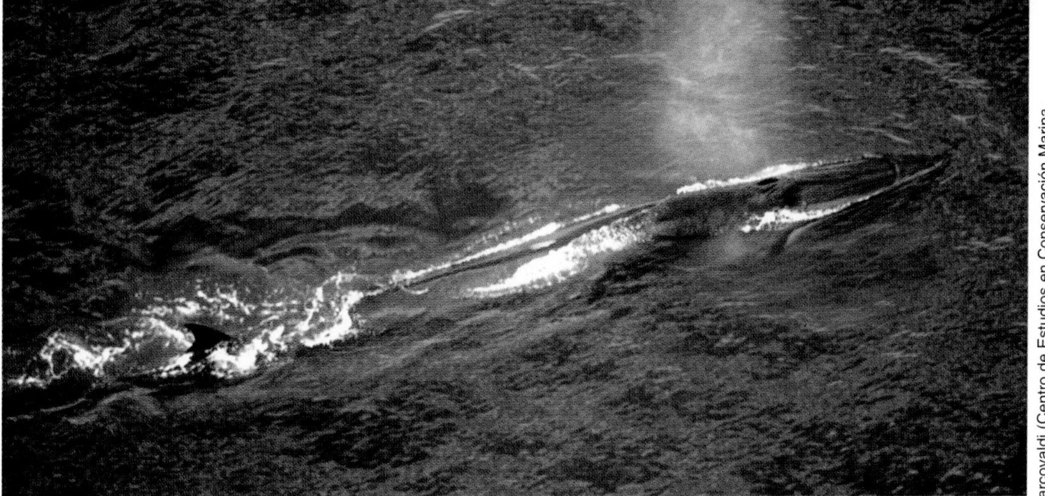

Vista aérea de un ejemplar de ballena de Bryde efectuando una exhalación.

general, el resoplido no supera los 3-4 metros de alto y está levemente dirigido hacia adelante. Al emerger, la cabeza y el resoplido aparecen antes que la aleta dorsal.

Biología y ecología

La mayor parte de los avistajes corresponden a ejemplares solitarios o pequeños grupos, que muestran una organización social poco estrecha. Las agregaciones mayores de esta especie suelen darse en áreas de alimentación. Muy ocasionalmente vara en la costa.

Existirían dentro de esta especie dos formas: una costera y otra oceánica. Se diferencian por sus hábitos alimentarios y reproductivos, si bien el sistema de apareamiento es totalmente desconocido. La forma costera de la ballena Bryde de Sudáfrica presenta una característica única por carecer de una estación reproductiva definida; se aparea y cría todo el año. Ello hace que su alimentación sea continua y procure sus presas en el mismo ambiente tropical donde vive todo el año. En cambio, la forma oceánica y también la forma pigmea, descubierta hace pocos años, se reproducirían estacionalmente al final del otoño y del invierno; las hembras podrían tener cría cada dos años luego de una gestación de casi un año.

También presentarían ciertas migraciones estacionales –de poca extensión– de norte a sur.

Los ejemplares machos maduran sexualmente entre los 8 y 11 años de edad, cuando alcanzan unos 12 m de largo. Las hembras suelen hacerlo a edad semejante, pero la talla es un poco mayor .

La lactancia suele ser más breve que en otras ballenas, y el destete probablemente ocurre a los 6 meses del nacimiento, cuando el cachorro mide alrededor de 7 metros de largo y pesa unas 2,5 toneladas.

La alimentación de la ballena Bryde se basa en pequeños peces pelágicos y crustáceos planctónicos.

Las inmersiones que realizan generalmente suelen ser breves y poco profundas, sin superar los dos minutos pero hay buceos de 10 minutos.

La velocidad de crucero, que oscila entre 3,5 y 13 km/h puede llegar ocasionalmente hasta 45 km/h.

Se calcula que la longevidad máxima de esta ballena puede estar alrededor de los 50 años.

Distribución geográfica

Es el único rorcual que habita en forma exclusiva las aguas tropicales y templadas por encima de los 20° C. Raramente excede su distribución los 35° de latitud N y S, con tendencia a distribuirse en las escasas zonas de alta productividad, tropicales y subtropicales.

La ballena Bryde ingresó recientemente a la lista faunística de la Argentina en base a un varamiento ocasional en las costas de la provincia de Buenos Aires.

Estatus y conservación

La explotación inicial de esta especie coincide con la de la ballena sei, ya que en los comienzos de la actividad ballenera no se las podía diferenciar; por ende, no existe estadística precisa de dicho período. Cuando ambas especies fueron reconocidas desde la década del 60, pudo definirse que su explotación no podía ser sustentable y sus capturas fueron reduciéndose. La ballena Bryde fue explotada hasta la década del 80 y protegida desde la moratoria establecida por la Comisión Ballenera Internacional.

En la actualidad esta especie es una de las pocas grandes ballenas que no está considerada en peligro, sin impactos importantes a nivel poblacional.

Las poblaciones de ballena Bryde están cerca de sus niveles históricos. En el hemisferio sur habría unos 30.000 ejemplares, y 60.000 en el norte.

La UICN considera a la ballena Bryde especie insuficientemente conocida, CITES la incluye en su Apéndice I. El Libro Rojo de Argentina (SAREM) la considera especie de preocupación menor (LC).

Ballena Minke Antártica (Rorcual menor antártico)

Balaenoptera bonaerensis Burmeister, 1867 **Antarctic Minke Whale**

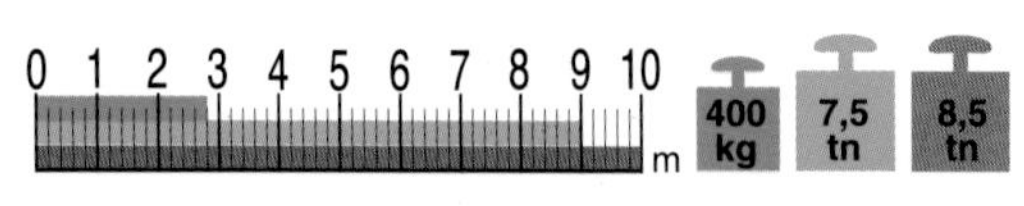

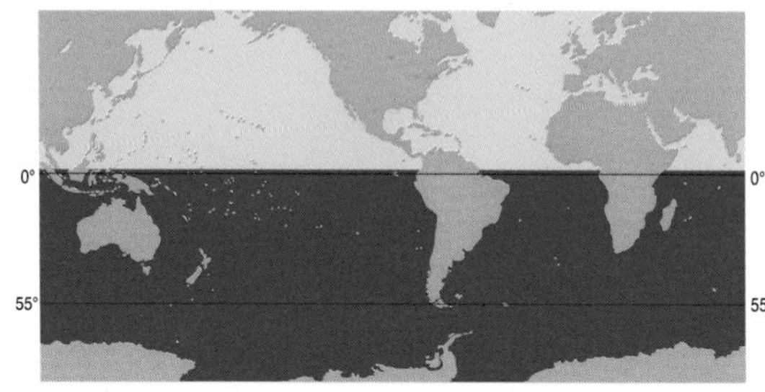

CLAVE PARA SU IDENTIFICACIÓN

- Ballenas de cuerpo pequeño y estilizado que no superan los 11 metros de largo.
- Coloración general gris oscura dorsalmente y blanca ventralmente; en ejemplares jóvenes la coloración es gris clara.
- Pliegues de la garganta (22-38) llegan casi hasta el ombligo.
- Cabeza triangular y puntiaguda con una única cresta longitudinal dorsal.
- Laminillas de las barbas (200-300 pares) de coloración asimétrica entre el lado derecho e izquierdo.
- Resoplido casi nunca visible.
- No saca la cola del agua antes de bucear.

El nombre común de ballena minke deriva del término noruego *minkehval* con el que los antiguos balleneros de dicho país designaban a esta especie.

La taxonomía de la ballena minke ha constituido un problema para los científicos y –consecuentemente– un serio inconveniente para posibilitar un manejo racional de este recurso. Hasta hace poco tiempo se suponía que la ballena minke pertenecía a una única especie cosmopolita, distribuida a todo lo largo de ambos hemisferios. Afortunadamente en los últimos años el panorama se ha aclarado notablemente, llegándose a la conclusión de que la forma de ballena minke original (*Balaenoptera acutorostrata*), que describió el naturalista francés Lacépède en 1804, solamente se distribuye en el hemisferio norte. La ballena minke, que resulta tan abundante en la Antártida, pertenece a otra especie. El ejemplar original de esta ballena fue encontrado en las costas argentinas por el naturalista del Museo de Ciencias Naturales de Buenos Aires, profesor Germán Burmeister. La describe en 1867 y le otorga el nombre científico de *Balaenoptera bonaerensis*. El género *Balaenoptera* deriva del latín *balaena* (=ballena) y del griego *pteron* (=ala o aleta); el segundo término *bonaerensis* hace referencia a que el ejemplar original fue encontrado en las costas de la provincia de Buenos Aires.

Sin embargo esta nueva especie no fue reconocida como tal por gran parte de los científicos del mundo hasta hace muy poco tiempo, cuando a través de estudios genéticos se confirmaron tales diferencias, por eso en la presente guía se analizan ambas formas de ballena minke.

El panorama sobre la identidad de estas ballenas se complicó aun más cuando en 1985 se describe una forma enana de ballena minke para las costas de Sudáfrica y que también estaba presente en Australia y en el Atlántico sudoccidental. Estudios posteriores determinaron que esta forma enana, que se distribuye a lo largo de los océanos australes, estaba más emparentada con la minke del norte que con la minke antártica y por ello se la incluye en la siguiente ficha como una subespecie de *B. acutorostrata*.

Características generales

Constituye uno de los balaenoptéridos o rorcuales más pequeños, de ahí su nombre de rorcual menor.

Foto: Fundación Mundo Marino

Ejemplar juvenil de ballena minke antártica, varada en la Bahía Samborombón, antes de ser rehabilitada.

La talla máxima de la ballena minke antártica registrada hasta el presente es de casi 11 metros y corresponde a un ejemplar hembra con un peso cercano a las 10 toneladas; los ejemplares machos no superan los 10 metros de largo. Al nacimiento esta ballena tiene un largo de poco menos de 3 metros y alcanza un peso de aproximadamente 400 kilos.

La cabeza se caracteriza por ser muy puntiaguda y vista dorsalmente presenta forma de letra V, con una cresta que se extiende desde el orificio respiratorio hasta el extremo del rostro.

La aleta dorsal es claramente falcada, de regular tamaño y ubicada en el tercio posterior del cuerpo. Al emerger la ballena a superficie, el orificio respiratorio aparece simultáneamente con la aleta dorsal.

Los pliegues ventrales en número de 23 a 38 se extienden desde la garganta hasta aproximadamente el ombligo.

Las barbas que cuelgan de la quijada superior están formadas por 200 a 300 pares de laminillas. La coloración de estas últimas es asimétrica, pues varía el número de barbas de color blanco del lado derecho con relación al izquierdo, siendo mayor en el primero. El resto de las barbas son generalmente de color gris oscuro.

Las aletas pectorales son más bien pequeñas, de color gris claro, forma alargada y extremo puntiagudo.

La coloración general del cuerpo es gris oscura a negra dorsalmente y gris clara o blanca ventralmente. Suelen presentar también, sobre el dorso y hasta la altura de la pectoral, algunas pinceladas formando una especie de semicírculos de color gris más claro. Por detrás de la pectoral suelen ascender desde el vientre algunas pinceladas de color gris claro. Los ejemplares jóvenes, como los que frecuentemente se varan en la costa de la Bahía Samborombón (provincia de Buenos Aires), suelen ser de color gris claro.

La caja craneana junto con el rostro configuran un cráneo perfectamente triangular, que se diferencia claramente del resto de las grandes ballenas.

Biología y ecología

Al igual que ocurre en otras ballenas, poco se sabe de su estructura social. Se las puede avistar en forma solitaria o formando pequeños grupos de alrededor de cuatro individuos. Sin embargo, pueden observarse también concentraciones de cientos de individuos cuando se congregan en las zonas de alimentación estival, pero sin aparente vinculación social. Se sabe que en esta especie los individuos pueden segregarse por clase de edad, sexo y estado reproductivo, tanto en el área antártica como durante sus migraciones.

Su aparición en superficie suele ser muy rápida y su resoplido tiende a ser difuso y generalmente ni siquiera es detectado por el observador. Antes del buceo no levanta la cola fuera del agua y puede permanecer sumergida por períodos de hasta 20 minutos.

Es una especie veloz en su desplazamiento (24-30 km/h) y uno de los pocos rorcuales que ocasionalmente pueden saltar fuera del agua (*breaching*). También suele ser el que con mayor frecuencia se acerca a las embarcaciones que permanecen estáticas o que se desplazan a baja velocidad.

Como otros rorcuales, también realiza vocalizaciones que, en esta especie, muestra una amplia gama de frecuencias.

Las hembras comienzan a madurar sexualmente al alcanzar poco menos de 8 metros de largo y a una edad de aproximadamente 7 años; los ejemplares machos suelen ser un poco más tardíos en su maduración. El período de cría y apareamiento tiene lugar en el invierno y la primavera, dependiendo de las poblaciones. La gestación dura alrededor de 10 meses y los nacimientos tienen lugar durante el otoño y el invierno. La lactancia puede extenderse por más de medio año y las crías son destetadas en las zonas australes de alimentación. Las hembras adultas tendrían una cría cada dos años aproximadamente.

Las zonas de alimentación estival se encuentran en sectores subantárticos y antárticos de todo el hemisferio sur. En dichas zonas se alimentan casi exclusivamente de *krill* con el mecanismo típico de esta familia, que consiste en engullir grandes volúmenes de agua junto con sus presas y luego expulsar el agua capturando las presas entre sus barbas. Durante el resto del año migran miles de kilómetros hacia zonas subtropicales y tropicales donde se reproducen y crían a sus cachorros.

Si bien la orca (*Orcinus orca*) constituye un predador frecuente de las ballenas, probablemente la minke constituya su presa más frecuente en virtud de su pequeño tamaño y su débil estructura social. Se han encontrado restos de esta ballena en más del 30% de los ejemplares de orcas antárticas estudiadas para definir su régimen de alimentación estival. Con cierta frecuencia, pueden observarse ataques a minkes por parte de las orcas en zonas subantárticas, como el caso de la costa de Tierra del Fuego y otras islas alrededor del polo. Durante la permanencia de las minke en zonas tropicales, los grandes tiburones suelen predar las crías y, con menor frecuencia, los adultos.

Distribución geográfica

Presentan una clara distribución circumpolar en el hemisferio sur. En el verano se las encuentra en la Antártida y hasta el borde de los grandes hielos y también en aguas oceánicas abiertas. Hacia fines del verano migran hacia el norte y se encuentran principalmente entre los 5 y 35° de latitud sur.

Se supone que algunos grupos de esta especie podrían residir permanentemente en zonas tropicales y subtropicales. En campañas realizadas sobre el Mar Argentino (diciembre 1981) pudo avistarse a esta especie en la zona costera al norte del golfo San Jorge y mayormente hacia el sur del banco Burwood (al sur de los 55° S), lo que indica que a esa fecha la mayor parte de los ejemplares ya han arribado a las zonas de alimentación subantártica y antártica.

Estatus y conservación

La explotación comercial de esta especie es relativamente reciente ya que fue iniciada durante las últimas décadas del siglo XX y una vez que se agotaron los *stocks* de las grandes especies de ballenas. Su caza, por otra parte, encerraba diversos tipos de inconvenientes, tales como su rápido desplazamiento, su pequeño tamaño y la acción destructiva de los arpones con cabeza explosiva sobre la valiosa carne utilizada para consumo humano. Pese a estos inconvenientes a finales del siglo XX fue la especie más ampliamente capturada y se calcula que se llegaron a cazar alrededor de 100.000 ejemplares de ballena minke antártica.

Desde la moratoria ballenera, establecida por la Comisión Ballenera Internacional (CBI) a partir de 1986, se suspendió la captura masiva de esta especie, permitiéndose –en cambio– la caza de algunos cientos de ejemplares anualmente bajo el rubro de "caza científica". Esta captura estuvo siempre a cargo de Japón y bajo el control de la CBI, como parte de las campañas científicas de evaluación ballenera internacional en el área antártica. Dichas campañas son fundamentalmente financiadas por el Japón, motivo por el cual dicho país luego comercializa la captura bajo estrictos controles de CITES. Pese a que esta situación ha sido avalada por la CBI y la mayor parte de los países miembro que la forman, han suscitado numerosos conflictos entre diversas organizaciones, en su mayoría no gubernamentales.

Se estima que la población actual de ballena minke antártica asciende a varios centenares de miles de individuos; según algunos autores, entre 300.000 y 400.000 ejemplares. Estos valores se ubican por encima de los valores históricos poblacionales previos a la caza comercial y probablemente como consecuencia de que las ballenas minke fueron ocupando el espacio y los recursos dejados por las grandes ballenas.

Como ya se mencionara, CITES autoriza y controla la comercialización de algunos cientos de ejemplares anuales, mientras que la UICN la considera una especie insuficientemente conocida. El Libro Rojo de la Argentina (SAREM) la considera especie de preocupación menor (LC), si bien la cita erróneamente como *Balaenoptera acutorostrata.*

Detalle de la cabeza donde se observa claramente la cresta central, y en el extremo los poros de pelos vestigiales.

Foto: Fundación Mundo Marino

Ballena Minke Enana

Balaenoptera acutorostrata subespecie no descripta **Dwarf Minke Whale**

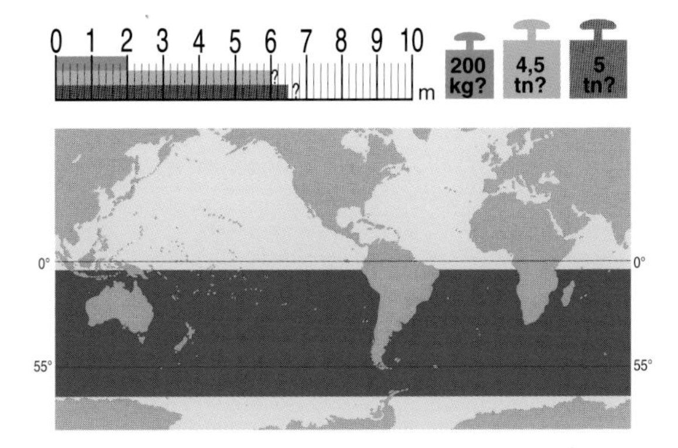

Como ya se explicó en la ficha anterior, la posición más actualizada con respecto a las tres formas de ballena minke es considerar la existencia de dos especies de ballena minke: una del hemisferio norte (*Balaenoptera acutorostrata*) y una especie antártica (*B. bonaerensis*), y a la forma enana considerarla como una subespecie de la primera. Sin embargo, hasta el presente, no existe una descripción formal de esta nueva subespecie de ballena minke ni tampoco se le ha asignado aún un nombre científico subespecífico, si bien algunos autores –indirectamente– han sugerido la designación de *B. acustorostrata acutorostrata.*

CLAVE PARA SU IDENTIFICACIÓN

- Ballena de cuerpo pequeño y estilizado que no supera los 8 metros de largo.
- Coloración general gris oscura dorsalmente y blanca o crema ventralmente.
- Pliegues de la garganta llegan casi hasta el ombligo.
- Cabeza triangular y puntiaguda con una única cresta longitudinal dorsal.
- Laminillas de las barbas (200-300) de coloración simétrica.
- Aleta pectoral con una banda blanca brillante.
- Resoplido casi nunca visible.
- No saca la cola del agua antes de bucear.

Características generales

Todas las formas de ballena minke son externamente muy similares entre sí; comparten la característica de ser rorcuales de muy pequeño tamaño, siendo la forma enana la más pequeña de ellas, ya que no supera los 8 metros de largo, alcanzando un peso máximo de alrededor de 6,5 toneladas. Cuando nacen no superan los 2 metros y pesan alrededor de 250 kilogramos.

La cabeza de la minke enana también es aguzada y posee una única cresta dorsal, comparativamente es un poco más corta que la de la minke antártica y todo su cuerpo tal vez un poco más compacto que el de esta última.

La aleta dorsal es claramente falcada, de posición un poco más anterior que la de la minke antártica. Al emerger a superficie, el orificio respiratorio aparece simultáneamente con la aleta dorsal, característica ésta común a todas ellas.

Los pliegues ventrales se extienden desde la garganta hasta aproximadamente el ombligo.

Las barbas que cuelgan de la quijada superior están formadas por 200 a 300 pares de laminillas; son casi

Foto: Peter Ron

Ejemplar de ballena minke enana, exhibiendo claramente la mancha blanca de la aleta pectoral y su área blanca cercana a la base.

completamente blancas con un fino borde negro sobre algunas de las laminillas y la coloración es simétrica.

La coloración de las aletas pectorales constituye uno de los elementos principales para una clara diferenciación con la especie antártica, pues la primera presenta una banda de color blanco brillante que suele extenderse a manera de una clara pincelada grisácea por el flanco del cuerpo.

La coloración general del cuerpo es gris oscura o negra dorsalmente y blanca o color crema en la parte ventral y parte de los flancos. Mientras que los cachorros al nacer son un poco más claros.

Biología y ecología

Sin duda alguna se trata del rorcual sobre el cual existe menos información por haber sido confundido durante muchos años con la minke antártica. Su comportamiento social es semejante al de otros rorcuales, formando grupos poco numerosos y lazos efímeros entre los individuos.

Se ignora si la forma enana se segrega por grupos de sexo o edad como sucede con la minke antártica. Tampoco se sabe si existen claras diferencias en su comportamiento general.

Prácticamente nada se sabe sobre su maduración sexual y reproducción. Se supone que la gestación dura alrededor de 10 meses con pariciones anuales o bianuales, teniendo lugar los nacimientos principalmente durante el invierno.

Su alimentación se basaría principalmente en el *krill* y cardúmenes de pequeños peces pelágicos; también constituye una de las presas más frecuentes en la dieta de las orcas (*Orcinus orca*).

Distribución geográfica

La ballena minke enana se distribuye exclusivamente en el hemisferio sur y principalmente en zonas templadas y subantárticas hasta los 65° S, pero nunca se la encuentra en la zona cercana al *pack* de hielo donde suelen concentrarse las minke antárticas.

Los primeros registros de la forma enana estuvieron circunscriptos a Sudáfrica pero casi simultáneamente se la registró también en Australia y en casi todo el Atlántico sudoccidental.

Muchos de los varamientos de ballena minke enana en las costas de Argentina pueden haber sido confundidos con la especie antártica. Sin embargo, existen algunos registros fehacientes de esta subespecie pudiéndose citar los 2 varamientos de ejemplares juveniles acaecidos en las playas de Mar del Plata en julio de 1977 y enero de 1985.

Estatus y conservación

Dado que muy recientemente la forma enana de ballena minke ha sido considerada como una verdadera subespecie, no existe información suficiente como para hacer una evaluación de su estatus. Debe recordarse que hasta hace muy poco las flotas balleneras las confundían con la ballena minke antártica, por lo cual no existe ni siquiera un registro del número de ejemplares capturados en dicha zona. Se supone, sin embargo, que esta forma enana resulta abundante a lo largo de toda su área de distribución.

En la estación ballenera costera de Costinha (norte de Brasil) seguramente varios ejemplares de esta subespecie han sido cazados junto con la forma antártica.

Por todo lo expuesto, no existe hasta el presente un reconocimiento de su estatus tanto por parte de la CITES como de la UICN, no estando incluida tampoco como subespecie en el Libro Rojo de Argentina (SAREM). La cita de dicho libro donde se registra la especie *Balaenoptera acutorostrata* corresponde –en realidad– a la minke antártica (*Balaenoptera bonaerensis*).

Ballena Jorobada o Yubarta

Megaptera novaeangliae (Borowski, 1781) **Humpback Whale**

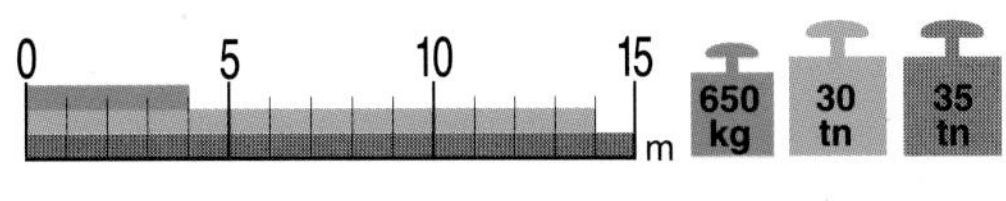

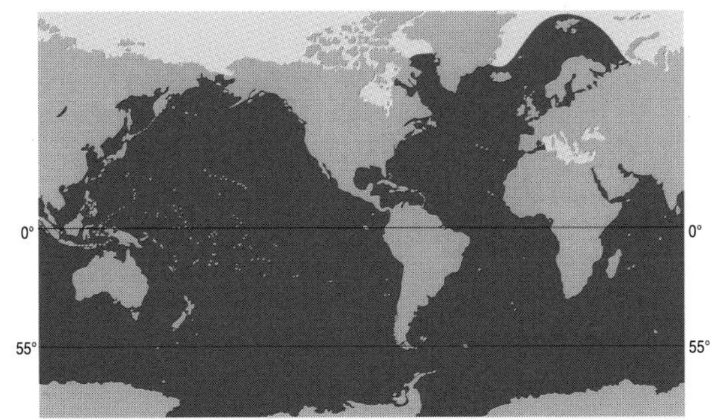

CLAVE PARA SU IDENTIFICACIÓN

- Cuerpo robusto y voluminoso, no superando los 18 metros de largo.
- Aleta dorsal pequeñísima, de forma variable.
- Aletas pectorales enormes en forma de remos (25-35% largo corporal).
- Coloración general del cuerpo gris oscura o negra, con vientre blanco o manchas irregulares.
- Protuberancias en cabeza, quijada inferior y aletas pectorales.
- Joroba anterior a la aleta dorsal al curvar el cuerpo.
- Borde posterior de la aleta caudal aserrado.
- Cara ventral de la aleta caudal con distintos patrones de coloración clara.
- Pliegues ventrales anchos, se extienden desde el extremo de la mandíbula hasta el ombligo.
- Suele exponer la cola en superficie antes de bucear.
- Resoplido relativamente bajo, nunca supera los 3 m.

En 1756, el naturalista Brisson encuentra en las costas de Nueva Inglaterra un animal parecido al descripto en varias leyendas marineras. En base a referencias muy imprecisas, el naturalista alemán George Heinrich Borowski le otorga el nombre científico de *Balaena novaeangliae.*

Finalmente, a mediados del siglo XIX una extraña ballena es encontrada en la desembocadura del río Elba (Alemania) y descripta por el naturalista británico J. E. Gray, quien la designa como *Megaptera longipinna* por su larga aleta pectoral. En 1932 Remington Kellog descubre que el animal designado por Borowski como *Balaena novaeangliae* se trataba del mismo encontrado por Gray, y así ese extraño animal, legendario entre los antiguos marinos, tomaba forma e identidad concretas y nombre científico definitivo: *Megaptera novaeangliae,* conocido comúnmente como ballena jorobada o ballena yubarta.

El género *Megaptera* deriva del griego *mega* (= grande) y *pteron* (= ala o aleta). El segundo término del nombre científico hace referencia a Nueva Inglaterra, región de Estados Unidos donde era muy frecuente en aguas costeras la ballena jorobada. El nombre común "jorobada" se debe a una pequeña joroba o montículo en la zona anterior a la aleta dorsal, que se hace más evidente cuando arquean el cuerpo antes de sumergirse. Si bien existen diferencias en la coloración y tamaño corporal entre distintas poblaciones del mundo, se reconoce como una única especie cosmopolita.

Características generales

La ballena jorobada es una de las especies más conocidas y claramente identificable. Sus enormes aletas pectorales, que pueden medir hasta un tercio de su cuerpo, y su tendencia a realizar saltos y golpes de aleta la hacen una de las ballenas más conocidas. Grandes protuberancias en la cabeza y en el borde anterior de sus aletas pectorales le otorgan una fisonomía única. Gran cantidad de invertebrados, como los crustáceos cyámidos (o "piojos de las ballenas") y cirripedios (o "dientes de perro") tapizan buena parte de su superficie cefálica.

Por tratarse de una especie de la familia Balaenopteriidae, posee entre 14 y 35 surcos muy anchos desde el extremo de la quijada inferior hasta el ombligo.

Su boca es muy amplia y cuelgan de su quijada superior fuertes barbas generalmente oscuras y de unos 80 cm de largo, que van de 250 a 400 pares.

Las ballenas jorobadas miden entre 14 y 16 metros de largo, aunque se han registrado tallas mayores a los 17 metros en Nueva Zelanda y California. Las hembras son aproximadamente 1 a 1,50 metro más largas que los machos. Aparte de sus órganos genitales, los sexos únicamente pueden ser diferenciados en las hembras por una protuberancia esférica que se encuentra en la zona posterior a su abertura genital.

La coloración en *Megaptera novaeangliae* es dorsalmente negra o gris oscura en todos los ejemplares, mientras que el color ventral es muy variable; sus patrones van desde el vientre casi completamente blanco a negro, con estadios intermedios con manchas blancas o gris claro de forma y tamaños muy variables. En algunas poblaciones las áreas ventrales blancas también suelen extenderse por los flancos. La superficie ventral de la cola presenta un diseño de gran variación individual, por lo que junto con el patrón de aserramiento de su borde posterior es utilizado para identificar individualmente a las ballenas jorobadas de todo el mundo. Sobre este tema existen importantes catálogos identificatorios de uso irrestricto por parte de los científicos y aficionados. Las aletas pectorales son generalmente blancas en su parte ventral o interior, pero pueden variar de negro a blanco en su superficie exterior. En las ballenas jorobadas del Atlántico norte y del hemisferio sur esta zona es generalmente blanca; en las del Pacífico norte tienden a ser negras.

El cráneo es grande y fuerte, presenta una estructura típica de los balaenoptéridos o rorcuales. Su rostro es largo y la caja craneana sobresale lateralmente de la base del triangulo que configura su rostro. El cráneo presenta ciertas similitudes con el de la ballena fin (*Balaenoptera physalus*).

Biología y ecología

Es una de las especies de ballenas con mayor comportamiento aéreo. Saltos o *breaching,* golpes de cola y aletas o exposiciones áereas de cola figuran entre sus comportamientos más frecuentes.

Otra de las características excluyentes son sus hábitos migratorios. Probablemente sea el mamífero que recorre más distancias, pues sus viajes suelen superar los 8.000 kilómetros. Durante primavera, verano y otoño se alimenta en regiones frías, para migrar en el invierno a reproducirse en islas o sistemas de arrecifes tropicales o subtropicales. Datos de antiguas capturas

Ejemplar adulto de ballena jorobada, alimentándose en aguas antárticas y expandiendo sus pliegues ventrales.

Foto: Ignacio Moreno. Projeto Baleias-PROANTAR

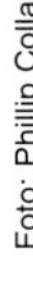

Imagen subacuática de madre y cachorro en área tropical de reproducción y crianza.

sugieren que las hembras que amamantan serían las primeras en partir de las áreas de alimentación, seguidas por ejemplares inmaduros, machos maduros y finalmente hembras gestantes; el regreso de las áreas de reproducción podría seguir el orden inverso. Estudios genéticos sugieren que la fidelidad a un área de alimentación particular es heredada de madres a hijos. A pesar de las grandes distancias, no son nadadores rápidos: nunca superan los 30 km/h.

La estructura social es muy fluida y, salvo los grupos madre-cachorro, las agrupaciones son pequeñas e inestables. En verano hay asociaciones para la alimentación, debido a la estructura cambiante de los cardúmenes y para maximizar la utilización de los recursos.

La reproducción en las ballenas jorobadas es marcadamente estacional; en el hemisferio sur los nacimientos se concentran aproximadamente en agosto. La madurez sexual ocurre entre los 4 y 7 años en ambos sexos, cuando alcanzan tallas de entre 13 y 14 metros. Las hembras dan a luz en promedio cada 2 o 3 años; las crías al nacer miden alrededor de 4 metros de longitud. La lactancia dura un año, pero los cachorros comienzan a ingerir alimento sólido a los 6 meses. La longevidad se ha estimado entre 50 y 70 años.

El comportamiento reproductivo de las ballenas jorobadas se caracteriza por una actividad muy compleja de los machos. Se ha registrado, a diferencia de otras ballenas, una activa competencia física para excluir a otros machos del apareamiento. Grupos de hasta 20 machos ejecutan comportamientos agresivos y forman coaliciones para evitar que otros puedan fecundar a una o un grupo de hembras. Pero probablemente el comportamiento más complejo y que atrajo el interés de los científicos por años es el conocido como "canto de las ballenas". Machos solitarios ejecutan en el período reproductivo complejos sonidos para atraer a las hembras, que pueden durar horas e incluso días sin interrupción. Las canciones consisten en una serie de temas que cantan generalmente sin variaciones. Todas las ballenas de determinada población cantan una misma canción, y por ello han sido utilizadas para identificarlas. Las canciones pueden ser oídas a más de 10 km y cada año la "partitura" se va modificando.

La dieta de las ballenas jorobadas está compuesta tanto por especies del plancton, como por pequeños peces pelágicos que viven en densos cardúmenes. En el hemisferio sur, el *krill* (*Euphausia superba*) constituye un alimento esencial durante su estadía en aguas antárticas, mientras que en el hemisferio norte algunas especies de importancia comercial como arenques, sardinas y anchoas forman parte importante de su dieta. Las ballenas jorobadas presentan comportamientos complejos para atrapar su alimento. En casi todas las poblaciones se ha observado la utilización de "trampas de burbujas", principalmente empleadas para concentrar cardúmenes, ya sea en forma solitaria o cooperativa (grupos de hasta 12 ballenas). También, en algunos casos, pueden alimentarse de organismos del fondo marino. Los buceos, en general cortos, no suelen superar los 30 minutos. Se ha sugerido que los buceos para alimentación no pasan de 15 minutos, mientras que a los más largos se los asocia con descanso sumergido.

Distribución geográfica

La ballena jorobada es uno de los cetáceos de mayor distribución geográfica, ya que se la encuentra en todos los océanos y mares, con la única excepción del Mediterráneo donde prácticamente nunca se la observa. Es muy común avistarla en regiones costeras, si bien durante su migración también en aguas profundas. La mayoría de las áreas reproductivas están cercanas a los 20° de latitud en ambos hemisferios, aunque pueden extenderse a zonas ecuatoriales; las áreas de alimentación corresponden a regiones templado-frías y polares.

En la Antártida se diferenciaron cinco áreas de alimentación distinta, con gran intercambio de ejemplares. Al finalizar el verano, los ejemplares emprenden su migración a zonas costeras de Australia, Africa, Oceanía y Sudamérica para reproducirse. En el hemisferio norte las principales áreas de alimentación

Ejemplar con el vientre hacia arriba, mostrando sus largas aletas pectorales.

Foto: Eduardo Secchi. Projeto Baleias-PROANTAR

Cabeza de ballena jorobada adulta. Se observa la carena central, las protuberancias y organismos epibiontes.

Foto: Eduardo Secchi. Projeto Baleias-PROANTAR

están en Alaska, Mar de Bering, Groenlandia, Islandia y Noruega.

En el Atlántico sudoccidental el área reproductiva reconocida hasta el presente es el Banco de Abrolhos en Brasil (16°40'-19°30' S/ 37°25'-39°45' O), donde se concentran entre 1.500 y 2.000 ballenas jorobadas. En el hemisferio norte las principales áreas reproductivas, para el océano Pacífico son las costas de México, Japón y Hawaii; para el Atlántico, diversas áreas caribeñas (Silver Bank, Navidad Bank y Samana Bay).

En la Argentina los avistajes y varamientos de esta especie son escasos. Ejemplares solitarios han varado en el estuario del Río de la Plata, Península Valdés, Tierra del Fuego e Islas Malvinas. En las Islas Georgias del Sur era muy frecuente a principios del siglo XX.

Estatus y conservación

Dados sus hábitos costeros, muchas poblaciones han sido diezmadas por la caza. La explotación de ballenas jorobadas en el hemisferio sur ha pasado por diferentes etapas. Desde fines del siglo XIX y hasta 1915-1920, hubo importante actividad ballenera en áreas costeras de Sudáfrica, Australia, Nueva Zelanda, Islas Malvinas y Georgias del Sur. En estas islas fue una de las primeras especies, junto con la ballena franca austral, sobre la cual se enfocó inicialmente la caza. El desplazamiento lento facilitaba su captura y poseían un alto rendimiento de aceite. En dichas islas se cazaron desde 1904 hasta 1927 alrededor de 22.000 ejemplares de ballenas jorobadas. Gran parte de estas capturas fueron realizadas por la Compañía Argentina de Pesca S.A., la primera empresa en instalarse en el Puerto de Grytviken. En las islas Shetland del Sur entre 1911 y 1927 se capturaron más de 5.000 ejemplares de ballena jorobada, y en las Orcadas del Sur, entre 1923 y 1927 unos 700, en definitiva, los pocos que quedaban en esas islas subantárticas.

El inicio de la caza en aguas abiertas antárticas tuvo lugar desde 1915 como ampliación de los proyectos

Foto: Ignacio Moreno. Projeto Baleias-PROANTAR

La cara dorsal de la cola en la ballena jorobada es de color uniforme y semejante en todos los individuos.

en las Georgias del Sur. La actividad fue muy intensa y altamente productiva pues embarcaciones y técnicas de captura habían evolucionado notablemente.

Como consecuencia de esta actividad comercial, se estimó que cerca de 200.000 ballenas jorobadas fueron faenadas durante el siglo XX. Las actividades balleneras también se extendieron al Atlántico y Pacífico norte; cerca de 4.000 y 30.000 ballenas fueron capturadas en cada uno. A mediados del siglo XX se mantuvo por varios años el sistema de cuotas de captura, hasta que fue mundialmente protegida en 1966 por la Comisión Ballenera Internacional. Actualmente la caza es mínima y principalmente aborigen de subsistencia en el Caribe y en la costa oeste de Africa.

Estudios actuales sugieren una positiva recuperación de los *stocks,* tanto en el Atlántico norte (4-12% anual) como en el hemisferio sur (9-11% anual), sin evidencia concluyente para el Pacífico norte. El total de ballenas jorobadas en el hemisferio sur en épocas previas a la explotación se estimó en cerca de 100.000, mientras que ahora estaría cercano a los 20.000. En el hemisferio norte, de las más de 25.000 ballenas originales, estarían reducidas a menos de 18.000.

Los principales riesgos para las ballenas jorobadas son el enmalle accidental en redes de pesca, colisión con embarcaciones rápidas y contaminación acústica por exploración y explotación de recursos marinos. En años recientes hay una intensa actividad turística de avistamiento o *whale-watching* en Alaska, Nueva Inglaterra, Canadá, Australia, Caribe y Hawaii.

Megaptera novaeangliae está clasificada como vulnerable por la UICN, y listada en el Apéndice I de CITES. El Libro Rojo de Argentina (SAREM) la considera una especie vulnerable (VU).

La cara ventral de la cola presenta colores, diseños y estructuras diversas, que se utilizan para la identificación de ejemplares.

Foto: Eduardo Secchi. Projeto Baleias-PROANTAR

Cachalote

Physeter macrocephalus Linnaeus, 1758 **Sperm Whale**

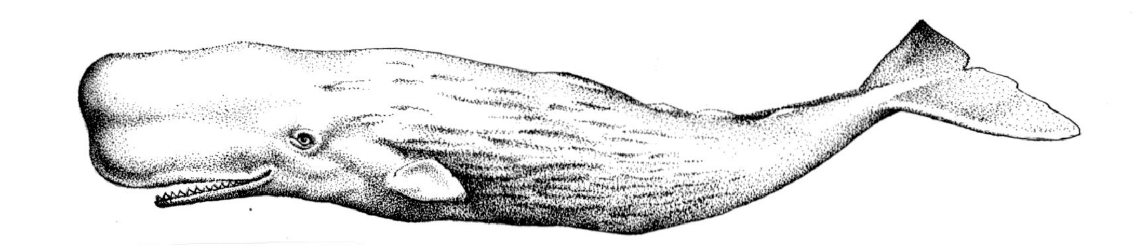

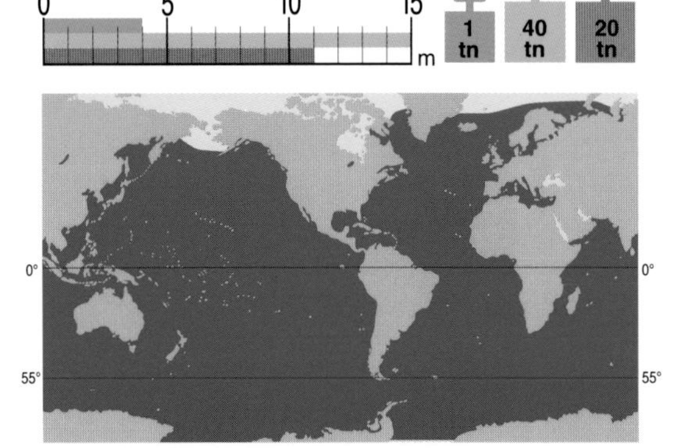

CLAVE PARA SU IDENTIFICACIÓN

- Cuerpo muy grande y robusto (máx. 19 m).
- Coloración gris oscura o parda.
- Cabeza subcuadrada, muy larga y voluminosa en machos adultos (1/3 o 1/4 del largo del cuerpo).
- Orificio respiratorio en el extremo de la cabeza y volteado hacia la izquierda.
- Ojos muy pequeños.
- La piel del cuerpo, por detrás del ojo, generalmente presenta arrugas.
- Aletas pectorales pequeñas y de extremos redondeados.
- Aleta caudal o cola triangular, con reborde posterior recto.
- Aleta dorsal de posición posterior, muy baja, ancha y redondeada; seguida por una serie de ondulaciones o protuberancias.
- Antes de bucear expone su pedúnculo caudal y cola.

El cachalote es un verdadero arquetipo de los grandes cetáceos y probablemente surgido como tal a partir de la famosa novela de Herman Melville "Moby Dick", inspirada en una historia real de un cachalote albino que muchas veces escapó de los balleneros de la flota norteamericana del siglo XIX.

Fue el naturalista Linnaeus o Linneo quien describe a este gigante de los mares en 1758 en la décima edición de su famosa obra "Sistema Naturae". En dicha oportunidad lo bautiza como *Physeter*, que proviene del griego y significa "soplador" o "torbellino", y *macrocephalus* también del griego *makros* (=largo o grande) y *kephale* (=cabeza), en virtud del gran desarrollo que tiene la cabeza en esta especie, particularmente en los ejemplares machos adultos.

Características generales

Se trata del más grande de los cetáceos con dientes (suborden Odontoceti). Su cuerpo puede alcanzar los 19 metros de largo en los machos adultos y pesar cerca de 60 toneladas. Las hembras, en cambio, suelen ser más pequeñas dado que nunca superan los 12 metros de largo y un peso máximo de 25 toneladas; por ello, y en base a otras características, puede decirse que en esta especie existe un dimorfismo sexual evidente. Al nacimiento los cachorros tienen unos 4 metros de largo y un peso de alrededor de 1 tonelada.

Una de las características más evidentes del cachalote es el tamaño desproporcionado de la cabeza que puede ser 1/3 o 1/4 del largo del cuerpo en los machos adultos. Su perfil es rectangular con una prominente frente o melón que da lugar al órgano del espermaceti que, básicamente, es un gran reservorio que contiene un aceite de altísima calidad llamado con ese nombre; el mismo actúa como un elemento de regulación de la flotabilidad de los cachalotes durante el bu-

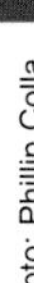

Imagen subacuática de un ejemplar adulto de cachalote, iniciando una inmersión en altamar.

ceo a grandes profundidades. Sus ojos, sin duda, resultan muy pequeños para tan grande cabeza. El orificio respiratorio está ubicado en la parte anterior de la cabeza y desviado hacia el lado izquierdo. Por lo cual su resoplido es muy característico pues está dirigido hacia delante y volteado hacia la izquierda.

Su cuerpo presenta una piel muy distinta al resto de los cetáceos, pues es sumamente rugosa, especialmente por detrás del ojo y hasta la cola.

Las aletas pectorales son muy pequeñas, cortas y con sus extremos redondeados. La aleta dorsal está insertada en la mitad posterior del cuerpo, es baja, pequeña, ancha y redondeada; a continuación sobre la línea del dorso, se desarrolla una serie de ondulaciones o protuberancias muy características y que pueden variar entre los individuos. La aleta caudal, inconfundible por su forma, es triangular con su reborde posterior recto.

La coloración del cuerpo es variable, algunos ejemplares son de una tonalidad gris oscura mientras que otros son de color pardo, de intensidad variable. El labio superior y la quijada inferior o mandíbula suelen ser blancos. En otras partes como el vientre, zona genital y flancos pueden aparecer manchas claras a manera de pinceladas. En aguas frías la piel suele ser colonizada por diatomeas que pueden otorgarle un color más verdoso o amarillento, pero cuando migran hacia aguas más cálidas estas algas microscópicas desaparecen.

El cráneo del cachalote es inconfundible no sólo por su gran tamaño sino también por poseer una base supracraneal semicircular que da cabida al órgano del *espermaceti*. La quijada superior carece de dientes, no obstante las encías presentan orificios para dar cabida a los dientes de la mandíbula, que es sumamente angosta. Los dientes oscilan entre 20 y 26 pares, son cónicos y de gran tamaño. Precisamente, con estos dientes, muy similares al marfil, los marinos balleneros realizaban grabados de diversos motivos; algunos verdaderas obras de arte que, actualmente, se cotizan a cifras altísimas en el mercado internacional de antigüedades.

Biología y ecología

Son animales con una estructura social muy particular y estrecha, que ha sido especialmente estudiada en los últimos años gracias al uso de sensores remotos satelitales, marcas naturales para la identificación de individuos y cientos de horas de buceo y filmaciones subacuáticas en distintos mares del mundo. Las hembras suelen formar grupos junto con sus crías y ejemplares juveniles de camadas anteriores. Vinculados a estos grupos durante la época reproductiva suelen estar presentes uno o más ejemplares machos adultos, si bien su presencia no es estable y se van vinculando con distintos grupos de hembras con la finalidad de realizar una copulación altamente diversificada. Por otra parte también existen grupos exclusivos de machos, ya sean subadultos o adultos que en épocas reproductivas interactúan con los grupos de hembras.

El tamaño de las manadas del cachalote suele ser variable. Existen avistajes de individuos solitarios que generalmente corresponden a machos adultos fuera del período reproductivo, como también registros de hasta varias decenas de individuos. Durante los períodos reproductivos los grupos suelen ser de mayor tamaño y alcanzan a cientos de individuos. Un registro excepcional señala uno de más de 3.000 ejemplares.

Foto: Fernanda F. C. Marques

Los cachalotes se caracterizan por tener su orificio respiratorio en el extremo de la cabeza y volteado hacia el lado izquierdo.

Esta organización social y la existencia de jerarquías dentro de los grupos es uno de los varios motivos que pueden condicionar los varamientos masivos de esta especie en varias partes del mundo, como los ocurridos en Argentina en las costas de Tierra del Fuego.

Las manadas se desplazan a velocidades que oscilan entre 5 y 30 km/hora y, contrariamente a otras especies de cetáceos, los cachalotes pueden permanecer estáticos en superficie bajo ciertas circunstancias. En estas ocasiones es cuando suelen interactuar socialmente entre los ejemplares y cuando entrenan a los cachorros para inmersiones someras y a los juveniles para inmersiones profundas.

Uno de los más llamativos atributos de esta especie es su gran habilidad para realizar buceos a grandes profundidades, que pueden superar los 3.000 metros y permanecer sin respirar por más de una hora. Las hembras por su parte suelen bucear a menor profundidad que los machos dado que casi nunca superan los 1.000 metros en sus inmersiones y presentan apneas de menor duración. Después de cada inmersión profunda y prolongada suele haber en los ejemplares un alto compromiso de oxígeno, por lo cual al emerger deben permanecer por bastante tiempo en superficie hiperventilando hasta la realización del próximo buceo profundo.

Las inmersiones a gran profundidad de los cachalotes están relacionadas con la captura de sus presas, principalmente calamares y, entre ellos, incluso aquellos gigantes que pueden superar los 12 metros de largo y que suelen dejar heridas en la piel de los cachalotes con sus fuertes ventosas armadas de un aro quitinoso y cortante. También incluyen entre sus presas diferentes especies de peces de tallas diversas, pero en la dieta éstos son menos importantes que los calamares, de los cuales se han reconocido más de 40 especies distintas y de los que el cachalote puede llegar a consumir alrededor de una tonelada diaria. Los picos de los calamares al acumularse en el estómago se rodean de una sustancia que facilita su circulación por el tracto digestivo, conocida como ámbar gris y de gran valor comercial por su empleo en la industria de los perfumes.

Los cachalotes, como el resto de los odontocetos, poseen un sistema de ecolocación que les resulta de gran utilidad para detectar a sus presas en la total oscuridad. Producen una amplia y variada gama de sonidos que se vincula con la organización social y con la identificación de los animales, o, dicho en otras palabras, una especie de firma sonora de cada individuo.

El ciclo reproductivo de esta especie resulta bastante complejo dado que las hembras invierten mucha energía y tiempo en la crianza de sus hijos, por lo cual las pariciones resultan muy espaciadas entre sí y nunca en menos de 4 o 5 años. El período de gestación excede ampliamente el año y la lactancia de las crías suele prolongarse durante varios años, si bien durante la segunda mitad la alimentación comienza a ser mixta. El período reproductivo ocurre en primavera-verano y la mayor parte de los nacimientos, en verano-otoño.

Debido a la longevidad de esta especie, las hembras recién maduran sexualmente a partir de los 20 años, mientras que los machos suelen hacerlo recién a partir de los 25 años. Muchos ejemplares, sin embargo, no logran reproducirse hasta alcanzar los 30 años por no haber logrado aún su madurez social. Este estilo en los hábitos reproductivos del cachalote puede tener lugar por tratarse de uno de los mamíferos marinos más longevos, capaces de superar los 80 años de vida.

Los machos adultos compiten entre sí para copular con las hembras y muchas veces se producen entre ellos profundas heridas que luego permanecen en el tiempo como cicatrices. Las áreas de reproducción tienen lugar en las regiones tropicales y subtropicales.

Los machos no permanecen dentro de los grupos de hembras pues migran de un grupo a otro.

Al igual que ocurre con otras especies de grandes cetáceos, los cachalotes presentan ectoparásitos conocidos comúnmente como "piojos", si bien en realidad son pequeños crustáceos anfípodos de la familia Cyamidae (*Cyamus catadontis* y *Neocyamus physeteris*).

Distribución geográfica

Los cachalotes se encuentran en todos los mares del mundo, desde el Ártico al Antártico, pero siempre en zonas libres de hielos. Sus áreas de máxima concentración corresponden a aguas oceánicas tropicales y subtropicales. Suelen vincularse con los cañones submarinos profundos y fuera del talud continental.

En algunos casos pueden encontrarse cerca de la costa en aquellas regiones donde el talud está muy cerca del continente, como es el caso de la costa chilena, peruana o en islas oceánicas, hecho que facilitó en el pasado el desarrollo de estaciones balleneras costeras.

Los machos adultos son los que más frecuentemente migran hacia latitudes altas, el resto se concentra en áreas tropicales y templadas.

Foto: Sergio Morón

Cachalote varado en la costa bonaerense.

Foto: Sergio Morón

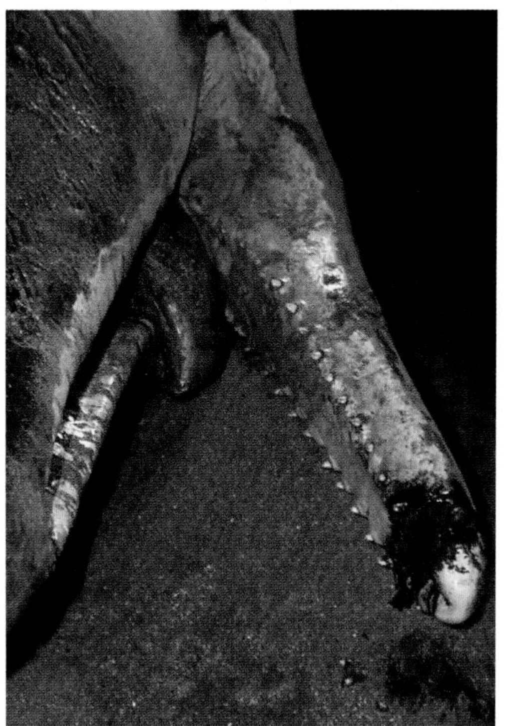

El cachalote posee una mandíbula muy estrecha sobre la cual porta sus grandes dientes.

En Argentina se ha registrado una importante área de concentración al norte de la provincia de Buenos Aires, sobre la isobata de 1.000 metros durante primavera-verano, con aguas superficiales de 17° a 20° C. También existen registros de varamientos en diferentes localidades de la provincia de Buenos Aires, Patagonia y Tierra del Fuego.

Estatus y conservación

La intensa actividad ballenera desde el inicio del siglo XIX produjo impactos poblacionales muy importantes en diversas regiones del mundo. La finalidad de las capturas estuvieron motivadas por el alto rendimiento de aceite, gracias a su gruesa capa de grasa sobre la cual se inspira el nombre inglés *Sperm Whale.* También el aceite del órgano del espermaceti resulta ser un lubricante único en toda la naturaleza y especial para usarse en equipos de alta precisión.

Dada la moratoria ballenera internacional vigente hasta el presente, el único riesgo para esta especie son algunas capturas incidentales en ciertas áreas pesqueras y choques con grandes embarcaciones oceánicas.

A principios de la década del 70 se registró el inusual ingreso de un ejemplar macho solitario al puerto de Mar del Plata y en el verano de 1999 se varó uno subadulto en Mar de Ajó con heridas en la cabeza producidas por la hélice de una embarcación.

Se estima que la población mundial de cachalotes actual asciende a más de un millón de ejemplares, que constituye el 50–70 % de la población histórica original, por lo cual se supone que su recuperación tiene grandes posibilidades.

En diversas localidades del mundo hay actividad turística de avistaje, o *whale -watching*, de esta especie.

CITES ubica al cachalote en su Apéndice I, mientras que la UICN la considera una especie insuficientemente conocida, si bien cabe señalar que es una de las especies con mejor estadística ballenera y sobre la cual se vienen realizando trabajos muy importantes en las últimas décadas.

El Libro Rojo de Argentina (SAREM) la considera una especie de preocupación menor (LC), dependiente de la conservación.

Foto: Phillip Colla

Pareja de cachalotes en inmersión, exhibiendo la forma típica de su aleta caudal.

Cachalote Pigmeo

Kogia breviceps (Blainville, 1838) **Pigmy Sperm Whale**

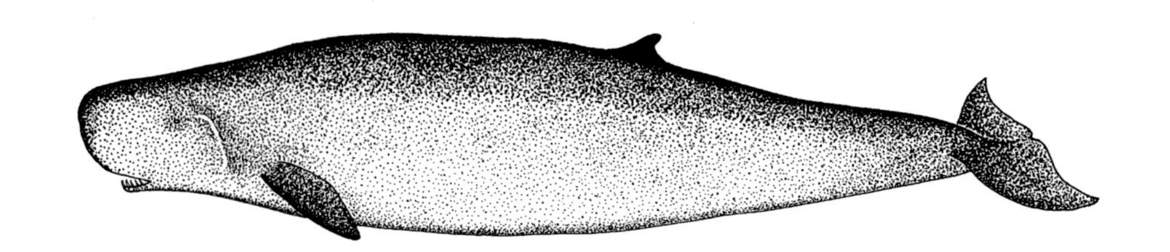

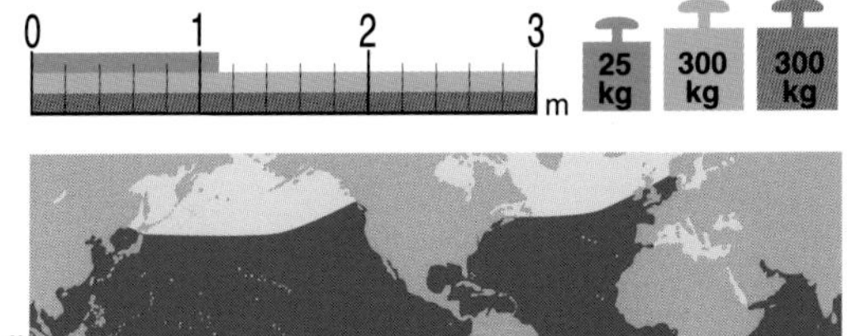

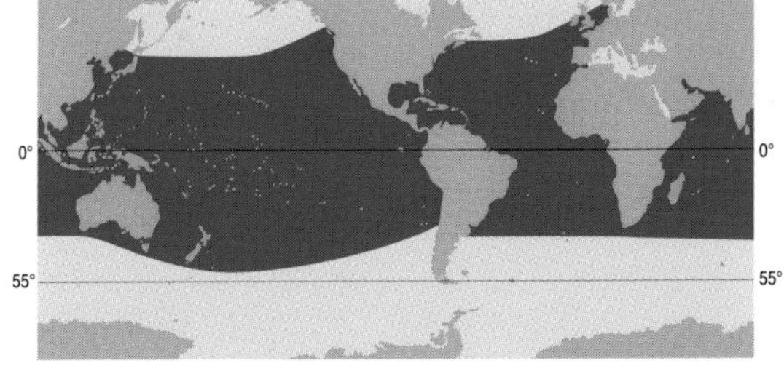

CLAVE PARA SU IDENTIFICACIÓN

- Cuerpo de tamaño relativamente pequeño pero robusto (máx. 3,40 m).
- Coloración general gris azulada dorsalmente y blanca ventralmente.
- Cabeza con aspecto de tiburón, con un "falso opérculo" por detrás del ojo.
- Orificio respiratorio volcado hacia la izquierda de la cabeza.
- Aleta dorsal diminuta y falcada, de posición posterior.
- Aletas pectorales pequeñas.
- Generalmente poco activo en superficie, en donde puede permanecer flotando inmóvil.

Mientras el conde de Blainville analizaba en 1838 la importante colección zoológica que los hermanos Verreaux habían enviado al Museo de París, quedó impactado al encontrar un pequeño cráneo de cetáceo que se asemejaba notablemente al del gran cachalote (*Physeter macrocephalus*). En virtud de dicho parecido lo bautizó como *Physeter breviceps*. Posteriormente, el naturalista británico Gray lo denomina *Kogia breviceps* por encontrar ciertas diferencias anatómicas que justificaban incluirlo en un nuevo género.

Resulta paradójico que los parientes actuales más cercanos del gran cachalote, que alcanza los 20 metros de largo, sean el cachalote pigmeo y el cachalote enano (*K. sima*) que, raramente, superan los 3 m de longitud.

El origen del nombre genérico *Kogia* no está totalmente aclarado, pero se supone que posiblemente esté referido a Cogia Efendi, un antiguo observador turco de ballenas; *breviceps* se origina del latín y hace referencia al pequeño tamaño de este cachalote.

Características generales

Quien encuentre por primera vez un ejemplar varado de esta especie probablemente llegue a dudar si se trata de un tiburón o de un cetáceo. Al margen de que la posición horizontal de la cola (o aleta caudal) no dejaría ninguna duda de que se está frente a un cetáceo, la forma de la cabeza y la coloración resultan muy parecidas a las de un gran tiburón. La cabeza es corta y soporta en su parte anterior el órgano del espermaceti, ya descrito en el gran cachalote, mientras que su perfil superior desciende lentamente y termina levemente en punta. Los ejemplares jóvenes presentan la cabeza más puntiaguda y más parecida a la de un tiburón, mientras que la de los adultos tiende a ser más rectangular. La boca es de posición netamente ventral,

Foto: R. Bastida

Ejemplar de cachalote pigmeo en pileta de rehabilitación.

por lo cual resulta semejante a la de los escualos si bien más estrecha y tampoco visible lateralmente. Además de estas características, por detrás del ojo se extiende una banda más clara, denominada "falso opérculo", que sirve para confundir aún más al observador poco experimentado.

La coloración general del cuerpo también contribuye a la confusión, pues es gris azulada dorsalmente y se va aclarando hacia el vientre y la garganta hasta convertirse en blanca. En animales varados el blanco puede transformarse en rosado por los edemas *postmortem*.

Su aleta dorsal es muy pequeña y falcada, insertada detrás de la mitad del cuerpo. Las aletas pectorales son relativamente pequeñas y de extremos redondeados.

Los ejemplares adultos del cachalote pigmeo oscilan entre 2,70 y 3,50 metros de largo y un peso de entre 300 y 400 kg. Al nacimiento las crías miden alrededor de 1 metro de largo y pesan aproximadamente 25 kg.

El cráneo si bien guarda cierto parecido en su configuración con el del cachalote, resulta mucho más corto y compacto. Como todos los cachalotes, carece de dientes en la quijada superior y los dientes de la mandíbula encajan en orificios que posee la encía superior. Presenta, por lo general, un total de 12 a 16 dientes muy finos y curvados hacia atrás. En virtud de la marcada asimetría del cráneo, el orificio respiratorio desemboca en la cabeza hacia el lado izquierdo y no centralmente, como ocurre en la mayor parte de los cetáceos.

Biología y ecología

Si bien de hábitos oceánicos, los varamientos costeros del cachalote pigmeo suelen ser frecuentes en ciertas regiones, tales como la costa sudeste de Norteamérica, las costas de Sudáfrica y el sudeste de Australia y Nueva Zelanda. Asimismo, durante las últimas décadas, se han incrementado los registros de varamientos en las costas atlánticas de Sudamérica donde se han producido unos 20, de los cuales alrededor de 6 corresponden a la costa de Argentina durante primavera y verano. Por ello se especula que cierta etapa de la vida del cachalote pigmeo debe tener lugar en la plataforma continental intermedia, e incluso en áreas más costeras. Esto podría relacionarse, a su vez, con el período preparto y primeras etapas de vida de las crías.

Los registros de avistajes son mucho menos frecuentes que los de varamientos, dado que, a diferencia del gran cachalote, se trata de un animal poco activo en superficie y de movimientos lentos. Suelen quebrar lentamente la superficie del agua al salir a respirar y exponen muy parcialmente su cuerpo; presentan también actitudes de cierta pereza permaneciendo inmóviles y flotando sobre la superficie. Muy ocasionalmente se los ha visto saltar en la superficie. Los ejemplares frecuentemente son observados solitarios o en parejas y nunca llegan a formar manadas que superen los 6 individuos.

Poco se sabe sobre su reproducción, si bien la madurez sexual parece alcanzarse a partir de los 2,70 m de largo en hembras y un poco más adelante en machos. Tienen un período de gestación de aproximadamente 11 meses y las crías al nacer pueden tener un largo máximo de 1,20 m. Los cachorros permanecen con su madre alrededor de un año, con una dieta exclusivamente láctea durante la primera mitad del período y luego una dieta mixta durante el segundo. La madre abandona al cachorro cuando éste alcanza aproximadamente los 2 metros de largo.

La dieta del cachalote pigmeo está principalmente compuesta por diversas especies de calamares de pequeño y mediano tamaño, si bien también se alimentan, en menor medida, de pequeños peces y crustáceos de aguas profundas. Las áreas de alimentación más intensas comprenderían el borde de la plataforma continental (200 m) y zonas aún más profundas del talud. La estructura de sus ojos confirman este hecho, ya que los mismos se encuentran adaptados para funcionar en zonas de muy baja luminosidad.

Una característica muy llamativa del cachalote pigmeo es que ante situaciones de peligro o de estrés, eliminan por el ano una sustancia de color rojo parduzco que serviría para desorientar a potenciales predadores, de la misma forma que suelen hacerlo los pulpos y calamares. Esta sustancia suele acumularse en un espacio dilatado de la porción posterior del intestino y sus características parecen ser bien distintas a la observada en la materia fecal que se encuentra en la porción superior del intestino.

Distribución geográfica

Es una especie que habita a lo largo de todos los mares tropicales y templados cálidos del mundo. Parecen distribuirse preferentemente sobre los márgenes continentales submarinos donde suelen encontrar sus principales presas.

La mayor parte de los varamientos y avistajes en Argentina corresponden a la provincia de Buenos Aires, donde se registra una mayor influencia de aguas subtropicales. Nunca ha sido observado en las costas patagónicas.

Estatus y conservación

No ha sido objeto de caza comercial como el cachalote, si bien en algunas estaciones balleneras costeras de Japón e Indonesia se han efectuado algunas capturas para consumo humano. También existen registros de algunas capturas en el Caribe, en la isla de St. Vincent. Más preocupantes que éstas, sin embargo, resultan las capturas incidentales en redes de enmalle como las registradas en Sri Lanka.

Se desconoce totalmente la estructura y estatus poblacional del cachalote pigmeo y se ignora, además, si las distintas poblaciones presentan algún tipo de aislamiento geográfico.

El cachalote pigmeo ha sido mantenido en cautiverio para su rehabilitación en diversos oceanarios del mundo y también en Argentina. Diversos datos biológicos y muchos aspectos del comportamiento de esta especie han sido observados durante dichas ocasiones.

Para la UICN esta es una especie insuficientemente conocida, mientras que CITES la incluye en su Apéndice II. El libro Rojo de Argentina (SAREM) la considera una especie de preocupación menor (LC), dependiente de su conservación.

Ejemplar sobre camilla de rehabilitación con heridas bajo tratamiento.
Se observa su cabeza escualiforme y el falso pérculo por detrás del ojo.

Foto: R. Bastida

Cachalote Enano

Kogia sima (= Kogia simus) (Owen, 1866) **Dwarf Sperm Whale**

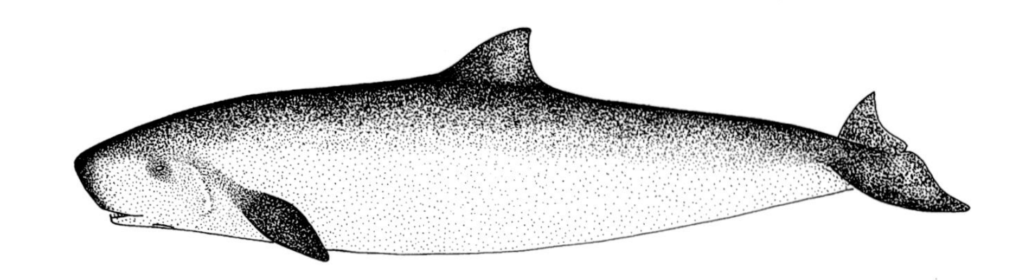

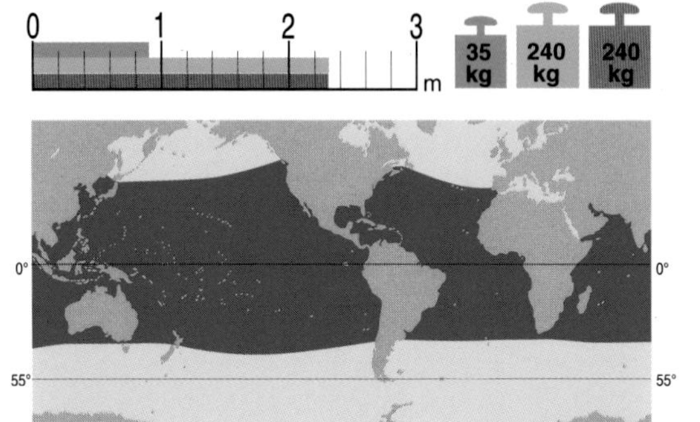

CLAVE PARA SU IDENTIFICACIÓN

- Cuerpo de tamaño relativamente pequeño, pero robusto (máx. 2,70 m).
- Coloración general gris azulada dorsalmente y blanca ventralmente.
- Cabeza con aspecto de tiburón, con un "falso opérculo" por detrás del ojo.
- Orificio respiratorio volcado hacia la izquierda de la cabeza.
- Aleta dorsal subtriangular o levemente falcada, de tamaño mediano e insertada en la mitad del cuerpo.
- Aletas pectorales pequeñas.
- Generalmente poco activo en superficie, en donde puede permanecer flotando inmóvil.

Es el más pequeño de los cachalotes (familias Physeteridae y Kogiidae) y muy parecido al cachalote pigmeo (*Kogia breviceps*). Por dicho motivo muchos autores han llegado a confundirse al identificar ambas especies.

El ejemplar tipo sobre el cual se describió esta especie fue coleccionado en Madrás (India), en 1853 por sir Walter Elliot y su cráneo –junto con varios dibujos– fueron donados al naturalista sir Richard Owen, quien realizó la descripción en 1866.

El nombre genérico *Kogia* probablemente esté inspirado en un antiguo observador de ballenas de nombre Cogia Efendi nacido en Turquía; mientras que el término *sima* o *simus* proviene del latín y hace referencia a la forma de su hocico respingado.

Hasta hace pocos años esta especie no había sido citada para la Argentina, y hasta fines de la década del 80 tampoco había sido señalada para aguas del Atlántico sudoccidental.

Características generales

El cuerpo de este cachalote, al igual que el del cachalote pigmeo, presenta similitudes con el del tiburón, de ahí que al vararse en las playas, la gente pueda confundirlo con dichos peces cartilaginosos.

Su cabeza está bien proyectada hacia delante, simulando el hocico de un gran tiburón, con una boca de posición marcadamente ventral. Por detrás del ojo presenta una fina banda arqueada de coloración clara, denominada "falso opérculo". El orificio respiratorio está levemente desplazado hacia la izquierda de la cabeza y aproximadamente a la altura de la línea que pasa por el ojo; en cambio, en el cachalote pigmeo, dicho orificio se encuentra por delante del ojo.

Se distingue de *Kogia breviceps* por ser de talla más pequeña ya que nunca excede los 2,70 m y un peso máximo de 272 kg. Al nacimiento, los cachorros miden cerca de 1 metro y pueden pesar hasta 40 kg.

La aleta dorsal es subtriangular o levemente falcada y está insertada en la mitad del cuerpo; presenta un desarrollo normal, por lo cual puede fácilmente observarse desde cierta distancia, cosa que no ocurre con el cachalote pigmeo por ser muy pequeña y además se encuentra más desplazada hacia el extremo posterior. Las aletas pectorales son pequeñas y se insertan por detrás del "falso opérculo".

La coloración dorsal del cuerpo varía de un gris azulado a un gris muy oscuro, mientras que la parte ventral es gris clara o blanca. Después de producido un varamiento, la zona ventral puede tornarse rosada debido a los típicos edemas *postmortem*.

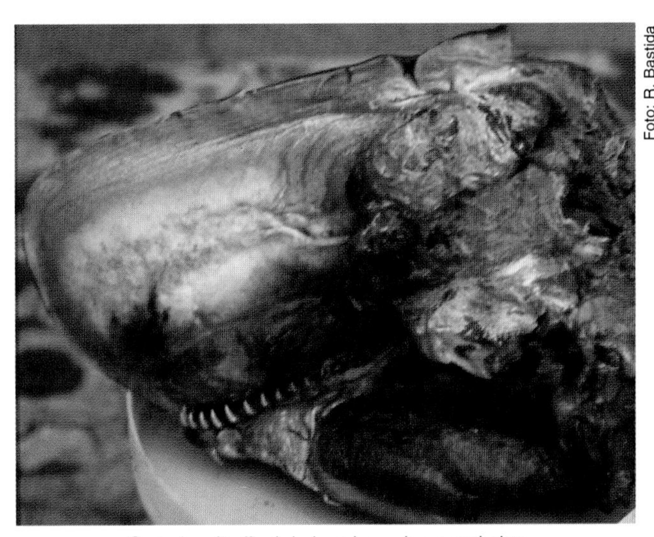

Foto: R. Bastida

Corte longitudinal de la cabeza de un cachalote donde se observa el órgano del espermaceti.

El cráneo, si bien es parecido al del cachalote pigmeo, se diferencia claramente por tener un rostro más corto y ancho y una menor cantidad de finos y curvados dientes, que oscilan entre 7 y 12 pares en su mandíbula o quijada inferior.

Biología y ecología

El cachalote enano vive principalmente sobre el borde de la plataforma continental submarina y el talud, si bien los ejemplares jóvenes e inmaduros serían los que están más vinculados con las zonas más cercanas a la costa. Generalmente forman grupos sociales reducidos, que casi nunca exceden los 10 individuos. Comparten con el cachalote pigmeo la baja actividad que presentan en superficie, donde incluso muchas veces permanecen inactivos flotando.

La maduración sexual tendría lugar a partir del momento en que los ejemplares alcanzan los 2 metros de largo. La mayor parte de los nacimientos ocurren en primavera luego de un período de gestación de casi 1 año; los cachorros lactan hasta llegar a 1,50 m de largo, si bien la dieta suele ser mixta durante los meses previos al destete.

Se alimenta principalmente de calamares y peces de profundidad, hecho que está corroborado por la estructura del ojo, el que se encuentra adaptado para funcionar en zonas de muy baja luminosidad.

Al igual que el cachalote pigmeo, acumula en el intestino un fluido particular de color rojo pardusco, que el animal elimina en el agua, a manera de nube, al sentirse en peligro o sorprendido. Este hecho es frecuentemente registrado cuando se los mantiene en cautiverio y probablemente se trate de una estrategia defensiva.

Muchos varamientos del cachalote enano y pigmeo se han debido a la ingestión de bolsas plásticas, seguramente confundidas con presas tales como el calamar.

Distribución geográfica

Se trata de una especie típicamente oceánica, que se encuentra en todas las aguas tropicales y templadas cálidas del mundo. En el océano Atlántico se distribuye en Norteamérica desde Virginia a Texas, también se la encuentra en el Mar Caribe y en África (desde Senegal a Sudáfrica). En el Pacífico de América, se distribuye desde Canadá hasta el norte de Chile.

En Argentina esta especie ha sido registrada a través de un varamiento producido en la costa de Mar del Plata (provincia de Buenos Aires), hacia fines de la década del 90.

Estatus y conservación

Prácticamente nada se sabe sobre los aspectos poblacionales de esta especie. No obstante, se conoce que han tenido lugar capturas intencionales, aunque poco numerosas, en Japón y Saint Vincent (Mar Caribe), e incidentales en redes de pesca en el Océano Indico.

Algunos ejemplares han sido mantenidos en cautiverio tratando de rehabilitarlos luego de producido su varamiento, sin embargo, ninguno ha sobrevivido a la vida en cautiverio.

La UICN la considera una especie insuficientemente conocida, mientras que CITES la incluye en su Apéndice II. El Libro Rojo de Argentina (SAREM) aún no ha incluido esta especie en su consideración, pero se estima que debería asignársele la categoría de especie con datos insuficientes (DD).

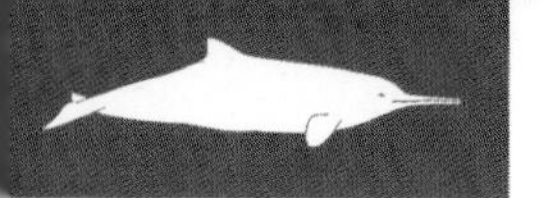

Franciscana

Pontoporia blainvillei (Gervais y d' Orbigny, 1844) **La Plata River Dolphin**

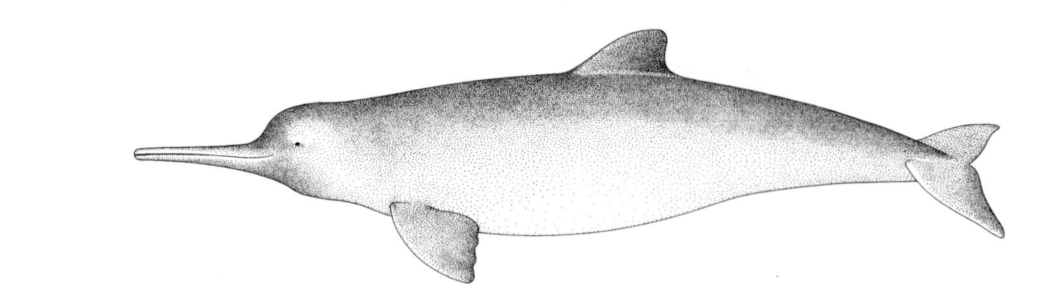

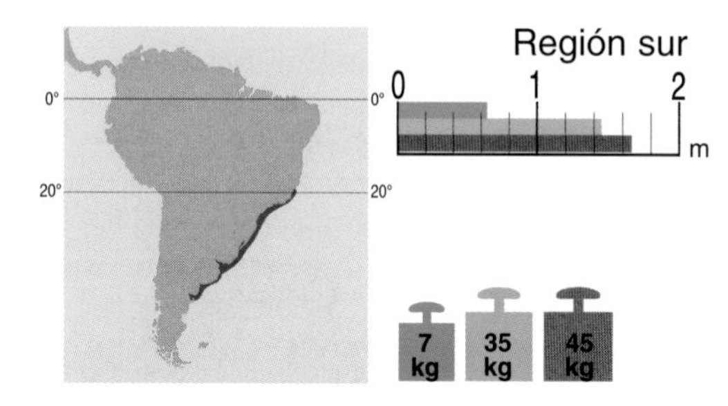

CLAVE PARA SU IDENTIFICACIÓN

- Cuerpo de talla pequeña (< 1,75 m).
- Cabeza con hocico muy largo y fino.
- Comisura de la boca recta.
- Más de 40 pares de dientes finos y puntiagudos en cada quijada.
- Coloración pardo amarillenta clara y uniforme en todo el cuerpo.
- Aleta dorsal relativamente pequeña y redondeada en su extremo.
- Aletas pectorales anchas y truncadas posteriormente.
- Cuello flexible.
- Difícil de avistar en superficie.
- Habita tanto en áreas estuariales como marinas costeras.

El primer material descripto de esta especie fue un cráneo proveniente de las cercanías de Montevideo (Uruguay) y depositado en el Museo de Historia Natural de París; en 1844 Gervais y d'Orbigny lo designa como *Delphinus blainvillei,* aunque unos años después fue renombrado *Stenodelphis blainvillei.* Recién en 1961 se realiza el primer estudio profundo sobre la nomenclatura de esta especie y se la nombra definitivamente como *Pontoporia blainvillei.* Su nombre científico deriva del griego *pontos,* que hace referencia al mar abierto y *poros,* referido a pasaje o cruce, aparentemente por la creencia de que este delfín habita tanto ríos como en el mar. El nombre *blainvillei* es en honor al naturalista francés Blainville (1777-1850).

La franciscana es conocida en Brasil como *toninha* o *boto amarelo,* mientras que en inglés se la designa también como *La Plata River Dolphin.* Recientemente especialistas sudamericanos han consensuado el uso de *toninha* para el portugués y franciscana tanto para el español como para el inglés.

Se supone que el nombre vulgar está inspirado en la coloración de la vestimenta de los sacerdotes franciscanos.

Características generales

La franciscana es uno de los cetáceos actuales más pequeños, alcanzando los ejemplares adultos tallas entre 128 y 175 centímetros y pesos entre 35 y 55 kg. Al nacimiento se han registrado tallas y pesos mínimos de 55 cm y 5 kg respectivamente.

El rasgo externo más característico de la franciscana, y por lo que es fácilmente diferenciada del resto de los delfines del Mar Argentino, es su hocico o rostro, el cual es extremadamente largo y fino con una frente bulbosa. Este hocico es relativamente corto en ejemplares jóvenes, pero muy largo en adultos; en algunos ejemplares jóvenes suelen encontrarse deformaciones en la estructura ósea. Los ejemplares adultos poseen un total de aproximadamente 250 dientes finos, puntiagudos y semejantes entre sí.

Las aletas pectorales son anchas, con el borde anterior muy curvado y truncadas en el extremo posterior. La aleta dorsal es relativamente pequeña con su extremo redondeado. La aleta caudal presenta un contorno tradicional bien definido.

La coloración general es pardo amarillenta, en algunos casos levemente más clara en el vientre, sin pa-

Foto: R. Bastida

Imagen subacuática de un ejemplar de franciscana flexionando su cuello.

trones distintivos en la cabeza o aletas y sin diferencias de coloración entre los cachorros y los adultos.

Con frecuencia son encontrados cráneos de franciscanas en las playas de la provincia de Buenos Aires, los cuales son muy característicos y fáciles de identificar por su pequeño tamaño, largo rostro, gran cantidad de dientes y caja craneana subcuadrada.

Biología y ecología

La franciscana fue originalmente caracterizada como un delfín de hábitos solitarios, pero observaciones recientes confirmaron que vive en grupos pequeños de 2 a 5 animales; en algunas ocasiones pudieron registrarse grupos de entre 10 y 20 individuos. El tamaño de los grupos no varía según la estación del año, si bien parecerían estar asociados con actividad de cópula o forrajeo cooperativo durante primavera-verano. No se conocen los lazos sociales de estos grupos, pero se han registrado grupos emparentados genéticamente capturados en forma conjunta en redes de pesca del Brasil. La presencia de cachorros es a veces registrada dentro de los grupos durante el verano, aunque lo más frecuente es encontrar los pares madre-cachorro nadando en forma sincrónica.

Su pequeño tamaño, coloración y comportamiento hacen que las franciscanas sean muy difíciles de ver en mar abierto. No obstante, pueden observarse grupos de franciscanas a lo largo de toda la costa de la provincia de Buenos Aires. Si bien no se le conocen hábitos migratorios, la frecuencia de avistajes disminuye notablemente durante otoño e invierno. Es particularmente frecuente su presencia en las bahías Samborombón, Anegada y San Blas, pero también es común registrar animales en el Cabo San Antonio y gran parte del sudeste bonaerense.

En regiones de costas abiertas y turbulentas se las ve comúnmente nadando en la zona por detrás de la rompiente, lo que muchas veces dificulta su observación. En zonas poco profundas y reparadas, sus movimientos están fuertemente asociados con el estado de la marea.

Los comportamientos observados en la naturaleza incluyen la natación lenta, alimentación cooperativa y forrajeo. En promedio, las franciscanas dedican tres cuartas parte de su tiempo a la búsqueda de alimento.

Vista dorsal y lateral de franciscana.

Fotos: R. Bastida

Son raramente observadas cerca de embarcaciones a motor, sugiriendo que se asustan o apartan de ellos.

Esta especie se caracteriza por presentar ciclos de buceo (técnicamente llamados apneas) muy cortos, usualmente realizando 3 a 5 respiraciones por minuto. Estudios en la naturaleza y en cautiverio encontraron valores coincidentes en la duración de las apneas, siendo en promedio de 15 a 20 segundos. Comúnmente realizan un ciclo caracterizado por un buceo prolongado (> 45 segundos) seguido de una serie de apneas cortas (< 30 segundos), lo que sugiere un período de recuperación posterior. Durante la búsqueda de presas, las franciscanas suelen realizar buceos más prolongados que durante el desplazamiento o socialización. Estudios en cautiverio confirmaron que las apneas son más largas durante la noche que durante el día, aparentemente correspondiendo a períodos de descanso bajo el agua. Al igual que para la mayoría de los cetáceos, las franciscanas pasan muy poco tiempo en superficie para tomar aire, usualmente menos de dos segundos. Esto hace que permanezcan sumergidas más del 95% del tiempo.

En la naturaleza las franciscanas producen sonidos de frecuencias altas y muy altas, no habiéndose registrados silbidos ni sonidos de baja frecuencia. Estudios en cautiverio corroboraron estos hallazgos, habiéndose grabado *clics* de ecolocalización cercanos a los 130 kHz. Estas observaciones preliminares sugieren que poseen un sistema de ecolocación similar a las marsopas.

Las franciscanas se reproducen entre fines de primavera y verano en el sur del Brasil, Uruguay y Argentina, mientras que al norte de Río de Janeiro lo harían a lo largo de todo el año. Los cachorros nacen entre noviembre y diciembre en Uruguay y noviembre en el sur de Brasil, mientras que en Argentina (Bahía Samborombón y Bahía Anegada), los cachorros recién nacidos son observados entre fines de octubre y principios de abril.

El período de gestación es de aproximadamente 10 y 11 meses, siendo el crecimiento fetal de aproximadamente 7 a 7,5 cm por mes. Los cachorros al nacer miden entre 55 y 80 centímetros y pesan entre 6 y 8,5 kg. Las franciscanas se reproducen a muy temprana edad, siendo los ejemplares más jóvenes en reproducir de aproximadamente 2-3 años. Es frecuente encontrar hembras simultáneamente gestando y lactando, lo que sugiere que muchas franciscanas se reproducen todos los años mientras que otras lo hacen cada dos años.

Los cachorros de franciscana son amamantados por aproximadamente 7 a 9 meses, pero a partir del tercer mes comienzan a complementar la lactancia con alimento sólido. En ese momento comienza la erupción de los dientes y los pequeños delfines son ya mayores a los 75-80 cm de largo y más de 8 kg de peso. Esta dieta mixta se compone principalmente de pequeños peces, calamares y crustáceos. El destete definitivo, que podría darse en forma gradual, podría iniciarse aproximadamente a los 7 meses de vida, cuando los animales sobrepasan los 95 cm de largo y 13 kg de peso.

El cuerpo pequeño y compacto, el fino y largo rostro y las anchas aletas pectorales caracterizan a las franciscanas.

Foto: R. Bastida

La longevidad máxima registrada para este delfín es de 21 años en hembras y 16 años en machos, aunque sólo una pequeña porción sobrevive a los 10 años.

La dieta de juveniles y adultos, a lo largo de toda su distribución es muy variada, incluyendo más de 70 presas distintas: predominan los peces (82,8%), pero también son importantes los crustáceos (9,2%) y moluscos (7,9%). En Argentina se registraron más de 25 especies de peces, crustáceos y calamares constituyendo su dieta, aunque se presentaron claras diferencias en la dieta entre regiones estuariales y marinas. En el norte de Argentina el principal alimento lo constituyen la pescadilla de red (*Cynoscion guatucupa*), la corvina rubia (*Micropogonias furnieri*), el calamar (*Loligo sanpaulensis*), la brótola (*Urophycis brasiliensis*), como también camarones (*Artemesia longinaris*) y langostinos (*Pleoticus muelleri*). Las presas son de pequeño tamaño, no superando por lo general los 10 cm de largo.

Poco se sabe sobre los predadores naturales de esta especie. Franciscanas enmalladas en redes de Uruguay son atacadas por tiburones gatopardo o moteado (*Notorhynchus cepedianus*), martillo (*Sphyrna* spp.), tintorera o tigre (*Galeocerdo cuvieri*) y posiblemente escalandrún (*Eugomphodus taurus*). Restos óseos de franciscanas fueron encontrados en el estómago de tiburones de las bahías San Blas y Anegada, y en algunos ejemplares varados suelen encontrarse cicatrices de dientes. Se estima que las orcas (*Orcinus orca*) pueden ser predadoras importantes de las franciscanas, si bien hasta el presente sólo se registró un caso en la provincia de Buenos Aires y otro en Brasil.

Distribución geográfica

Este pequeño delfín habita solamente la costa atlántica de Sudamérica, entre Espíritu Santo (Brasil, aprox.18° 25' S) hasta el norte de la provincia de Chubut (Argentina, aprox. 42° 35' S). Su hábitat preferido son las aguas turbias menores a 30-35 m de profundidad y se las encuentra generalmente a menos de 30 millas náuticas de la costa. Aparentemente no hay diferencias en la utilización del hábitat en cuanto a la edad, sexo, tamaño o estado reproductivo. En la provincia de Buenos Aires la distribución es continua y las franciscanas pueden ser vistas a lo largo de todo el año.

Información sobre la morfología, genética e historia natural de la franciscana en toda su área de distribución sugiere que existen dos *stocks* claramente diferenciables con un límite aproximadamente de 32° S en Santa Catarina, Brasil. Recientes estudios anatómicos han descubierto que las franciscanas de la forma norte son de menor tamaño que las de la forma sur, siendo los ejemplares de esta última entre 10 y 20 centímetros más largos. Estudios de ADN mitocondrial confirmaron recientemente que los *stocks* del norte y sur del Brasil son genéticamente muy distintos entre sí y, a su vez, distintos de los de Argentina. También se han registrado diferencias poblacionales a través del estudio de los parásitos digestivos.

Frecuentemente, en la Bahía de Samborombón varan cachorros de pocos días de vida, como consecuencia de la captura incidental de sus madres.

Foto: R. Bastida

Estatus y conservación

Sin lugar a dudas actualmente la franciscana es el cetáceo más amenazado del Atlántico sur. Desde hace más de medio siglo se viene registrando la muerte de esta especie en redes de pesca costera, principalmente agalleras, en Brasil, Uruguay y Argentina. La mortalidad es básicamente accidental ya que los delfines se encuentran enmallados y ahogados cuando se recogen las redes; no hay evidencia de explotación comercial de los cuerpos, los cuales son normalmente descartados en mar abierto sin utilizarlos. Existen muy pocos registros de ejemplares que hayan sido desenmallados y liberados, debido a que suelen ahogarse rápidamente. La mayoría de los enmalles son de ejemplares solitarios o de a pares, hasta un máximo de 9-10 animales ocasionalmente. Entre el 40 y 80% de los ejemplares capturados son juveniles menores de 3 años, y el enmallamiento comenzaría a temprana edad, cuando los cachorros comienzan a capturar alimento sólido.

Los primeros impactos de las pesquerías sobre las franciscanas comenzaron en las pesquerías de tiburón de Uruguay en la década del 40, cuando se llegaron a capturar entre 1.500 y 2.000 delfines anualmente. La mayor mortalidad tenía lugar en redes para grandes tiburones, con tamaño de malla entre 25 y 35 cm y caladas a profundidades de entre 10 y 20 metros. Entre mediados de la década de 1970 y la de 1990 se capturaban anualmente hasta 400 delfines, aunque en los últimos años ha habido una marcada reducción en esta pesquería.

En Argentina se producen enmalles de franciscanas en la Bahía Samborombón, Cabo San Antonio, la región entre Quequén y Claromecó y la Bahía Blanca. La característica principal de estas pesquerías es que una pequeña cantidad de redes operando puede causar una mortalidad muy grande, y por otro lado pueden variar de año en año en cuanto a las áreas de pesca utilizadas. Entre 1983 y 1986 se estimó que en Argentina se capturaban anualmente 340-350 animales. En la región entre Quequén y Claromecó entre mediados de 1980 y principios de 1990 se sugirió una captura anual cercana a los 240 delfines por año. En la actualidad se estima que enmallan aproximadamente 450-500 delfines por año en la provincia de Buenos Aires.

Recientes estimaciones de especialistas sudamericanos dan cuenta de que en todo el Atlántico sudoccidental mueren en promedio 2.000 franciscanas por año en redes de pesca, con valores máximos cercanos a las 3.000. El efecto más alarmante de esta situación es que entre el 40 y el 90% de los delfines muertos no superan los 4 años de edad. Teniendo en cuenta el bajo potencial reproductivo y la corta vida media de la franciscana, se teme que las capturas incidentales causen efectos devastadores en las poblaciones de esta especie. A través de análisis de viabilidad poblacional se estimó que, en caso de mantenerse los mismos niveles de capturas incidentales en el sur del Brasil, la población de franciscana estaría casi colapsada en menos de 30 años. De esta manera menos del 10% de la población actual podría sobrevivir por efectos de las capturas. Esta situación es notablemente agravada por el hecho de que en casi toda Sudamérica se desconoce el tamaño de las poblaciones existentes, y sólo estudios recientes en el sur del Brasil estimaron una población cercana a los 40.000 delfines, con densidades que oscilaron entre 0,5 y 0,8 de delfín por kilómetro cuadrado.

Dado lo alarmante de la situación se hacen necesarias urgentes medidas de manejo y conservación. En tal sentido recientemente se ha consensuado en toda su área de distribución, la definición de 4 *stocks* para su manejo. Paralelamente, y en función de información muy reciente, se ha propuesto la reclasificación en la UICN de la franciscana en el sur del Brasil, para cambiarla de "datos insuficientes" a "en peligro". CITES ubica a esta especie en su Apéndice II, mientras que el Libro Rojo de Argentina (SAREM) la considera una especie vulnerable (VU).

En la zona del Cabo San Antonio se realizan estudios sobre el uso de alarmas acústicas colocadas en las redes agalleras para alertar a los delfines de la presencia de redes y disminuir la mortalidad. Los primeros resultados indican que la captura usando alarmas redujo 6 veces el enmalle de franciscanas. La pesca fue similar en redes con o sin alarmas, aunque aumentó significativamente el ataque de lobos marinos de un pelo a aquellas redes que tenían alarmas.

En la zona costera al norte de la provincia de Buenos Aires. resulta muy frecuente el varamiento de ejemplares lactantes vivos. Dichos ejemplares suelen ser tratados para su rehabilitación, pero con muy bajo porcentaje de supervivencia. También existe el antecedente de rehabilitación exitosa de un ejemplar adulto en la Fundación Mundo Marino (San Clemente del Tuyú).

Diversos estudios han confirmado la presencia de contaminantes tales como metales pesados y diversos organoclorados en franciscanas de distintas regiones.

Más del 30% de las franciscanas estudiadas en el estuario del Río de la Plata y el Cabo San Antonio contenían restos de plásticos en el estómago, siendo más frecuentes los envases de celofán y restos plásticos derivados de la pesca. La ingestión parecería comenzar luego del destete.

La observación de la franciscana en la naturaleza resulta dificultosa, debido a su pequeño tamaño y baja exhibición aérea.

Foto: R. Bastida

Delfín Común de Pico Corto

Delphinus delphis Linnaeus, 1758 **Short-beaked Common Dolphin**

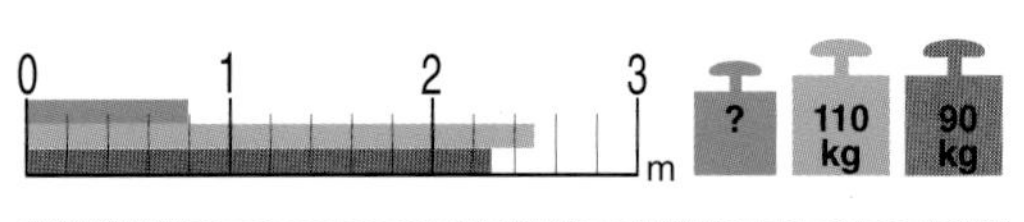

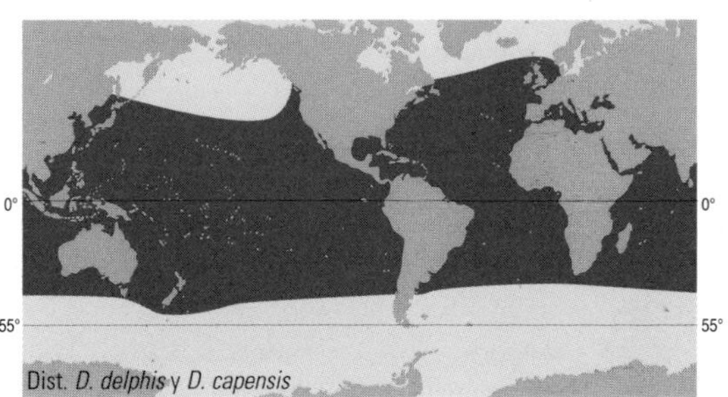

CLAVE PARA SU IDENTIFICACIÓN

- Cuerpo de talla mediana (máximo 2,70 m).
- Pico u hocico bien definido, oscuro y separado claramente del melón o frente.
- Coloración muy compleja, con cuatro áreas bien diferenciadas: dorso gris oscuro con proyección inferior en forma de V a la altura de la aleta dorsal; parche lateral anterior amarillento hasta los ojos; parche ascendente posterior grisáceo; vientre blanquecino.
- Coloración facial compleja, con bandas de distintas tonalidades.
- Área oscura alrededor del ojo.
- Aleta dorsal bien desarrollada y ubicada en la mitad del cuerpo.
- Aletas pectorales puntiagudas, oscuras y con una banda proyectada hacia adelante.

El delfín común, junto con el delfín listado (*Stenella coeruleoalba*) y el delfín nariz de botella (*Tursiops truncatus*) son los delfines más representativos de las culturas griega y romana. Admirados, casi venerados, infinidad de leyendas fueron inspiradas en el comportamiento e inteligencia de estos animales. Tanto Aristóteles como Plinio el Grande se ocuparon de mencionarlos con gran detalle, y el famoso naturalista C. Linnaeus tuvo a su cargo describirlo científicamente en su *Sistema Naturae* publicada en 1758

El nombre científico deriva del griego *delphis* (=delfín) e *inus* (=similar). Hace unos pocos años se reconocía que los delfines comunes constituían una única especie, de amplia distribución en todos los mares. Recientemente se ha revisado su taxonomía y propuesto la existencia de dos especies: el delfín común de pico corto (*Delphinus delphis* Linnaeus, 1758) y el común de pico largo (*Delphinus capensis* Gray, 1828). Las diferencias se basan en el largo del rostro, número de dientes y patrones de coloración.

Para el Atlántico sudoccidental se ha citado la presencia del delfín común de pico largo, aunque basada en el análisis de pocos ejemplares. Investigaciones recientes sugieren que la especie local correspondería al delfín común de pico corto (*Delphinus delphis*).

Características generales

Estos delfines tienen un cuerpo estilizado de talla intermedia, con un pico o rostro relativamente largo y aleta dorsal triangular y muy erguida, ubicada en la mitad del cuerpo; las aletas pectorales son oscuras, pequeñas y puntiagudas. Los delfines comunes no superan los 2,60-2,70 m y los 150 kg de peso, siendo los machos algo más grandes que las hembras. Al nacimiento las crías miden alrededor de 80 cm.

Este delfín se reconoce por su patrón de coloración única y compleja, en forma de cruz o reloj de arena, con cuatro áreas muy bien definidas y de coloración distintiva. La dorsal es gris oscura y se extiende desde el melón hasta la región posterior de la aleta dorsal, y desde aquí hacia abajo en una clara forma de V. El área ventral va hasta la zona de los genitales, y es gris clara a blanca. En los flancos hay dos regiones, en posición anterior y posterior a la V dorsal. El parche ante-

El patrón de coloración del delfín común es complejo y puede presentar ciertas variaciones individuales y geográficas.

Foto: Phillip Colla

rior es oval y de coloración amarillenta, extendiéndose hasta los ojos. Posteriormente, el otro parche es grisáceo y se mezcla con el negro dorsal a la altura del pedúnculo de la cola. El patrón de coloración de la cabeza también es complejo, con series de bandas oscuras en el hocico, otra casi negra que une la comisura de la boca con la aleta pectoral y un par de áreas oscuras como "antiparras" alrededor de los ojos.

El cráneo presenta un rostro muy fino y alargado, con 45 a 55 pares de dientes cónicos y pequeños.

Biología y ecología

Los delfines comunes son extremadamente sociales: hay grupos de hasta cientos de ejemplares y, ocasionalmente, manadas de miles. Estos grupos, cuya unidad social básica incluye unos 20-30 animales, suelen presentar intensa actividad vocal y acrobática, y están frecuentemente asociados a otras especies de delfines. Es una especie muy activa, capaz de desplazarse a gran velocidad.

Durante su actividad trófica hay complejos comportamientos de caza cooperativa, con maniobras coordinadas para agrupar a las presas, principalmente pequeños peces en cardúmenes como anchoítas (*Engraulis anchoita*), sardinas (*Clupea* spp.) etc. y calamares (*Loligo sanpaulensis* y *L. gahi*). Buceadores someros (sus inmersiones no superan los 50 m), concentran su actividad de alimentación principalmente de noche, aprovechando el ascenso de los cardúmenes a aguas superficiales.

La época reproductiva suele variar según la región; en aguas templadas frías hay una estación reproductiva bien definida en primavera-verano; en áreas tropicales suelen reproducirse casi todo el año. Ambos sexos adquieren la madurez sexual entre los 5 y 10 años; el período de gestación es algo inferior al año. Los cachorros son amamantados durante unos 10-11 meses, aunque a los 2-3 meses comienzan a ingerir alimento sólido para complementar la lactancia. Si bien no se registran migraciones, las hembras con cachorros se concentrarían en aguas más templadas, pudiendo dar a luz un cachorro cada dos años. La longevidad de este delfín puede superar los 20 años.

Distribución geográfica

Luego de conocerse las dos especies de delfín común (*Delphinus delphis* y *D. capensis*), se sabe que la primera suele vivir en aguas de plataforma y oceánicas del océano Pacífico y Atlántico norte, entre los 60° N y los 50° S. Queda pendiente la correcta identificación de las especies de este género en el Atlántico sudoccidental. En el Mar Argentino hay avistajes y capturas incidentales de *D. delphis* entre el norte de Patagonia y provincia de Buenos Aires, siendo muy común su avistaje en el Golfo San Matías (Río Negro).

El delfín común fue una de las especies afectadas por la pesquería de atún del Pacífico.

Foto: Phillip Colla

Estatus y conservación

Los delfines comunes atrajeron la atención mundial por su captura en redes atuneras en el océano Pacífico. Grandes cantidades fueron también capturados en redes a la deriva para la pesca de calamares y atunes en el Atlántico y Pacífico norte, prohibidas por las Naciones Unidas en 1993. En el Mar Mediterráneo y Mar Negro se han registrado serias declinaciones de población y son de especial preocupación las capturas comerciales en el último. Se han reportado importantes capturas incidentales en Sri Lanka, Perú, Ecuador y la India.

En el Mar Argentino se han capturado grupos de delfines durante la pesca de arrastre de media agua de anchoíta, pero se desconoce el tamaño poblacional de este delfín.

En las décadas del 70 y 80 oceanarios norteamericanos reprodujeron exitosamente esta especie, y otros de Nueva Zelanda la han entrenado.

Está incluida en el Apéndice II de CITES, considerada como de bajo riesgo y preocupación menor por la UICN. El Libro Rojo de Argentina (SAREM) la considera de preocupación menor (LC), dependiente de la conservación.

Grandes manadas de delfín común se desplazan en aguas oceánicas y suelen realizar acrobacias aéreas.

Foto: Jorge Mermoz

Delfín Listado

Stenella coeruleoalba (Meyen, 1833) **Striped Dolphin**

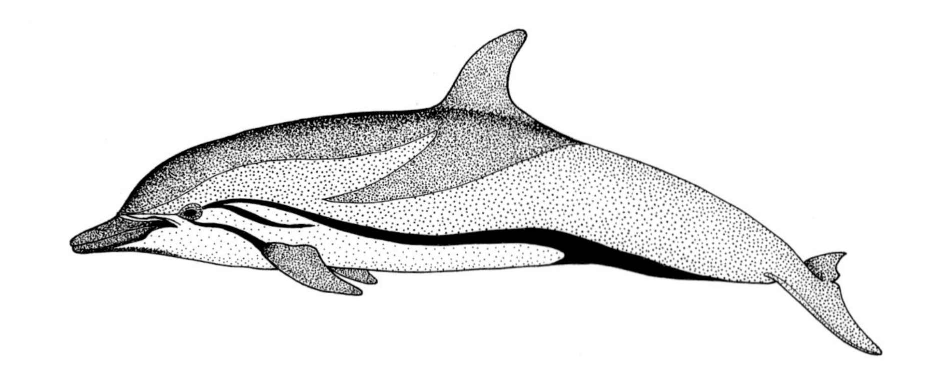

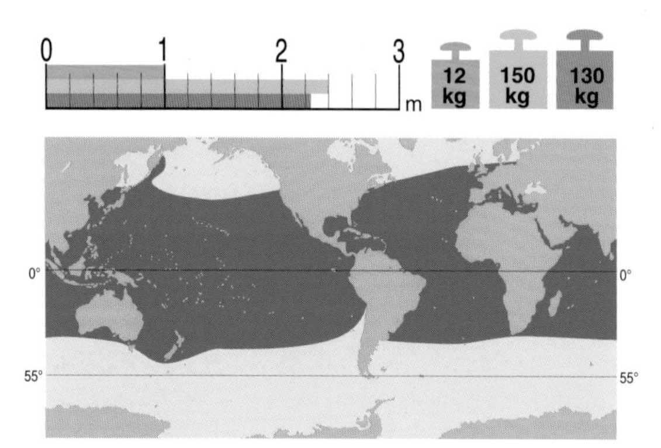

CLAVE PARA SU IDENTIFICACIÓN

- Cuerpo de talla mediana (máximo 3 m).
- Aleta dorsal falcada, situada en la mitad del dorso.
- Hocico o rostro bien definido.
- Coloración general gris azulada (algunos ejemplares pardo clara), oscuro el dorso y claro el vientre.
- Banda oscura desde el ojo al ano.
- Banda oscura desde el ojo a la aleta pectoral.

El delfín listado encierra un significado muy especial, tanto para los cetólogos como para los amantes y estudiosos del arte antiguo. Imágenes de esta especie están claramente representadas en los frescos del Palacio de Knossos de la isla de Creta. Dichos frescos representan una visión subacuática de diversas especies marinas del Mediterráneo, entre las que resalta una serie de magníficos delfines, cuyos detalles permiten identificarlos como ejemplares de *Stenella coeruleoalba*. Estas imágenes constituyen el registro más antiguo de un delfínido, posible de ser identificado a nivel específico. También resulta interesante señalar que dicho delfín fue descrito científicamente transcurridos más de 3.000 años desde la confección de las pinturas y en base a un ejemplar capturado tan lejos de las islas griegas como es el estuario del Río de la Plata.

Stenella es el diminutivo en griego del término *Steno* que significa angosto; *coeruleoalba* es un compuesto del latín con el cual, el naturalista alemán Franz Julius Meyen bautizó esta especie, inspirándose seguramente en la coloración del delfín listado: azul cielo (=*coeruleus*) y blanco (=*albus*) respectivamente. El género *Stenella* incluye cinco especies que se distribuyen en gran parte de las zonas tropicales y templadas (*S. longirostris, S. frontalis, S. clymene, S. attenuata* y *S. coeruleoalba*).

Características generales

El delfín listado es poco común en nuestras costas, hay escasos registros que se resumen a algunas capturas, varamientos costeros y dos avistajes en alta mar.

Es un delfín de talla mediana, de contextura clásica, con hocico o rostro claramente diferenciado y aleta dorsal falcada bien desarrollada. Los ejemplares machos suelen ser más grandes que las hembras y, en general, no superan los 3 m de largo.

En la mitad inferior del flanco del cuerpo, el delfín listado está ornamentado con dos líneas o bandas negras u oscuras, muy características, de ahí el origen de su nombre vulgar. La más larga comienza a la altura de los ojos y termina en la región anal, separando claramente el tórax y abdomen del resto del cuerpo. La más corta se extiende también desde alrededor del ojo y termina en la aleta pectoral. Entre ambas líneas puede presentarse una tercera también corta y, si bien es os-

Foto: Michel Milinkovitch

El complejo patrón de coloración del delfín listado puede variar de acuerdo con la edad y las condiciones de luz.

cura, suele ser menos evidente. Se dirige hacia la zona ventral, afinándose y desaparece por encima y detrás de la aleta pectoral, que también es oscura. La coloración general del cuerpo puede ser dividida en tres sectores, uno dorsal más oscuro desde el hocico hasta el cuarto dorsal posterior, uno intermedio fundamentalmente en los flancos del cuerpo y un sector ventral muy claro que suele tornarse blanco. La coloración predominante es gris azulada, si bien algunos ejemplares pueden presentar una coloración pardo clara.

El cráneo de este delfín muestra similitudes con el de otras especies del género *Stenella* e incluso con el delfín común *Delphinus delphis*. Los dientes son finos y cada quijada lleva entre 40 y 55 piezas dentales.

Biología y ecología

Aunque es una especie básicamente oceánica, también puede frecuentar en ambientes costeros en manadas menos numerosas que las de aguas abiertas, que van desde unas decenas de ejemplares hasta va-

Delfín listado exhalando aire antes de emerger.

Foto: Michel Milinkovitch

rios miles. La mayor parte de las manadas, en zonas de alta concentración, oscilan entre 100 y 500 ejemplares.

Vive principalmente en zonas ecuatoriales y subtropicales prefiriendo temperaturas a más de 22° C.

Son de natación muy rápida y de dar grandes saltos mientras se desplazan, lo que les permite apartarse uno o dos metros de la superficie del agua. Pero nunca pueden igualar la agilidad y acrobacia de su pariente cercano, el delfín rotador (*Stenella longirostris*), tan popular en la Isla Fernando de Noronha (Brasil) y otras partes del mundo.

Según estudios en Japón, el delfín listado se segrega en tres tipos de manadas: juveniles, de adultos prerreproductivos y de adultos reproductivos. Los cachorros nacidos en una manada suelen abandonarla y migrar hacia otras al cumplir los 2 o 3 años. Esta especie presenta dos períodos anuales de nacimientos, uno invernal y otro estival. El de gestación dura entre 12 y 13 meses. Las hembras llegan a la madurez sexual en promedio a los 9 años, y son fértiles hasta los 30 años, cuando la reproducción declina drásticamente. Los machos también maduran a los 9 años de edad pero no se integran a estructuras sociales reproductivas hasta cerca los 16 años. Se estima que viven entre 30 y 40 años; el ejemplar más longevo conocido tiene 57 años.

Foto: Michel Milinkovitch

Ejemplares de delfín listado interactuando con una embarcación.

Su alimentación se basa en tres rubros principales: peces pelágicos (principalmente mictófidos), calamares y camarones. Las presas no exceden los 30 cm de largo y en algunas zonas su dieta puede ser altamente diversificada, como la de un ejemplar de Sudáfrica que en el estómago se identificaron 14 especies de presas.

Distribución geográfica

El delfín listado puede habitar fundamentalmente aguas oceánicas tropicales y templadas cálidas, pero su distribución también puede extenderse hasta las templadas frías como el Mar Argentino, la costa peruana, costas atlánticas europeas, etc.

Fresco de los delfines del Palacio de Knossos en la isla de Creta (Grecia).

Las poblaciones mejor conocidas son las del Pacífico oriental y occidental, porque ahí se han capturado miles de ejemplares que han servido para estudios científicos de diverso tipo. Otra población bastante estudiada en los últimos tiempos es la del Mar Mediterráneo.

Estatus y conservación

En Argentina no existen antecedentes sobre la captura directa o problemas de conservación de esta especie. En otras zonas del mundo, donde resulta más frecuente y abundante, ha sido altamente impactada durante las últimas décadas, tanto por el enmalle no intencional en redes de pesca, matanzas intencionales para disminuir su predación de peces de importancia comercial sobreexplotados o su captura para consumo humano. Se calcula que Japón ha capturado hasta la fecha cerca de medio millón de ejemplares. En el Pacífico occidental, entre la década del 50 y 60, se capturaban alrededor de 14.000 por año en la pesquería de atunes; a partir de la década del 80 dichas capturas bajaron a 2.000-4.000 ejemplares por año.

El delfín listado ha presentado en las últimas décadas mortandades masivas en el Mar Mediterráneo debido a infecciones de *Morbillivirus,* virus que también las produjo en pinnípedos por depresión del sistema inmunológico.

El delfín listado es una especie rara de ver en oceanarios. La poca experiencia con esta especie indicaría que no se adapta tan bien como otras al entrenamiento o condicionamiento operante. En el Pacífico oriental se calcula una población de 1,6 millón de ejemplares, en el Pacífico occidental de 100.000 a 200.000 ejemplares.

El delfín listado figura en el Apéndice II de CITES y para la UICN es especie no suficientemente conocida. El Libro Rojo de Argentina (SAREM) la considera de preocupación menor (LC) dependiente de la conservación.

Delfín Moteado Pantropical

Stenella attenuata (Gray, 1846) **Pantropical Spotted Dolphin**

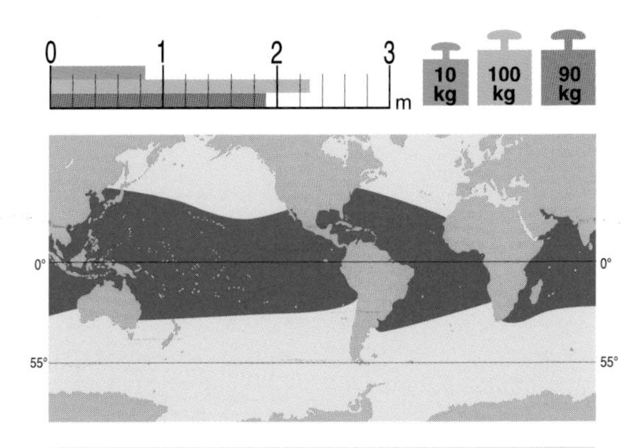

CLAVE PARA SU IDENTIFICACIÓN

- Cuerpo de talla mediana (máximo 2,60 m).
- Aleta dorsal falcada, ubicada en la mitad del dorso, con extremo puntiagudo.
- Hocico bien definido con extremo blanco en ejemplares adultos.
- Coloración general grisácea; oscura en dorso y clara en vientre.
- Pequeñas manchas claras en el dorso y oscuras en el vientre.
- Generalmente forma grandes manadas.

El delfín moteado pantropical resulta una especie muy rara en el Mar Argentino. Hasta la fecha solamente se ha registrado un único ejemplar varado en las costas de Mar del Plata. También resulta un delfín poco frecuente en Uruguay y sur del Brasil.

El nombre genérico *Stenella* deriva del griego y significa angosto, mientras que el nombre específico *attenuata* deriva del latín y significa reducido o afilado. Es una especie que exigió gran atención por parte de los naturalistas para poder definirla correctamente, debido a su gran variabilidad en tamaño, coloración, diseño y amplia distribución geográfica.

Características generales

Posee un cuerpo de talla mediana, de contextura clásica y semejante al resto de las cuatro especies de *Stenella.* Su hocico, perfectamente diferenciado, presenta su extremo blanco en los ejemplares adultos. Los ejemplares machos suelen ser un poco más grandes que las hembras; la talla máxima registrada en el mundo ha sido de 2,60 m, mientras que para las hembras ha sido de 2,40 m. El peso de estos ejemplares oscilaba entre 119 y 100 kg. En términos generales, el delfín moteado es un poco más pequeño que el delfín listado. Cuando nacen miden alrededor de los 85 cm y pesan aproximadamente 10 kg.

La coloración se caracteriza por la dominancia del color gris, que resulta muy oscuro en la parte dorsal hasta la mitad de sus flancos y tiende a aclararse hacia la zona ventral, hasta convertirse casi en blanco y configurando, a su vez, un diseño particular. Esta coloración de base suele estar adornada con numerosas manchas claras, de pequeño tamaño, sobre la mitad superior del cuerpo, y otras oscuras que se distribuyen sobre la zona ventral. Este último patrón puede variar según las áreas geográficas y la edad de los individuos. Los cachorros nacen sin ninguna de estas manchas y con el correr del tiempo comienzan a aparecer primero las manchas ventrales. Alrededor de los ojos puede presentarse una mancha oscura, con cierta tendencia a extenderse hasta la base de la aleta pectoral.

La aleta dorsal es un poco más grande y puntiaguda que la del delfín listado, está insertada en la mitad del dorso y posee una coloración gris oscura, al igual que la cara superior de la aleta pectoral.

El cráneo es semejante al del delfín listado pero posee una menor cantidad de dientes finos (entre 34 y 48 en cada quijada).

Biología y ecología

Si bien el delfín moteado pantropical es una especie eminentemente oceánica, de aguas profundas, también puede encontrarse en áreas costeras tropicales y templadas cálidas. El tamaño de las manadas está vinculado con dichos ambientes. Las manadas de áreas costeras son más pequeñas y generalmente están compuestas por menos de 100 individuos, mientras que las oceánicas pueden incluir varios miles. Son animales de natación muy rápida y también con posibilidades de comportamientos acrobáticos. En base a ejemplares marcados en el Pacífico se determinó que son capaces de realizar migraciones de alrededor de 2.500 km. Es uno de los delfines más abundantes del Pacífico oriental tropical, donde se vincula íntimamente con los cardúmenes de grandes atunes.

Las hembras alcanzan la madurez sexual a los 9 años de edad, mientras que los machos no participan sexualmente en las manadas hasta alcanzar los 12 años de vida. El período de gestación es de aproximadamente un año y la lactancia dura alrededor de 20 meses. Se supone que en el Pacífico oriental existen dos picos reproductivos anuales, uno durante la primavera y otro en el otoño.

La alimentación de este delfín se sustenta sobre calamares de pequeña talla y peces oceánicos de aguas superficiales. La actividad trófica tendría lugar principalmente durante las horas diurnas.

Distribución geográfica

Stenella attenuata se distribuye a lo largo de todas las zonas oceánicas ecuatoriales y subtropicales, entre los 40° N y 40° S, si bien las máximas concentraciones poblacionales tienen lugar en las bajas latitudes de dicho rango.

La presencia ocasional en nuestras costas y en Uruguay estaría dada seguramente por ejemplares vagabundos que exceden sus límites tradicionales de distribución geográfica.

Estatus y conservación

El delfín listado pantropical constituye la víctima más importante del impacto pesquero sobre los mamíferos marinos. Por su hábito de asociarse con los cardúmenes de grandes atunes del océano Pacífico, ha sido altamente impactado a partir de la década del 60, debido al uso de las grandes redes de cerco. Precisamente la asociación entre delfines y atunes fue lo que al hombre le permitió utilizar a los primeros como indicadores de la presencia de cardúmenes de atunes. Las redes de cerco, al cerrarse, no seleccionan entre atunes y delfines y ambas especies quedan capturadas por igual. Los delfines en esta situación no son capaces de saltar el borde flotante de las redes y mueren de a miles por estrés, asfixia o traumas. Realmente resulta incongruente que estos delfines, grandes campeones de salto en el mar, sean incapaces de saltar unos pocos centímetros para conseguir su liberación.

En virtud de ello, se desarrollaron nuevos tipos de redes que permiten la evasión de un alto porcentaje de delfines incidentalmente capturados. A partir de la década del 80 se redujo la captura de estos cetáceos a unas decenas de miles, y en los últimos años se aumentó la eficiencia de los sistemas de fuga de delfines. Las latas de atún que llevan en su etiqueta la escritura *Dolphin Safe* indican que la pesca fue realizada con redes que permiten el escape de los delfines.

El delfín moteado pantropical está ubicado en al Apéndice II de CITES y considerado por el UICN como especie no suficientemente conocida. Sin embargo, de haberse continuado el ritmo de capturas incidentales de las décadas del 60 y 70 esta especie en la actualidad estaría en un estado de riesgo crítico.

El libro Rojo de Argentina (SAREM) la considera una especie de preocupación menor (LC)

Delfín Nariz de Botella

Tursiops truncatus (Montagu, 1821) **Bottle Nose Dolphin**

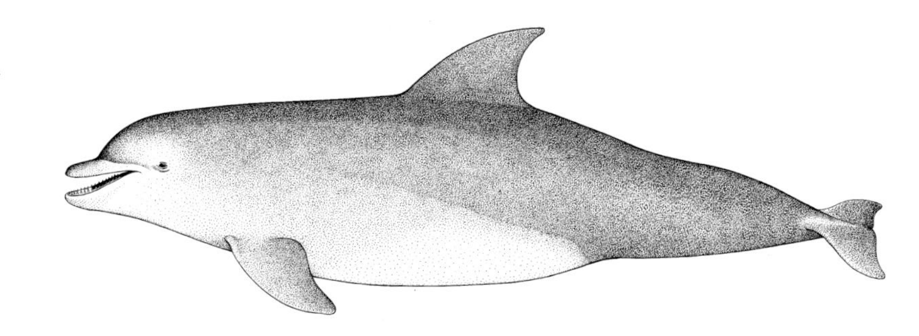

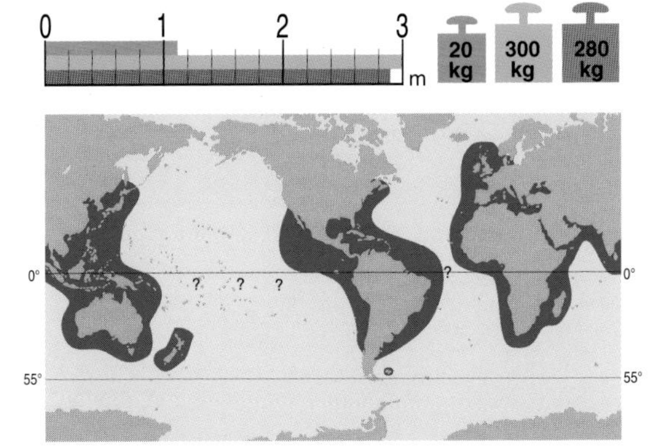

CLAVE PARA SU IDENTIFICACIÓN

- Cuerpo robusto de talla grande (máx. 4 m).
- Coloración general del cuerpo gris con zona ventral clara.
- Melón o frente de aspecto globoso, grande y bien diferenciado del rostro.
- Rostro u hocico corto y ancho.
- La quijada inferior sobrepasa a la superior por pocos centímetros.
- Aleta dorsal subtriangular o falcada, bien desarrollada y ubicada en la mitad del cuerpo.
- Aletas pectorales de forma clásica.
- Aleta caudal ancha y fuerte.
- Dientes cónicos bien desarrollados.

El delfín nariz de botella o tonina –como se lo designa en la costa argentina– es sin duda alguna el arquetipo de los delfines. Ya era conocido por la población grecorromana y estaba incorporado profundamente a su cultura. Científicos de la talla de Aristóteles y Plinio incluyeron en sus escritos referencias a esta especie y sin duda es el cetáceo más conocido del mundo.

Fue también el primer cetáceo exhibido públicamente en el acuario de Brighton (Gran Bretaña) en 1883, luego en 1914, en el Acuario de Nueva York y desde 1938 –con la creación de Marineland– se comienza a utilizar por su rapidez de aprendizaje y fácil entrenamiento.

El personaje de *Flipper,* promovido durante tantos años por la televisión mundial, y el desarrollo de los oceanarios popularizaron a esta especie y fue –de alguna manera– un medio efectivo para el conocimiento de los cetáceos por parte del público.

El primer naturalista que describió a un delfín nariz de botella fue el francés Lederer Lacépède en el año 1804, en base a un ejemplar que se encontraba en la colección de la Escuela de Veterinaria de París. Posteriormente, dicho ejemplar se perdió y la descripción de Lacépède fue ignorada en el ámbito de la ciencia, por lo tanto el nombre científico con el cual designó a esta especie no llegó nunca a ser reconocido. Unos cuantos años después (1821) –y en base al varamiento de un delfín en la costa de Devonshire (Gran Bretaña)– el naturalista George Montagu realizó una breve descripción otorgándole el nombre científico de *Delphinus truncatus;* posteriormente en 1843 Gray modifica su género designándolo como *Tursiops truncatus,* que es el nombre científico actualmente reconocido para el delfín nariz de botella. Sin embargo, entre fines del siglo XIX y principios del XX, se describieron alrededor de veinte especies distintas de delfines nariz de botella; en la actualidad la conclusión es que en todo el mundo existen solamente dos especies válidas; por una parte está el *Tursiops truncatus* de distribución cosmopolita y por otra el *Tursiops aduncus,* exclusivo de la región templado cálida del Indo-Pacífico que, desde lo genético y evolutivo estaría más vinculado con el género *Stenella* y *Delphinus* que con el propio *Tursiops truncatus.*

Foto: Phillip Colla

El delfín nariz de botella es una de las especies más comunes de áreas costeras tropicales y templadas del mundo.

La forma argentina de delfín nariz de botella fue considerada como una especie distinta por el naturalista Fernando Lahille, quien en 1908 la describe designándola como *Tursiops gephyreus,* basándose en ciertas diferencias con la forma del hemisferio norte. Posteriormente, se llega a la conclusión de que es una forma local de la especie *T. truncatus,* y que tal vez debería ser considerada como una verdadera subespecie (*Tursiops truncatus gephyreus*), típica de la Argentina, Uruguay y sur del Brasil.

Sin duda debe reconocerse que existen grandes variaciones entre los ejemplares que habitan distintas regiones geográficas, tanto en el tamaño, anatomía como también en hábitos y comportamiento.

El género *Tursiops* deriva del latín *tursio* (=delfín) y del sufijo griego *ops* (=parecido a). El término *truncatus* deriva del latín *trunco* (=cortado), tal vez como referencia al rostro u hocico relativamente corto en relación con el de otros delfines descriptos hasta esa época.

Características generales

Es uno de los delfines de cuerpo más largo, robusto y fuerte que habita las costas del Mar Argentino. Los machos adultos son un poco mayores que las hembras, con una longitud entre 2,50 a 3,50 metros, si bien existen valores máximos próximos a los 4 metros. El peso de los ejemplares adultos oscila entre 200 y 350 kg, pero hay registros máximos de 600 kg. Los cachorros al nacer miden entre 85 y 140 cm y pesan entre 10 y 30 kg. Estos valores contrastan notablemente con los de poblaciones como las del Caribe, zonas tropicales del Pacífico y el Mar Negro, donde los individuos son notablemente más pequeños y dinámicos.

Presentan una cabeza grande, merced a que su frente o melón es muy voluminoso y de aspecto globular, que se diferencia del rostro u hocico, corto y ancho. La quijada inferior o mandíbula sobrepasa algunos centímetros a la quijada superior o maxila. En algunos individuos esta característica está muy desarrollada, con claros rasgos de prognatismo.

La coloración general del cuerpo es gris (desde claro a oscuro), con el vientre blanquecino o levemente rosado; esta última coloración muchas veces resulta coincidente con el estado reproductivo de los ejemplares. Por otra parte, el color gris general varía en intensidad dependiendo de la región geográfica en la que se originan los individuos. También pueden existir variaciones de acuerdo con la intensidad luminosa, distintos períodos del año, procesos de renovación de la piel, etc. En algunos ejemplares pueden detectarse por encima de la coloración de base ciertas bandas más oscuras, como la que corre desde el extremo del melón y que se extiende hasta detrás de la aleta dorsal, y otra que se puede extender por el flanco. Algunos ejemplares también muestran una línea más clara que une el ojo con la base de la aleta pectoral.

Los cachorros al nacer presentan una serie de pelos en el hocico, como resabios de su origen de mamífero terrestre y que cumplirían la función táctil de encontrar las hendiduras mamarias de la madre. Con los días dichos pelos se pierden totalmente.

La aleta dorsal está muy bien desarrollada en los

adultos, llegando a medir en los ejemplares de tallas máximas 30 cm de altura. Se inserta en la mitad del cuerpo y su forma es variable según la región geográfica donde vivan los individuos. Por ende, la aleta dorsal resulta de utilidad para definir en nuestro país las distintas poblaciones. Así, los delfines nariz de botella que viven en las costas de la provincia de Buenos Aires, Uruguay y sur del Brasil se caracterizan por poseer una aleta de forma triangular, muy parecida a la de los grandes tiburones. En cambio, la población que habita la Península Valdés (Chubut) presenta una aleta típicamente falcada y fácilmente diferenciable de la anterior. Esto indicaría claramente que ambas poblaciones se encuentran aisladas y conservan en forma pura este atributo diferenciador. Las aletas dorsales en esta especie frecuentemente suelen mostrar marcas y cicatrices que permanecen inalteradas por largos períodos, por lo cual suelen usarse como marcas naturales para la identificación de distintos ejemplares que integran los grupos sociales, hecho que resulta fundamental para estudios científicos sobre el comportamiento, las relaciones sociales, las migraciones, la tasa de crecimiento, etc.

Las aletas pectorales están normalmente desarrolladas y presentan un borde anterior convexo y uno posterior cóncavo. Su aleta caudal también está muy bien desarrollada y presenta una gran superficie; es muy fuerte, permitiéndole a los delfines realizar toda una serie de actividades acrobáticas.

El cráneo es grande y fuerte, con varios huesos superiores claramente asimétricos. Presenta en ambas quijadas dientes cónicos muy bien desarrollados y fuertes, que pueden llegar a producir grandes heridas durante las luchas entre individuos e incluso también al hombre, como ha podido comprobarse en en-

Foto: R. Bastida

Quimey, el segundo delfín nacido en la Fundación Mundo Marino.

trenadores de oceanarios. Posee de 20 a 26 pares de dientes en la quijada superior y de 18 a 24 pares en la inferior.

Biología y ecología

Es el delfín más estudiado a nivel mundial, tanto en cautiverio como en la naturaleza, y probablemente sea uno de los de mayor adaptabilidad, dado que es capaz de vivir en ambientes muy diversos.

Los delfines nariz de botella son animales muy sociables que generalmente suelen formar grupos de 2 a 20 individuos, aunque también se han registrado excepcionalmente manadas de miles de animales en poblaciones de alta mar en el hemisferio norte. Existen también delfines solitarios que, precisamente, son aquellos que suelen tener mayor contacto con los hu-

Madre y cachorro se desplazan en íntimo contacto.

Foto: Eduardo Secchi

Foto: R. Bastida

Detalle del surco genital y el pene del delfín nariz de botella.

manos. Seguramente a partir de estos contactos han surgido los relatos y leyendas sobre la amistad entre el hombre y los delfines.

En aguas patagónicas también se ha visto a los delfines nariz de botella asociarse a otras especies tales como elefantes marinos (*Mirounga leonina*), lobos de un pelo (*Otaria flavescens*), ballenas francas (*Eubalaena australis*) y falsas orcas (*Pseudorca crassidens*). Son grandes nadadores capaces, en ciertas ocasiones, de efectuar todo tipo de acrobacias, barrenando o surfeando olas y siguiendo a embarcaciones.

Son animales muy activos durante el día pero también suelen tener actividad durante la noche, momento en el que buscan aguas de menor profundidad para no ser predados por los grandes tiburones.

Los primeras observaciones y encuentros de buceadores con delfines nariz de botella patagónicos se remontan hacia fines de la década del 50, cuando en la Península Valdés se inician las actividades subacuáticas. Posteriormente, en la década de los 70, se inician importantes estudios de esta especie en el Golfo San José (Chubut), que sirvieron para aclarar la estructura social de estos delfines, basándose en las marcas naturales de las aletas dorsales. Dichos estudios sirvieron para sentar las bases, a nivel mundial, sobre las investigaciones de pequeños cetáceos en la naturaleza. Los estudios del Golfo San José permitieron identificar a más de 50 individuos y las características de los grupos sociales por ellos conformados. Pudieron así identificarse pequeños grupos, altamente estables, pero que bajo determinadas condiciones pueden fundirse con otros grupos y complementarse durante ciertas actividades comunales, tales como las actividades tróficas. Básicamente se trata de grupos sociales dinámicos vinculados con el sexo, la edad, el estado reproductivo y relaciones familiares. También pudo determinarse en esta población de la Península Valdés lazos sociales muy estrechos que confirmaron la unión de parejas por períodos de al menos veinte años.

Los estudios sobre la población de delfines nariz de botella de la provincia de Buenos Aires fueron iniciados a mediados de la década del 70 en la zona de Mar del Plata y localidades vecinas y mantenidos en forma continuada por casi una década. En dicha zona pudieron identificarse un total de 30 individuos sobre una población de casi un centenar de ejemplares. La estructura social de estos delfines bonaerenses presentó grandes similitudes con aquella observada en el norte de Patagonia. El área de acción de los grupos comprendía una zona que se extendía desde el sur de Miramar hasta San Clemente del Tuyú y que cubría aproximadamente unos 250 km de costa, siendo capaces de desplazarse diariamente desde unos pocos kilómetros hasta un máximo de 90 km. También en esta población pudo definirse lazos de fidelidad entre dos individuos por más de 10 años. Otros estudios de este delfín fueron realizados en cautiverio y relacionados con aspectos de medicina veterinaria, comportamiento y finalmente el desarrollo de un Programa Reproductivo muy exitoso en el Oceanario Mundo Marino a través de su Fundación (San Clemente del Tuyú, provincia de Buenos Aires), con nacimientos ya de segunda generación.

La alimentación de esta especie es altamente diversificada y variable según las regiones geográficas. En Argentina se conoce solamente la dieta de la población bonaerense, que se basa fundamentalmente en peces marinos y estuariales tales como la corvina (*Micropogonias furnieri*), pescadilla común (*Cynoscion guatucupa*), pescadilla real (*Macrodon ancylodon*), córvalo (*Paralonchurus brasiliensis*), lacha (*Brevoortia pectinata*), brótola (*Urophysis brasiliensis*) y, en menor medida, el calamar costero (*Loligo sanpaulensis*). En otras áreas estuariales del sur de Brasil su dieta se basa en gran medida en peces tales como las lisas (*Mugil* spp.), que también constituyen las presas de los pescadores artesanales y con los cuales los delfines colaboran para facilitar su pesca conduciendo a los cardúmenes de lisas hacia la costa y frente a las redes de los pescadores. Una tarea cooperativa semejante se presenta entre los delfines y los pescadores artesanales de Mauritania.

Finalmente cabe señalar que el delfín nariz de botella es capaz de emplear infinidad de estrategias y técnicas para capturar sus presas; entre ellas merece señalarse aquella en que varan a los cardúmenes en la costa y a continuación se varan parcialmente para alimentarse. Este comportamiento ha podido observarse

Foto: R. Bastida

Ejemplar de Tursiops truncatus *entrenado para actuar en aguas abiertas.*

en algunas ocasiones en cursos de agua del sistema de Samborombón (provincia de Buenos Aires) y otros humedales estuariales del mundo.

A su vez, los delfines pueden ser predados por las orcas (*Orcinus orca*), según registros locales en las costas bonaerenses de la Bahía Samborombón y Villa Gesell; también los grandes tiburones son potenciales predadores de estos delfines y si bien no hay registros locales de ataques, se han detectado en la provincia de Buenos Aires individuos que carecían de una de sus aletas pectorales, o de la dorsal o que presentaban su cola en parte seccionada. En áreas tropicales los mayores predadores son el tiburón tigre (*Galeocerdo cuvieri*), el tiburón blanco (*Charcarodon carcharias*) y varias especies de *Carcharinus*. Por su comportamiento ante los tiburones se supone que los delfines distinguen perfectamente las especies peligrosas de las inocuas.

Si bien el delfín de nariz de botella es un buceador costero o de poca profundidad, hay registros de buceos de hasta 200 metros con apneas de hasta 20 minutos.

Al igual que en otros mamíferos marinos, la madurez sexual del delfín nariz de botella no está vinculada directamente con su capacidad para reproducirse, ya que la misma no es posible hasta que los ejemplares adquieran su madurez física. Por otra parte, la reproducción no sólo está vinculada con aspectos anatómicos y fisiológicos sino también con la organización social. En las hembras la madurez sexual se inicia a partir de los 5 años y en los machos unos 2 a 3 años después.

Cabe señalar que gran parte del conocimiento reproductivo de estos cetáceos proviene fundamentalmente de los estudios realizados en cautiverio. Si bien en estas condiciones de vida las hembras pueden ser receptivas entre los 5 y 7 años de edad, los abortos suelen ser muy frecuentes. Solo al superar los 7 años y generalmente a los 10 las hembras adquieren su madurez reproductiva y los nacimientos resultan exitosos. Durante el estro su comportamiento se modifica caracterizándose por un acercamiento más frecuente tanto a ejemplares machos como hembras, se incrementan las interacciones táctiles, se inflama el área genital, puede haber secreciones vaginales, inapetencia periódica y el vientre puede tomar una tonalidad levemente rosada.

La ovulación puede presentarse entre 1 a 6 veces al año, variando según la región geográfica. El período de gestación es de alrededor de 11 meses y en Argentina los nacimientos se registran principalmente en primavera y verano si bien la reproducción en esta especie es difusamente estacional y puede tener lugar en distintas épocas del año. En la mayor parte de los nacimientos los cachorros nacen de cola, aunque un bajo porcentaje puede hacerlo de cabeza (presentación cefálica). Si bien esta última presentación suele ser más riesgosa para el cachorro, muchos partos resultan exitosos. Los nacimientos ocurren por lo general cada tres años dependiendo en gran medida del período de cuidado de las crías que, en algunos casos, puede extenderse por varios años. Las hembras pueden reproducirse exitosamente a lo largo de toda su vida incluso pasados los 45 años. La longevidad de ellas es de unos 50 años y la de los machos de 40 años.

El período de lactancia puede durar más de 1 año, aunque son capaces de ingerir alimento sólido a partir de los 4 meses de vida y entonces convertir la dieta en

Foto: R. Bastida

Proceso de parto en la Fundación Mundo Marino.

tipo mixta. El destete se produce alrededor de los 18 meses y los ejemplares –si son machos– pueden permanecer un tiempo más con sus madres, pero en caso de ser hembras permanecen por varios años o incluso de por vida dentro del grupo social.

Los ejemplares machos, al margen de su situación hormonal, tienen comportamientos sexuales desde pequeños, observándose erecciones del pene a partir de las 48 horas de vida. A los pocos meses los cachorros tienen el hábito de inspeccionar el área genital de todas las hembras del grupo. Sus testículos, sin embargo, maduran a partir de los 10 años, pero su situación es la de púberes hasta los 14 años. En realidad son reproductivamente maduros a partir de los 15 años, y las experiencias en cautiverio indican que a partir de los 20 años es la edad reproductiva ideal. Los machos maduros son activos hormonalmente durante todo el año.

Cabe señalar que en esta especie, tanto en hembras como machos, suelen ser muy frecuentes diversos comportamientos de tipo homosexual.

Hasta la década del 70 los proyectos de reproducción en cautiverio mostraban claros signos de ineficiencia. El 25% de los cachorros nacían muertos y había una alta mortalidad en los primeros meses de vida. Todo ello llevó a la decisión de realizar en San Siego (EE.UU.) en 1975 el primer *Workshop* sobre reproducción de *Tursiops* en cautiverio que permitió lograr lineamientos y protocolos para nuevos proyectos reproductivos más exitosos. Luego, en 1977, el NOSC (Naval Ocean Systems Center) dependiente de la Marina Norteamericana, inicia un proyecto de investigación sobre la fisiología reproductiva del delfín nariz de botella. El objetivo del NOSC fue optimizar la reproducción a los efectos de perfeccionarse en dicho conocimiento, a la vez de independizarse de la captura de ejemplares salvajes, y a partir de 1981 se inicia la etapa de investigación sobre la reproducción asistida por inseminación artificial, ofreciendo así ventajas adicionales para los programas reproductivos en todo el mundo. Sea World, por su parte, logra también gran éxito en sus proyectos, pues desde 1978 hasta 1985 obtiene 36 nacimientos exitosos, cifra que se ha multiplicado notablemente en las últimas décadas.

Foto: R. Bastida

Aletas dorsales identificatorias de grupos bonaerenses.

En Latinoamérica los proyectos de reproducción en cautiverio se inician en la década del 90 a través de la Fundación Mundo Marino (San Clemente del Tuyú, Argentina), con un éxito comparable al de los oceanarios de Norteamérica y Europa.

Otra peculiaridad del delfín nariz de botella es su gran plasticidad genética gracias a la cual ha logrado –tanto en cautiverio como en la naturaleza– producir ejemplares híbridos con otras especies de cetáceos, tales como el delfín de Risso (*Grampus griseus*), el delfín de dientes rugosos (*Steno bredanensis*), la falsa orca (*Pseudorca crassidens*) y el delfín piloto (*Globicephala melas*). A este llamativo hecho debe mencionarse otro aun más insólito, como es el caso de que algunos de dichos híbridos han logrado descendencia exitosa.

Sobre este delfín se han realizado la mayor cantidad de estudios experimentales, tanto en cautiverio como en la naturaleza. Los primeros fueron iniciados en la década del 50 y fueron fundamentalmente de carácter fisiológico y de comportamiento, especialmente en relación al sistema nervioso y a las complejas estructuras jerárquicas de los grupos sociales. También en el marco de la Marina de los EE.UU. y de la Unión Soviética se desarrollaron profundos estudios en aspectos de la fisiología del buceo y del entrenamiento.

En las últimas décadas, y probablemente inspirados en las experiencias de la Marina Norteamericana, se han entrenado delfines para actuar en aguas abiertas y así vivir en semicautiverio. En las islas Bahamas (Freeport) fue donde se inició esta actividad y la rutina de trabajo consiste en salir a navegar hacia áreas de arrecifes coralinos para que los delfines entrenados puedan interactuar con los buceadores en aguas abiertas. Una vez terminada la actividad, los delfines y sus entrenadores vuelven a la zona costera donde se encuentra su residencia.

Es interesante señalar que los delfines así entrenados prefieren pernoctar y descansar en sus corrales, probablemente para lograr una mayor seguridad ante posibles ataques nocturnos de tiburones.

Sobre esta especie se basan también las técnicas de delfinoterapia aplicadas en distintas partes del mundo, si bien son aún motivo de controversia.

El amplio conocimiento actual que se tiene sobre la emisión de sonidos en cetáceos y sistemas de ecolocación se basan fundamentalmente en las investigaciones realizadas sobre esta especie desde hace más de medio siglo. Estos delfines, al igual que otros, son capaces de emitir sonidos en una amplia gama de frecuencias (40 - 130 kHz) ecolocalizando con gran efectividad a través de aquellos de más alta frecuencia. En las últimas décadas se ha descubierto que cada individuo es capaz de estructurar cierta gama de sonidos específicos que lo caracterizan; una especie de firma o impresión sónica que lo acompaña durante toda su vida y que sirve para reconocerse sónicamente entre los individuos, recurso de gran utilidad, particularmente, en aguas turbias o durante las horas nocturnas.

Distribución geográfica

El delfín *Tursiops truncatus* se distribuye básicamente a lo largo de todas las zonas costeras tropicales y templadas del mundo. Sin embargo en los últimos años se han descubierto poblaciones *offshore* –o de altamar– frente a las costas norteamericanas del Pacífico y que se diferencian de las poblaciones costeras por ser de mayor tamaño, más oscuros en su coloración y con aletas pectorales más pequeñas. Más recientemente, también se han descubierto poblaciones *offshore* con estas características en Brasil.

En Argentina este delfín se distribuye fundamentalmente desde la Bahía de Samborombón (provincia de Buenos Aires) hasta la provincia de Chubut, aunque existen registros de presencia muy ocasional en la provincia de Santa Cruz y en Tierra del Fuego. También ha sido registrado en una oportunidad en las Islas Malvinas.

Sin duda que el delfín nariz de botella es una especie de gran plasticidad ambiental, ya que soporta grandes variaciones de diversos factores tales como temperatura del agua (10° a 32°), salinidad (5 a 35 partes por mil), transparencia (0 a 40 m) e incluso alta contaminación. Un buen ejemplo de ello es la presencia ocasional de ejemplares de este delfín en varias localidades del Río de la Plata (Punta Indio, Quilmes, San

Los delfines nariz de botella solitarios suelen interactuar ante la presencia de buceadores.

Foto: Sergio Massaro

Foto: R. Bastida

Ensayos de entrenamiento de delfín nariz de botella en aguas abiertas.

Fernando, etc.) e incluso se han registrado ejemplares remontando el río Uruguay hasta la provincia de Entre Ríos, luego de haber recorrido cientos de kilómetros desde su ámbito marino. En Uruguay y Brasil también se ha registrado la presencia de esta especie en ambientes típicamente fluviales.

Estatus y conservación

Pese a que el delfín nariz de botella ha sido una de las especies que con mayor frecuencia se ha capturado para fines alimentarios, medicinales o para exhibición pública, resulta una especie abundante a nivel mundial y no amenazada en forma particular. Sin embargo algunas poblaciones se encuentran bajo serios riesgos por motivos tales como degradación del hábitat (contaminación, sobrepesca, etc.) y matanzas directas por motivos diversos (alimentación, competencia pesquera, etc.). Un buen ejemplo de población en alto riesgo es la del Mar Negro, la que fue intensamente explotada con diversas finalidades hasta fines de la década del 80, a lo que debe sumarse una alta contaminación de sus aguas y los fondos. Por todo ello se estima muy difícil la recuperación de esta población y del ambiente en general.

En la costa atlántica norteamericana y el Golfo de México preocupan las altas mortalidades registradas en la últimas décadas por acciones virales y probable depresión de los sistemas inmunológicos por la alta concentración de contaminantes en la zona.

Otras áreas del mundo como el Mar Mediterráneo también han visto impactadas sus poblaciones por efecto de la sobrepesca, capturas incidentales y la contaminación general que incluye las muertes por ingesta accidental de materiales plásticos.

En ejemplares de la provincia de Buenos Aires también se han registrado altas concentraciones de metales pesados e ingesta de materiales plásticos. También en dicha población bonaerense, a partir de la década del 80, se observa una marcada declinación en la presencia de grupos que habitaban el área costera marina marplatense y en la actualidad sólo en forma ocasional pueden observarse algunos ejemplares, cuando en décadas anteriores prácticamente se encontraban a diario en algún sector del área. Se presume que dicha ausencia puede estar vinculada con los fenómenos de sobrepesca costera. La única zona donde aun pueden observarse grupos reducidos con cierta frecuencia es en la Bahía de Samborombón. La población patagónica del Golfo San José parece también haber disminuido durante las últimas décadas.

Otra amenaza que afecta a esta especie es la captura incidental en redes de pesca, como las de cerco de atunes, sardinas y anchoas, pero han sido mucho menores que en otros delfines como los del género *Stenella*. Aparentemente los *Tursiops* suelen evitar mejor las redes de cerco y también las de enmalle.

La matanza directa de esta especie para consumo humano ha disminuido en los últimos tiempos, pero persiste en el Perú, Sri Lanka y Japón.

CITES la ubica en su Apéndice II y el Libro Rojo de Argentina (SAREM) la considera una especie de preocupación menor (LC) dependiente de la conservación.

Delfín de Fraser

Lagenodelphis hosei Fraser, 1956

Fraser's Dolphin

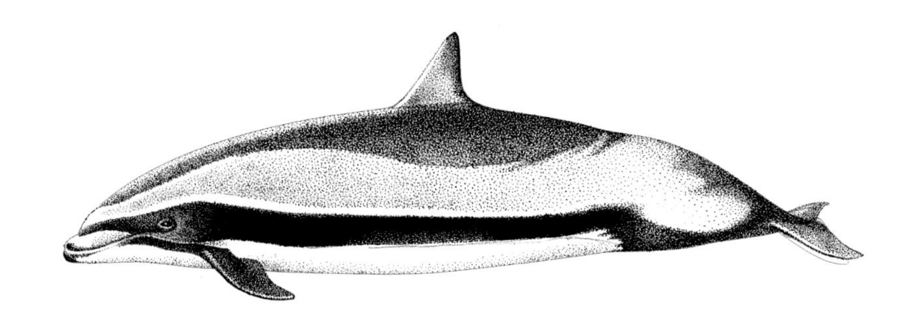

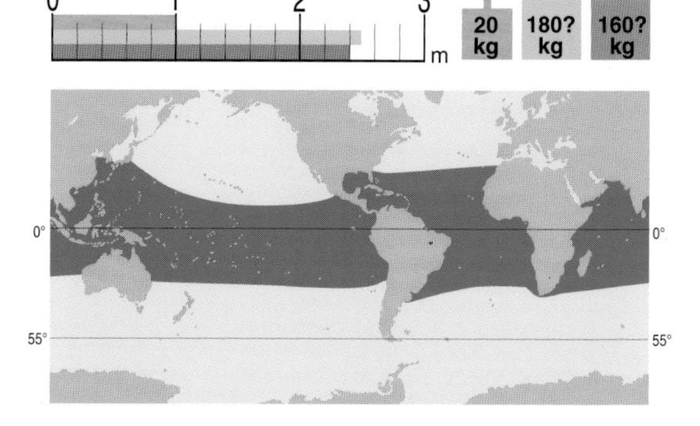

CLAVE PARA SU IDENTIFICACIÓN

- Cuerpo mediano, con aspecto de torpedo (máx. 2,70 m).
- Hocico o rostro corto, poco evidente.
- Coloración dorsal grisácea, vientre blancuzco.
- Banda oscura extendiéndose desde el ojo al ano.
- Línea oscura extendiéndose desde el ojo a la aleta pectoral.
- Cachorros sin dichas bandas o líneas oscuras.
- Aletas pectorales y caudal pequeñas.
- Aleta dorsal pequeña, subtriangular o levemente falcada.

Pese a que el hallazgo del ejemplar tipo tuvo lugar a fines del siglo XIX, recién fue estudiado y descrito como una nueva especie en 1956.

Dado que muchas características del cráneo de este delfín son compartidas por las especies del género *Lagenorhynchus* y *Delphinus*, el Dr. F. C. Fraser, luego de estudiarla, decidió bautizarla con el nombre genérico de *Lagenodelphis* y dedicársela a quien descubrió el ejemplar original, el Sr. Charles Hose, residente en Sarawak (Malasia). Recién 15 años después de describirse a la especie, basándose exclusivamente en un cráneo, se pudo conocer el aspecto general del animal al observarse manadas de ejemplares vivos en tres regiones distintas del mundo.

Este delfín ha sido recientemente citado para la fauna argentina en virtud de una seguidilla de varamientos masivos que tuvieron lugar en ambas márgenes del estuario del Río de la Plata. La presencia del delfín de Fraser en tan altas latitudes constituye un hecho circunstancial, dado que ésta es una especie típicamente oceánica y tropical. Por ello, la posibilidad de observarlo en nuestra región es probablemente baja.

Características generales

Su cuerpo es de talla mediana y más bien fusiforme, lo que recuerda vagamente el perfil de un torpedo. El largo máximo de machos registrado hasta el presente es de 2,70 m y las hembras un poco menores; el peso máximo registrado en machos es de 210 kg y en hembras de por lo menos 160 kg, valor éste que seguramente será superado cuando se pueda medir más ejemplares. Los cachorros al nacer miden alrededor del metro de largo y un peso aproximado de 20 kg.

El hocico es pequeño y poco perceptible, si bien la línea de la boca está bien extendida lateralmente. Aunque el cuerpo es robusto, sus aletas pectorales y caudal son pequeñas. También lo es su aleta dorsal, que está ubicada en la mitad del dorso y suele ser subtriangular o levemente falcada. El pequeño tamaño de estos apéndices ayudan a darle al cuerpo el aspecto de torpedo mencionado.

La coloración general del cuerpo es grisácea, con un dorso gris azulado y más oscuro que los flancos. El pedúnculo caudal suele ser también oscuro en su parte ventral. Los flancos en su parte inferior muestran una banda blancuzca que se extiende desde la frente, y por encima del ojo, hasta aproximadamente la altura del ano. Por debajo de esta fina banda clara se extiende otra banda más ancha, de color gris oscuro, que va desde el hocico, cubre el ojo y se extiende hasta el ano. En la parte anterior del cuerpo, una o dos líneas oscuras finas conectan la comisura de la boca con la inserción anterior de la aleta pectoral. El labio superior, las pectorales y la caudal son de color oscuro.

Todo este patrón de coloración suele intensificarse con la edad de los ejemplares; por ello, los cachorros suelen presentar un color general grisáceo claro, sin mayores ornamentaciones. Al observarse una manada de delfines de Fraser en la naturaleza, se podrá distinguir una amplia gama de patrones de coloración, pero siempre se podrá identificar dentro de ella algunos ejemplares que responden perfectamente al esquema de coloración descrito.

El cráneo de esta especie presenta varias similitudes con aquellos delfines del género *Lagenorhynchus* y *Delphinus*. Posee de 36 a 44 pares de dientes en la quijada superior y 34 a 44 pares en la mandíbula.

Biología y ecología

Es una especie altamente gregaria, habiéndose observado manadas de cientos hasta algunos millares de individuos. Suele también socializar con otras especies de delfines tales como falsas orcas (*Pseudorca crassidens*) y delfines cabeza de melón (*Peponocephala electra*) y hasta con cachalotes (*Physeter macrocephalus*).

Los individuos entrarían en madurez sexual recién al superar los dos metros de largo, pero no existe mayor información sobre el proceso reproductivo. Tampoco se tiene información sobre sus desplazamientos o migraciones estacionales. Si bien suelen ser de desplazamiento rápido, ágiles y capaces incluso de saltar fuera del agua, suelen ser menos acrobáticos que otras especies de delfines oceánicos.

La dieta de este delfín se basa principalmente en calamares, crustáceos planctónicos y peces de profundidad que capturan durante la noche cuando las presas ascienden hacia la superficie. También pueden realizar inmersiones vinculadas con su alimentación, entre 200 y 500 metros de profundidad.

El único dato sobre longevidad con que se cuenta para esta especie es de 16 años, pero seguramente su período de vida debe ser mucho mayor.

Distribución geográfica

Es un delfín de distribución pantropical, entre los 30° N y 30° S.

Resulta frecuente en áreas oceánicas tropicales del Pacífico, océanos Indico y Atlántico. Esta especie ha resultado ser muy frecuente en ciertas regiones, tales como Sudáfrica y Filipinas. Su presencia en Argentina constituye un hecho ocasional.

Estatus y conservación

El delfín de Fraser ha sido capturado incidentalmente durante muchos años en las pesquerías del atún de aleta amarilla del Pacífico oriental tropical, pero no existen al presente buenas estadísticas de estas capturas.

Ocasionalmente estos delfines son cazados en el Caribe en la isla de Saint Vincent, que posee una flota artesanal dedicada a la captura de delfines piloto (*Globicephala melas*). También es cazado ocasionalmente por flotas pesqueras de Filipinas, Sri Lanka e Indonesia.

El delfín de Fraser ha sido capturado en Filipinas para su exhibición en oceanarios, pero su supervivencia hasta el presente no ha sido buena

Si bien no existen evaluaciones poblacionales completas de esta especie, se supone que en el Pacífico tropical oriental existe una población de unos cientos de miles de individuos.

LA UICN la considera una especie insuficientemente conocida y CITES la ubica en su Apéndice II. Todavía no ha sido citada en el Libro Rojo de Argentina (SAREM), sin embargo podría ubicarse en la categoría de especie de preocupación menor (LC), dependiente de la conservación.

Delfín Liso Austral

Lissodelphis peronii (Lacépède, 1804) **Southern Right Whale Dolphin**

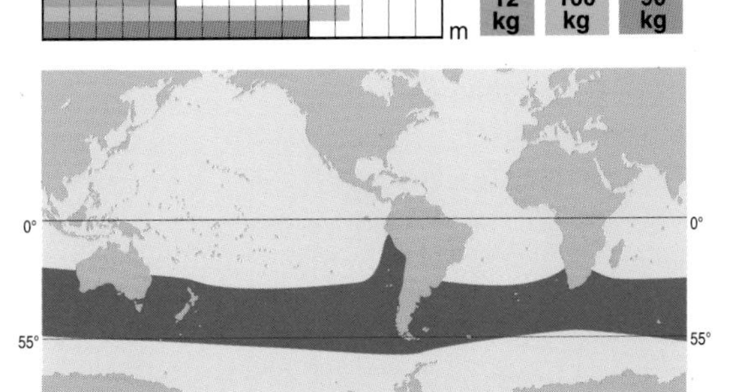

CLAVE PARA SU IDENTIFICACIÓN

- Cuerpo de talla mediana (máximo 3 m), sumamente estilizado.
- Sin aleta dorsal.
- Coloración bicolor; negro el dorso, blanco el flanco y el vientre.
- Aletas pectorales blancas con reborde posterior negro.
- Hocico corto de color blanco.
- Coloración en cachorros menos contrastante.

El delfín liso es una especie inconfundible por ser el único delfín de Argentina que carece de aleta dorsal.

El género *Lissodelphis* es un nombre compuesto de origen latino que significa *delfín liso*. El nombre específico *peronii* ha sido puesto en honor al naturalista francés L. Peron, quien obtuvo el ejemplar tipo en las costas de Tasmania. El nombre inglés *Right Whale Dolphin* está inspirado en el hecho de que las ballenas francas carecen de aleta dorsal, aunque cabe aclarar que, salvo este hecho, no hay la más mínima similitud entre ambas especies.

Su cuerpo totalmente estilizado y delgado, unido a su patrón de coloración blanca y negra, facilitan notablemente su identificación. Sin embargo, su presencia es muy poco frecuente en aguas costeras, pues se trata de una especie fundamentalmente oceánica.

Características generales

El cuerpo es muy delgado y sin aleta dorsal. El hocico es corto, pero está bien definido. La máxima estilización del cuerpo se produce en su mitad posterior, rematando en una aleta caudal o cola pequeña. Sus aletas pectorales también son pequeñas, puntiagudas y presentan un margen posterior muy cóncavo.

El largo del cuerpo en los adultos suele oscilar entre los 2 y los 2,50 m, siendo los machos levemente más grandes que las hembras. La talla máxima reportada para esta especie es de 3 m, pero probablemente algunos ejemplares lleguen a superarla. Los individuos más grandes pueden pesar alrededor de 120 kg, mientras que el promedio de los adultos oscila posiblemente entre los 90 y 100 kg. Los cachorros al nacer miden alrededor de 1 m de largo con un peso corporal estimado entre 10 y 15 kg.

La coloración del dorso es negra y dicho patrón se inicia a partir del final del melón, o frente, y por delante de los ojos; se continúa luego hacia abajo hasta alcanzar la base de las aletas pectorales y, a partir de ahí, forma una curva en dirección al dorso para descender luego en dirección a la cola. El hocico y la parte anterior de la cabeza es blanca, al igual que gran parte del flanco y el vientre. Las aletas pectorales son blancas, pero poseen un reborde negro en el margen posterior. La aleta caudal, en su cara superior, puede va-

Foto: Fernanda F. C. Marques

Ejemplar solitario de delfín liso austral, en aguas abiertas.

riar de un gris oscuro a un gris claro, mientras que su cara inferior siempre es blanca. Cabe señalar que se han observado algunas variaciones individuales de este patrón general de coloración, por lo cual pueden ser de utilidad para identificar ejemplares. Algunos pueden mostrar modificaciones extremas al presentar aletas pectorales totalmente negras, ser totalmente albinos e incluso totalmente negros o melánicos. Los cachorros suelen presentar una coloración menos contrastante, con un dorso no tan oscuro y un vientre no tan claro como en los adultos.

El cráneo lleva a cada lado de ambas quijadas líneas de dientes muy finos conformada cada una por 44-49 piezas dentales.

Resulta anecdótico mencionar que la descripción del delfín listado austral figura en la famosa obra literaria "Moby Dick", de Herman Melville.

Biología y ecología

Se sabe que es un delfín de hábitos sociales, que forma manadas muy numerosas que pueden superar los 1.000 individuos. Cuando se desplazan en áreas costeras las manadas del delfín liso suelen ir desde unos pocos individuos hasta algunas decenas. También se los ha observado en asociación con otras especies de delfines como el delfín oscuro (*Lagenorhynchus obscurus*), el delfín cruzado (*L. cruciger*) y el calderón de aletas cortas (*Globicephala melas*). Casualmente con el primero de ellos parece haber tenido lugar un cruzamiento en la Patagonia que dio como resultado un ejemplar híbrido que suele integrar las manadas de delfines oscuros de la Península Valdés (Chubut).

Es un delfín muy activo que puede desplazarse a gran velocidad, realizando largos saltos por el aire, al salir a respirar.

Nada se sabe sobre su biología reproductiva y existen muy pocas referencias sobre sus hábitos alimentarios; algunos ejemplares analizados mostraron en sus estómagos restos de diversas especies, tanto de peces pelágicos (mictófidos) como de calamares, todos ellos de pequeña talla.

Distribución geográfica

Este delfín vive exclusivamente en el hemisferio sur y se distribuye en forma circumpolar. Habita aguas templadas frías y subantárticas, generalmente desde los 30° S hasta la Convergencia Antártica, la que no suele sobrepasar. Su distribución hacia el norte puede verse ampliada notablemente cuando se vinculan con corrientes frías como la de Humboldt en el Pacífico, hecho que les permite distribuirse hasta los 12° S, al norte del Perú. Algo semejante puede presentarse también con la corriente de Benguela, en la costa atlántica de Sudáfrica.

En el Mar Argentino el delfín liso austral ha sido registrado desde los 40° S hasta el extremo del continente sudamericano y en aguas de distinta profundidad. Los varamientos de esta especie han sido muy frecuentes en Tierra del Fuego y también se han registrado en las Islas Malvinas y en las Shetland del Sur.

Estatus y conservación

Los antiguos balleneros del siglo XIX solían cazar ésta y otras especies de delfines para su alimentación, sin embargo nunca han constituido un blanco de capturas comerciales importantes. Existen algunos registros de capturas incidentales en redes de deriva colocadas en las costas de Chile y Perú. También se registran capturas intencionales en Perú para consumo humano.

La UICN considera al delfín listado austral como una especie insuficientemente conocida. CITES incluye a este delfín en su apéndice II, mientras que el Libro Rojo de Argentina (SAREM) la considera de preocupación menor (LC).

Delfín Oscuro

Lagenorhynchus obscurus (Gray, 1828)

Dusky Dolphin

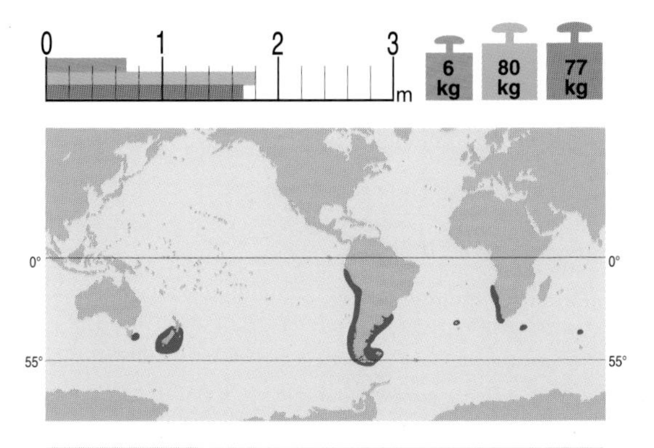

CLAVE PARA SU IDENTIFICACIÓN

- Cuerpo relativamente pequeño y compacto (máx. 2,10 m).
- Dorsalmente gris oscuro azulado y ventralmente gris blanquecino.
- Mitad posterior del flanco cruzado por dos bandas diagonales oscuras.
- Garganta de color blanco intenso.
- Hocico no diferenciado del perfil de la cabeza.
- Boca con reborde pigmentado gris oscuro.
- Aletas pectorales más oscuras que la zona de inserción.
- Aleta dorsal bien desarrollada; gris oscura anteriormente, más clara posteriormente.
- Aleta caudal gris oscura en ambas caras.
- Realiza grandes saltos y acrobacias aéreas.

Seguramente es el delfín que con mayor frecuencia podrán observar aquellos que exploren las costas norpatagónicas o los que naveguen en aguas de plataforma de la provincia de Buenos Aires.

Esta especie fue descripta originalmente por Gray en 1828 en base a un ejemplar proveniente de Sudáfrica. Pocos años después, durante el famoso viaje de Darwin en el buque *Beagle,* es capturado un delfín en la costa patagónica que dibuja el mismo capitán Fitz-Roy y que es designado como una nueva especie (*Lagenorhynchus fitzroyi*); tiempo después se determinó que se trataba de un delfín oscuro, similar al ejemplar descrito por Gray. El nombre genérico proviene de dos términos griegos, *lagenos,* que significa frasco o matraz, y *rhynchos* que significa nariz o pico, en referencia al aspecto de su hocico, pequeño y continuo con el perfil de la cabeza. El nombre específico *obscurus* proviene del latín por la coloración oscura del dorso.

Características generales

El delfín oscuro, junto con el delfín nariz de botella (*Tursiops truncatus*), ha sido una de las primeras especies de delfines estudiadas en Argentina. A partir de las investigaciones iniciadas en la Península Valdés (Chubut), a mediados de la década del 70, los estudios de campo sobre el comportamiento de los delfines tomaron un gran incremento a nivel mundial.

Es un cetáceo más bien pequeño. Los machos adultos pueden alcanzar un largo máximo de 2,10 m y las hembras adultas de 1,90 m. El peso corporal máximo oscila alrededor de los 100 kg.

El delfín oscuro posee un cuerpo compacto, pero de proporciones armoniosas. El perfil superior de la cabeza forma una curva continua, bien definida, en la cual queda incluido su pequeño hocico, que se destaca más por su pigmentación oscura que por la forma. Sus aletas pectorales están bien desarrolladas y son de forma estilizada. La aleta dorsal –ubicada en la mitad del cuerpo– es levemente falcada, erguida y de regular tamaño.

El dorso de este delfín es de color gris oscuro azulado y aproximadamente a partir de la mitad del cuerpo, por debajo de la aleta dorsal, surgen dos bandas a manera de pinceladas que corren en diagonal a través de los flancos hacia el vientre. La banda inferior se une con el borde inferior oscuro del pedúnculo caudal. Esta coloración resalta sobre un fondo gris muy claro que

Foto: Gabriel Rojo

El delfín oscuro es una de las especies más acrobáticas del Mar Argentino.

luego se hace blanco en el vientre. El extremo y reborde de la boca presenta una pigmentación oscura y, desde el ojo y en dirección a la inserción anterior de la aleta pectoral, se extiende un área de color grisáceo claro. Esta área delimita a su vez un parche, de color blanco intenso, correspondiente a la zona de la garganta. Alrededor del ojo puede observarse en algunos ejemplares un sombreado oscuro que ayuda a resaltarlo. La aleta caudal es oscura, tanto dorsal como ventralmente y, desde esta última cara, la coloración corre hacia adelante hasta cubrir la zona ventral del pedúnculo caudal y unirse con la banda inferior del flanco. La coloración de esta especie, y de otros delfines, puede mostrar una variación individual bastante amplia.

Las aletas pectorales son de un gris más oscuro que el de su área de inserción y presentan rebordes más pigmentados. La aleta dorsal muestra su mitad anterior de color gris oscuro, aclarándose hacia la parte posterior. El patrón de coloración descrito anteriormente configura un atributo típico de esta especie y sirve para diferenciarla de sus parientes cercanos, el delfín austral (*Lagenorhynchus australis*) y el delfín cruzado (*Lagenorhynchus cruciger*).

Imagen subacuática de una pequeña manada.

El cráneo, contrariamente a lo que podría suponerse, presenta un rostro normalmente desarrollado que no condice con la mínima dimensión del hocico en los animales vivos. Su estructura general responde a la anatomía clásica de un delfínido y posee entre 27 y 36 pares de agudos y pequeños dientes en cada quijada.

Biología y ecología

Es una especie típicamente gregaria. En raras ocasiones pueden verse individuos solitarios ya que generalmente viven formando pequeños grupos de 5 a 20 ejemplares, aunque también pueden observarse manadas de algunos cientos en aguas costeras, como las del norte patagónico. En aguas abiertas, frente a la provincia de Buenos Aires, se han registrado manadas de delfín oscuro que superan los 1.000 individuos.

Las manadas de menor tamaño del delfín oscuro muestran vínculos muy estrechos y duraderos entre los individuos; entre distintos grupos resultaría menos estrecha pero fluida. La actividad trófica y las migraciones podrían ser motivo de la unión de numerosos pequeños grupos para formar grandes manadas.

Normalmente, en la superficie presentan un ritmo respiratorio de 4 a 5 exhalaciones/inspiraciones por minuto, que puede acelerarse notablemente durante rápidos desplazamientos que alcanzan los 35 km/h.

El delfín oscuro en la Argentina se alimenta fundamentalmente de peces y calamares. Entre los primeros se destaca la anchoíta (*Engraulis anchoita*) con la cual está íntimamente ligado en sus desplazamientos migratorios y en las estrategias grupales de captura. Entre los calamares merecen señalarse el *Loligo gahi* en la costa patagónica y el *Loligo sanpaulensis* en la bonaerense.

Durante primavera y verano suelen concentrarse con mayor frecuencia en zonas costeras del norte de Patagonia; durante el período invernal migrarían hacia el norte y hacia zonas más profundas, según pudo observarse a través de ejemplares marcados en la Península Valdés y reavistados después de muchos años frente a Mar del Plata mientras predaban cardúmenes de anchoítas. Este hecho permitió comprobar que los vínculos sociales entre dos individuos pueden mantenerse intactos durante muchos años.

Esta especie presenta estrategias grupales particulares en la captura de cardúmenes de peces pelágicos. Después de dichas sesiones de alimentación la manada puede presentar una intensa actividad sexual según se ha podido constatar gracias a observaciones de buceo. En dichas ocasiones se pudo observar también la cópula de distintos machos a una misma hembra. La gestación dura alrededor de un año y los nacimientos tienen lugar en primavera y verano. La lactancia y la relación madre-cría podrían extenderse por más de un año por lo cual las hembras gestarían cada dos años. Las hembras maduran aproximadamente a partir de los 4-6 años de edad, notándose ciertas variaciones en las distintas poblaciones geográficas.

Aparentemente esta especie ha logrado cruzarse

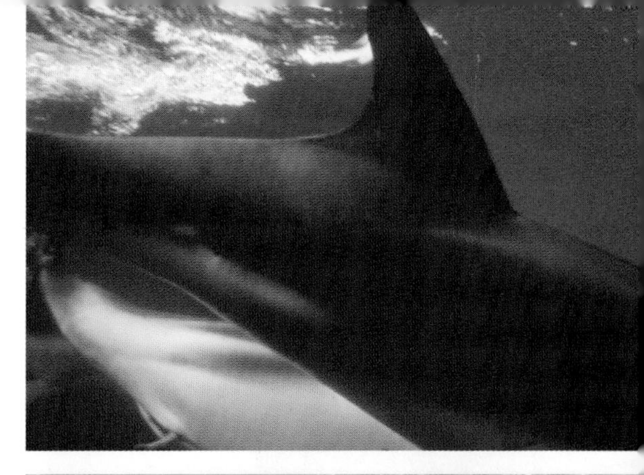

Secuencia subacuática de cópula en pareja de delfines oscuros.

Fotos: R. Bastida

con un ejemplar de delfín liso (*Lissodelphis peronii*), creando un híbrido que con cierta frecuencia puede verse en manadas que frecuentan el norte de Patagonia.

Es sin duda uno de los delfines más ágiles y acrobáticos, realizando habitualmente exhibicionismo aéreo de dichas habilidades. Este tipo de comportamiento suele ser contagioso, dado que las acrobacias son iniciadas por unos pocos individuos y luego imitadas por una gran parte de la manada. Son capaces de dar saltos de varios metros de altura. Asimismo pueden realizar llamativos saltos mortales simples y dobles, tanto hacia adelante como hacia atrás. En ocasiones

Foto: Gabriel Rojo

Ejemplar híbrido integrado a una manada de delfines oscuros.

Foto: R. Bastida

Los reflejos de superficie suelen distorsionar la coloración típica del delfín oscuro.

se los ha visto interactuar con otras especies de mamíferos marinos, tales como los lobos marinos de un pelo (*Otaria flavescens*), de dos pelos (*Arctocephalus australis*), delfines tales como el delfín nariz de botella (*Tursiops truncatus*), delfín común (*Delphinus delphis*), tonina overa (*Cephalorhynchus commersonii*) y la ballena franca (*Eubalaena australis*). Asimismo aceptan la presencia del hombre en su rol de buceador y son capaces de interactuar con él durante largos períodos.

Entre los predadores principales de esta especie pueden citarse los grandes tiburones, que muchas veces están presentes dentro de las manadas de delfines. Otros predadores son las orcas (*Orcinus orca*) a las que eluden cuando éstas incursionan en áreas costeras.

Distribución geográfica

Es una especie típica de aguas templadas frías, de hábitos costeros y de plataforma. Se distribuye exclusivamente en el hemisferio sur; en Sudamérica se encuentra en el océano Atlántico hasta el Uruguay y también en las Islas Malvinas. En el océano Pacífico se extiende hasta Perú, alrededor de los 10° S, siguiendo las aguas frías de la corriente de Humboldt.

También está presente en la costa atlántica de Sudáfrica en relación con la corriente fría de Benguela. Es una especie típica también del sur de Nueva Zelanda, donde las poblaciones muestran muchas diferencias con respecto a las de Península Valdés, tanto en su hábitat como en su comportamiento. Han sido avistados ocasionalmente en el sur de Australia, Tasmania e Islas Kerguelen.

Estatus y conservación

En Argentina, Sudáfrica, Nueva Zelanda y Australia ejemplares de esta especie han sido mantenidos en cautiverio si bien no han logrado reproducirse.

En las costas de Perú esta especie ha sido objeto de explotación comercial y de gran preocupación por la conservación, dado que en dicho país anualmente son capturados varios miles de ejemplares para consumir su carne. En menor medida los delfines oscuros también son capturados en la costa chilena, principalmente para uso como carnada en trampas de pesca.

Las capturas incidentales en redes pesqueras son frecuentes en la costa de Nueva Zelanda, donde se estima que más de 100 ejemplares son capturados anualmente. En Argentina las capturas incidentales de esta especie se han incrementado notablemente en los últimos años, a partir del empleo de redes de media agua para la pesca de la anchoíta y del aumento del esfuerzo pesquero en toda la plataforma. En aguas patagónicas se estima que anualmente mueren entre 100 y 200 ejemplares en arrastres de fondo para la captura de merluza y langostino.

Ha sido mantenido en oceanarios de Argentina y Nueva Zelanda, demostrando una capacidad de aprendizaje semejante al del delfín nariz de botella.

Si bien se supone que el delfín oscuro es abundante a lo largo de sus áreas de distribución, muy pocos censos han sido realizados hasta el presente, por lo cual no existen verdaderas estimaciones poblacionales. En virtud de ello la UICN la considera como especie insuficientemente conocida. Mientras que el Libro Rojo (SAREM) de Argentina la considera de preocupación menor (LC) y dependiente de la conservación. Este delfín se encuentra incluido en el Apéndice II de CITES.

Por los eventos de capturas comentados, esta especie se encuentra protegida también por la "Convención Sobre Especies Migratorias de Fauna Silvestre y la Comisión Ballenera Internacional".

Delfín Austral

Lagenorhynchus australis (Peale, 1848) **Peale's Dolphin**

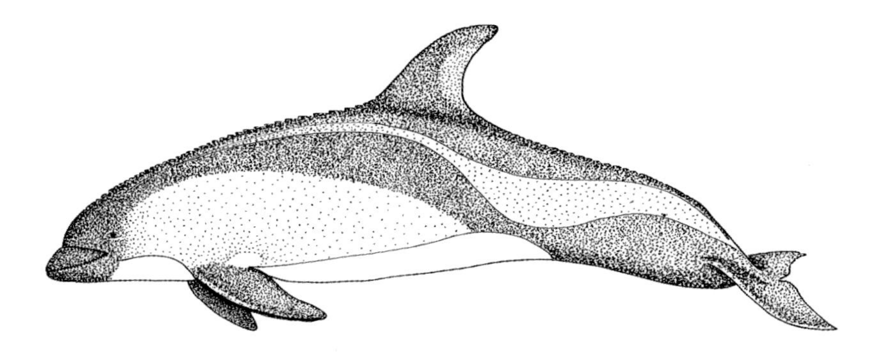

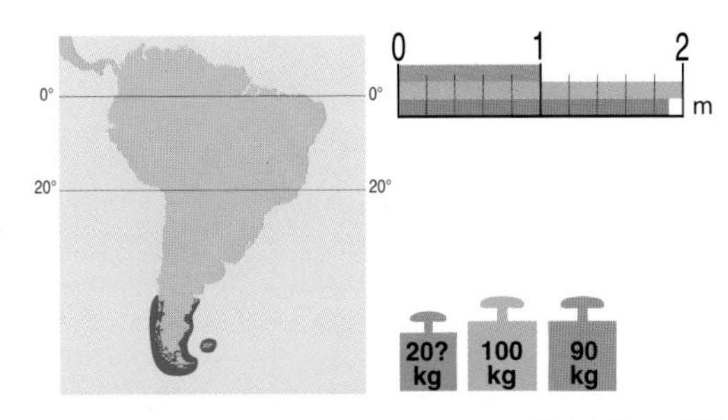

CLAVE PARA SU IDENTIFICACIÓN

- Cuerpo robusto y relativamente pequeño (máx. 2,20 m).
- Dorsalmente gris oscuro, casi negro, sector central ventral gris blancuzco.
- Mitad posterior del flanco cruzada por una banda gris clara.
- Cara ventral del pedúnculo caudal gris oscura.
- Hocico pequeño y cara enmascarados por coloración gris oscura.
- Fina línea oscura separa el sector gris claro del flanco de zona ventral.
- Aletas pectorales oscuras con típica mancha blanca en zona axilar.
- Frecuente en zonas costeras protegidas y bosques de cachiyuyos.
- Acrobacias moderadas.

El nombre común inglés *Peale's dolphin* hace referencia al naturalista Titian Peale quien describió originalmente a esta especie en 1848, basándose en una ilustración realizada durante una expedición norteamericana a la Patagonia. Posteriormente, Cope encuentra el esqueleto de un ejemplar arponeado durante dicha expedición y lo describe más ampliamente en 1866, aunque bajo otro nombre. Este delfín muchas veces fue confundido con otras especies del género *Lagenorhynchus* (del griego *lagenos* = frasco o matraz) y *rhynchos* (= nariz o pico).

Seguramente quienes exploren el extremo austral de la Patagonia y la Tierra del Fuego tendrán oportunidad de observar a este delfín costero que, con la tonina overa (*Cephalorhynchus commersonii*), resultan ser los delfines más frecuentes. Precisamente su nombre específico *australis,* proveniente del latín, hace referencia a su austral distribución geográfica.

Características generales

Es un cetáceo más bien pequeño, pero de cuerpo más robusto que el delfín oscuro (*Lagenorhynchus obscurus*). Los machos pueden alcanzar una talla máxima de 2,18 m; las hembras llegan a 2,10 m. Al nacimiento los cachorros medirían cerca de 1 metro. Hay poca información sobre el peso de este delfín; el registro máximo de una hembra adulta da 115 kg, supuestamente los machos excederían este peso.

Dorsalmente es de color gris negruzco, al igual que su frente y su hocico poco desarrollado, lo que configura una especie de máscara facial. Desde el pedúnculo caudal y hacia adelante presenta una banda gris clara que se va afinando al llegar a la altura de la dorsal para terminar en una fina línea que se extiende hasta cerca del orificio respiratorio. Desde el ojo, y hasta la mitad del cuerpo, se extiende un parche grisáceo que se separa del blanco del vientre por una fina línea oscura, que en la zona de la axila de la aleta pectoral se curva y delimita una típica mancha blanca, patrón de que carecen las dos especies afines (*L. obscurus* y *L. cruciger*). La aleta dorsal, levemente falcada, está insertada en la mitad del cuerpo: bien desarrollada, es de color oscuro, aclarándose hacia la parte posterior. El vientre, por detrás de la garganta oscura, se convierte en un gris claro, casi blanco, aunque se oscurece hacia la zo-

Foto: Cristian de Haro

Salto de un ejemplar adulto de delfín austral, exhibiendo su típica coloración.

na genital. Las crías son de una coloración general más uniforme que los adultos y de tonalidad gris clara. El cráneo del delfín austral posee entre 27 y 33 pares de dientes en cada quijada.

Biología y ecología

Este delfín frecuentemente puede ser encontrado en áreas costeras reparadas del sur patagónico o en fiordos como los de Tierra del Fuego y sur de Chile. También frecuentan los bosques flotantes de cachiyuyos, donde suelen buscar refugio y alimento. En algunas ocasiones pueden compartir áreas geográficas con el delfín oscuro, si bien ocupan hábitat distintos.

La alimentación, bastante diversificada y posiblemente oportunista, suele variar según el área de alimentación: áreas costeras someras protegidas, bosques de cachiyuyos, costas abiertas y fondos más profundos. Suelen predar peces abadejo (*Genypterus blacodes*), el bacalao criollo (*Salilota australis*), la merluza (*Merluccius hubssi*), la merluza de cola (*Macroronus magellanicus*), el róbalo (*Eleginops maclovinus*), pejerreyes (*Austroatherina* spp.), y entre los invertebrados el calamar (*Loligo gahi*), el pulpo (*Enteroctopus megalocyathus*), el langostino (*Pleoticus muelleri*) y pequeños crustáceos mysidáceos. Seguramente debe haber competencia trófica entre el delfín austral y la tonina overa.

No suelen migrar en forma evidente como lo hace el delfín oscuro y son de natación más bien lenta, ge-

Imagen subacuática de madre y cachorro

neralmente emergiendo tres o cuatro veces por minuto, con inmersiones promedio de 27 segundos. Suelen formar grupos que casi nunca superan los 10 individuos, pero en ocasiones excepcionales se han visto manadas de más de 100 ejemplares.

En la zona de Santa Cruz y Tierra del Fuego interactuarían frecuentemente con la tonina overa, otros mamíferos marinos y diversas aves. Efectúan saltos y algunas acrobacias, pero nunca con la agilidad del delfín oscuro.

Casi nada se sabe sobre su reproducción; las hembras entrarían en madurez sexual al alcanzar 1,90 m de talla, y las crías nacerían durante la primavera.

Distribución geográfica

Es una especie exclusiva de Argentina y Chile. Por el Pacífico se distribuye desde Tierra del Fuego hasta Valparaíso y en el Atlántico lo hace a lo largo de toda la Patagonia, si bien sus mayores registros tienen lugar en el sector sur de Santa Cruz, estrecho de Magallanes, Tierra del Fuego e Islas Malvinas. Es de presencia estable todo el año en algunas de dichas localidades. Hay también algunos registros esporádicos hasta los 38° S y 59° S respectivamente.

Estatus y conservación

No existen hasta el presente evaluaciones poblacionales de este delfín, por lo cual han resultado preocupantes las capturas efectuadas en Chile y Argentina. La finalidad estaba vinculada con su empleo como cebo para trampas de centolla (*Lithodes santolla*) y centollón (*Paralomis granulosa*). Durante las décadas de 1970 y 1980 se registraron las máximas capturas de este delfín por el incremento del esfuerzo pesquero. Posteriormente medidas conservacionistas aplicadas en ambos países lograron reducir las capturas. Se estima que entre 1977 y 1979 –en el extremo austral de Sudamérica– se capturaron más de 4.000 delfines para cebo de trampas; fundamentalmente tonina overa y delfín austral. En Chile algunos ejemplares también han sido usados para consumo humano.

El delfín austral fue casi la única especie capturada por aborígenes. Los numerosos sitios arqueológicos (concheros o comederos) de Tierra del Fuego atestiguan que las capturas se remontan hasta unos 6.000 años. Empleaban sus típicas canoas australes y usaban arpones con puntas de hueso desmontables.

Algunos ejemplares de este delfín han sido capturados incidentalmente en redes agalleras o transmallos usadas para la pesca del róbalo y otras especies costeras. La actividad petrolera en la zona austral –de no ser manejada racionalmente– puede presentar un riesgo potencial para esta especie y su hábitat.

La UICN considera al delfín austral especie insuficientemente conocida; para el Libro Rojo de Argentina (SAREM) es de preocupación menor (LC), dependiente de conservación. Está incluido en el Apéndice II de CITES.

Ejemplares de delfín austral emergiendo.

Foto: Cristian de Haro

Delfín Cruzado

Lagenorhynchus cruciger (Quoy y Gaimard, 1824) **Hourglass Dolphin**

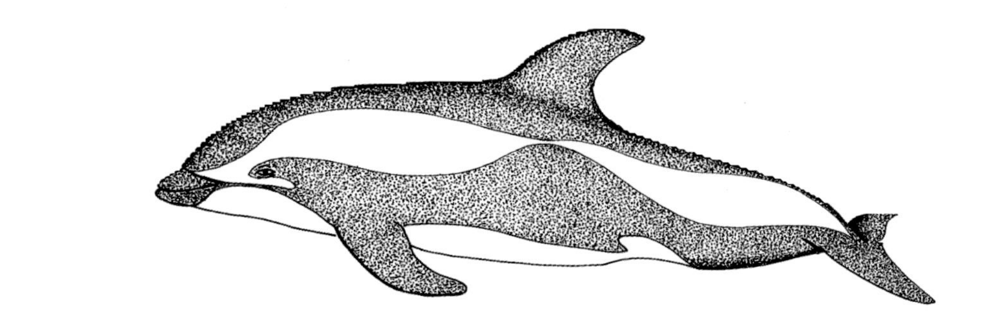

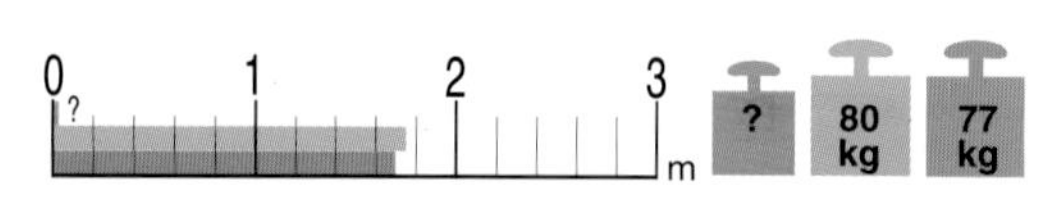

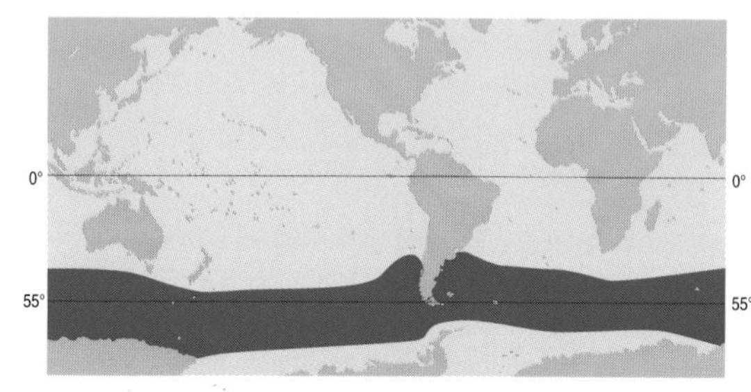

CLAVE PARA SU IDENTIFICACIÓN

- Cuerpo pequeño, robusto y compacto (menor de 2 m).
- Dorsalmente negro y ventralmente blanco.
- Hocico pequeño, de color negro.
- Una banda blanca, estrechada en el medio, recorre todo el flanco.
- Aleta dorsal negra bien desarrollada y muy curvada.
- Pectorales y caudal de color negro.
- Único delfín de la región antártica.

En 1822 el rey de Francia, Luis XVIII, envía tres navíos para explorar alrededor de la Antártida y son avistados los primeros ejemplares de delfín cruzado al este del Cabo de Hornos. Gracias a los dibujos realizados por los naturalistas de la expedición se hace la primera descripción de la especie. Unos años después, se observaron ejemplares en las Islas Malvinas.

El delfín cruzado es, entre los cetáceos de pequeño tamaño, el más austral del mundo; habita áreas subantárticas circumpolares y aguas típicamente antárticas. Con frecuencia es avistado desde cruceros en el sector austral del Mar Argentino, Islas Malvinas, Chile y Sector Antártico.

El nombre genérico es un compuesto del griego (*lageno* = frasco o matraz y *rhynchos* = pico o nariz); el específico *cruciger* es latino y hace referencia a la coloración de la especie.

Características generales

El delfín cruzado, por su cuerpo robusto, presenta el aspecto más rechoncho de las especies de *Lagenorhynchus* y tal vez el más llamativo por su coloración. También es la especie más pequeña del género. Hasta ahora se han podido medir menos de 10 ejemplares, la talla máxima para las hembras es de 1,83 m y 88 kg y para los machos 1,87 m y 94 kg.

El rostro, si bien pequeño, puede diferenciarse fácilmente porque presenta una coloración oscura. El ojo muchas veces queda oculto por la coloración oscura del flanco; en otros casos es resaltado por la presencia de un reborde pigmentario negro y blanco.

La aleta pectoral, normalmente desarrollada, presenta forma curvada y aguda en su extremo, es de color oscuro, como la caudal, de normal tamaño. La aleta dorsal, muy bien desarrollada se muestra curvada en distinto grado, según la edad del ejemplar.

El dorso es negro y contrasta llamativamente con el vientre blanco que va desde la parte inferior del hocico hasta la zona genital, donde se oscurece. Los flancos del cuerpo también contrastan con una ancha banda blanca que va desde antes del ojo hasta la altura de la aleta dorsal, donde se estrecha totalmente, para volver a ensancharse hacia la mitad posterior del cuerpo y desaparecer sobre la base de la aleta caudal. Este patrón de coloración se asemeja notablemente a los antiguos relojes de arena, de ahí lo acertado del nombre vulgar inglés de *hourglass dolphin.*

El cráneo y los dientes son semejantes a las otras dos especies del género. Posee alrededor de 30 pares

Foto: Fernanda F. C. Marques

Las manadas de delfines cruzados suelen ser frecuentes en aguas profundas de la plataforma argentina.

de dientes pequeños y muy finos en cada quijada. Hasta el presente existen pocos ejemplares de esta especie en colecciones de museos pues, por sus hábitos oceánicos, raramente se varan en zonas costeras.

Biología y ecología

Las manadas de este delfín no suelen ser numerosas, el promedio de animales es de unos siete individuos y tal vez algo menor en latitudes más bajas de su área de distribución. Existen registros de ejemplares solitarios y manadas de alrededor de cien individuos. Suelen nadar a más de 22 km/h y sacar todo su cuerpo del agua durante sus saltos pero no despliegan la llamativa acrobacia del delfín oscuro (*L. obscurus*).

Prácticamente nada se sabe sobre la reproducción de este delfín y otros aspectos de su biología.

El delfín cruzado frecuentemente interactúa con diversas especies de ballenas y por ello los antiguos balleneros solían seguirlos para la búsqueda de presas. Ocasionalmente interactúan también con especies de delfines subantárticos.

Se alimenta de peces como merluza (*Merluccius hubbsi*), merluza de cola (*Macroronus magellanicus*), anchoíta (*Engraulis anchoita*), calamares (*Loligo gahi, Ilex argentinus, Semirossia tenera*), pulpos (*Eledone massyae, Octopus* sp.) y diversos crustáceos.

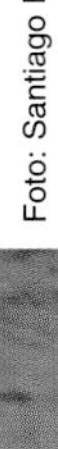

Salto de un ejemplar adulto de delfín cruzado, exhibiendo su típica coloración.

Distribución geográfica

Es el único delfín pequeño que puede ser observado en aguas antárticas de distribución geográfica circumpolar y también hacia las aguas oceánicas australes de Chile y Argentina. En Chile existen registros hasta los 33° S y en Argentina hasta los 40°. El registro más austral de esta especie ha sido a los 67° S. La temperatura de las aguas que habitan oscilan entre 0,3 y 7° C, con valores máximos de hasta 13° C en el Mar Argentino.

Los avistajes del delfín cruzado en el Mar Argentino fueron sobre el borde o fuera del sector austral de la plataforma continental y hacia la Convergencia Antártica.

Estatus y conservación

No existen verdaderos estudios poblacionales de este delfín, pero hay datos de avistajes durante las campañas de la Comisión Ballenera Internacional (CBI) en zonas antárticas. En base a ellos se estima que al sur de la Convergencia Antártica la población de delfín cruzado oscilaría alrededor de 145.000 individuos, y que la población total llegaría al doble.

Las capturas incidentales en redes de pesca han sido, mínimas y sólo en redes de deriva. Algunos fueron capturados para estudios científicos. Sin duda esta especie conserva sus niveles poblacionales originales.

La UICN la considera como insuficientemente conocida y CITES la incluye en su Apéndice II.

El Libro Rojo de Argentina (SAREM) considera al delfín cruzado una especie de preocupación menor (LC) y dependiente de la conservación.

Tonina Overa

Cephalorhynchus commersonii (Lacépède, 1804) **Commerson's Dolphin**

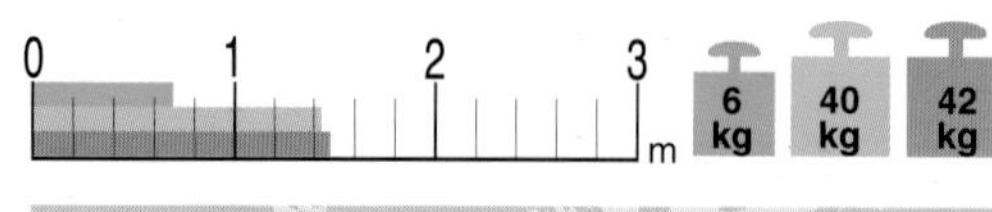

CLAVE PARA SU IDENTIFICACIÓN

- Cuerpo pequeño y robusto (máx. 1,52 m).
- Cabeza de forma cónica y rostro poco evidente.
- Coloración altamente contrastante en adultos: negra en la zona anterior, blanca en la zona media y negra en la zona posterior.
- Aleta dorsal relativamente baja y redondeada, ubicada en la mitad posterior del cuerpo.
- Aletas pectorales de color negro y puntas redondeadas.
- Suele exponer su cuerpo fuera de la superficie.

Durante el reinado de Luis XV se organizó en Francia (1767) una expedición para dar la vuelta al mundo a cargo del barón de Bougainville. Entre la tripulación se encontraba Philibert Commerson, un naturalista especializado en Física y Botánica. Cuando la expedición llegó a Tierra del Fuego, la tripulación observó pequeñas manadas de un delfín blanco y negro, que solían jugar alrededor del barco. Este hecho llevó a Commerson a efectuar una breve descripción de estos desconocidos animales y enviarla a Francia a G. Leclerc, conde De Buffon, quien era el responsable de los jardines del rey y de su importante biblioteca.

Dicha información permaneció inédita hasta que en 1804 el conde de Lacépède, naturalista del Museo de Historia Natural de París, describe y publica esta nueva especie en forma muy breve y en base a las observaciones de Commerson, dado que no se había podido colectar ningún espécimen.

Quien primero colecciona en Argentina a este delfín es el perito Francisco Pascasio Moreno. Lo hace en 1892 en la desembocadura del río Santa Cruz, donde efectúa diversas observaciones sobre su comportamiento y además captura seis ejemplares. Sin embargo Moreno comete un error en la identificación de este delfín y piensa que se trata de una nueva especie a la que designa como *Lagenorhynchus floweri*.

El género *Cephalorhynchus* deriva del griego *kephalos* (=cabeza) y *rhynchus* (=pico), nombre que hace referencia a la continuidad de la cabeza con el rostro y que le otorga a la primera una forma cónica; el segundo término –*commersonii*– ha sido puesto en honor al naturalista que avistó por vez primera a esta especie.

La tonina overa es uno de los delfines marinos más pequeños del mundo y altamente valorado por los amantes de los mamíferos marinos.

Características generales

Su cuerpo es pequeño, aunque robusto y compacto. Los machos adultos siempre se encuentran por debajo del metro y medio de largo y la talla máxima para las hembras es de 1,52 metro y un peso máximo de 66 kg, si bien el peso promedio de los adultos oscila entre

Foto: Gabriel Rojo

En ciertas circunstancias, la tonina overa realiza grandes saltos, que permiten apreciar su coloración contrastante.

30 y 45 kg. Los cachorros al nacer miden entre 60 y 75 cm de longitud y pesan entre 5 y 8 kg. La forma de tonina overa que vive en las Islas Kerguelen, probablemente una nueva subespecie aún no descripta formalmente, es más grande que la sudamericana, pues los machos alcanzan una talla máxima de 1,67 m, mientras que las hembras llegan a 1,74 m de largo.

Su cabeza es de forma cónica con el rostro integrado al perfil general de la cabeza.

La aleta dorsal, más bien baja y de perfil redondeado, se inserta en la mitad posterior del dorso. Las aletas pectorales son de tamaño mediano, alargadas y con sus extremos redondeados. El borde anterior de la pectoral izquierda, y algunas veces la derecha, presenta en los ejemplares preadultos y adultos una estructura aserrada de funciones aun poco conocidas.

El patrón de coloración contrastante blanco y negro de la tonina overa la hace inconfundible con el resto de los cetáceos que se encuentran en el Mar Argentino. La coloración de la cabeza es negra hasta varios centímetros por detrás del orificio respiratorio, de ahí la coloración negra baja en diagonal, abarcando también las aletas pectorales y su zona ventral, la que se proyecta desde su zona media hacia atrás en forma de punta larga muy aguzada. En la zona de la garganta presenta un parche triangular de color blanco intenso, con su extremo dirigido hacia adelante y su base hacia atrás. El ojo de la tonina, al igual que el de la orca (*Orcinus orca*), resulta difícil de detectar pues se confunde con el negro general de la cabeza. El color negro también se encuentra en la aleta dorsal y su área de inserción extendiéndose hacia atrás en el pedúnculo caudal y la aleta caudal, la que es totalmente negra. El vientre es blanco, al igual que los flancos del cuerpo y del pedúnculo y la región dorsal anterior. En la zona genital de ambos sexos se observa una mancha oscura subtriangular, o en forma de pera o corazón, que también muestra variaciones según el sexo.

Las crías al nacer son oscuras con áreas grises que luego se van aclarando conforme crecen, hasta presentar la coloración del adulto aproximadamente a los 6 meses de edad.

El cráneo presenta una estructura típica de delfínido y posee en la quijada superior, o maxila, de 28 a 34 pares de dientes pequeños y puntiagudos; en la inferior, o mandíbula, posee de 26 a 35 pares.

Biología y ecología

La tonina overa es una especie eminentemente costera, que suele vivir en pequeños grupos, generalmente conformados por 2 a 8 individuos, si bien en ciertas ocasiones se han observado agregaciones de hasta un centenar de ejemplares. También pueden observarse con cierta frecuencia individuos solitarios. Aún es poco lo que se conoce sobre la estructura social de este delfín, si bien otros aspectos biológicos y ecológicos han sido muy bien estudiados.

Son animales muy activos que pueden desplazarse

a altas velocidades y con rumbos cambiantes, especialmente durante las inmersiones. Con frecuencia se las puede observar barrenando o surfeando las olas costeras con gran habilidad. Cuando nadan a gran velocidad suelen sacar casi todo el cuerpo de la superficie del agua y, en ciertas ocasiones, son capaces de efectuar saltos con gran agilidad. Cuando nadan bajo el agua pueden hacerlo también a gran velocidad, con movimientos zigzagueantes y adoptando posiciones muy variadas (nado panza arriba, *loopings*, etc.). Se supone que el nadar panza arriba serviría para detectar con más efectividad las presas escondidas en el fondo. Algunos autores suponen que el nado panza arriba estaría vinculado también con la exhibición del área genital. Este comportamiento parece ser más frecuente en ejemplares hembras que en machos.

Las toninas overas suelen interactuar naturalmente con las pequeñas embarcaciones y también con los buceadores, además de con otras especies tales como el delfín austral (*Lagenorhynchus australis*), la marsopa espinosa (*Phocoena spinipinnis*), el delfín oscuro (*L. obscurus*), el delfín negro o chileno (*Cephalorhynchus eutropia*), la ballena franca (*Eubalaena australis*) y el lobo marino de un pelo (*Otaria flavescens*).

Son capaces de emitir sonidos en una amplia gama de frecuencias que se extiende desde los 5 a los 135 kHz. Muchas de estas vocalizaciones son audibles para el oído humano y algunas de ellas semejan una especie de llanto. Su sistema de ecolocación, sin embargo, no es efectivo para detectar las redes de monofilamento de nylon, por lo cual mueren enmalladas en las costas patagónicas y Tierra del Fuego.

Los avistajes de toninas overas en las zonas costeras patagónicas suelen ser más frecuentes durante la primavera y verano, coincidiendo con la actividad reproductiva de la especie.

La madurez sexual es alcanzada en las hembras a la edad de 5 años aproximadamente y cuando llegan a una talla de alrededor de 1,30 m (1,65 m en las Islas Kerguelen). En los machos la madurez sexual y el máximo desarrollo de sus testículos tienen lugar entre los 6 y 8 años. Entre los meses de noviembre y febrero y, luego de un período de gestación de cerca de 1 año, las hembras dan a luz a un cachorro el cual es cuidadosamente protegido por su madre de la acción de otros individuos y al cual amamanta por lo menos durante seis meses, si bien la dieta suele ser mixta durante los últimos meses de lactancia. Las madres y cachorros per-

Por su pequeño tamaño, agilidad y coloración contrastante, este delfín fue exhibido en diversos oceanarios del exterior. Su captura motivó el primer recurso de amparo de Argentina hacia una especie silvestre.

Foto: Ricardo Pérez - Subsecretaría de Turismo de Santa Cruz

Foto: Roberto Cinti

Ejemplar solitario de tonina overa, en zona estuarial patagónica (Santa Cruz).

manecen en general en las mismas zonas costeras protegidas donde han dado a luz hasta cumplir con el período de lactancia. Al llegar al año de vida los cachorros miden entre 1 y 1,10 metro de largo y se estima que viven hasta aproximadamente los 18 años.

La dieta alimentaria de la tonina overa ha sido especialmente estudiada en la zona de Tierra del Fuego. Ha demostrado ser muy diversificada y altamente oportunista, ya que este delfín puede predar por lo menos 26 especies, tanto de hábitos planctónicos como pelágicos, demersales y bentónicos. Entre las presas planctónicas podemos citar un crustáceo mysidáceo (*Arthromysis magellanicus*) y dos especies de eufaúsidos o *krill* (*Euphausia vallentini y E. lucens*). Entre las pelágicas costeras podemos citar la sardina fueguina (*Sprattus fuegensis*) y los pejerreyes (*Austroatherina smitti* y *A. nigricans*) y el calamar (*Loligo gahi*), mientras que entre las presas demersales se encuentra la merluza de cola (*Macroronus magellanicus*). Es llamativa la predación que ejerce este delfín sobre los recursos de fondo –o bentónicos– ya que incluye grupos tales como esponjas, gusanos poliquetos, pulpos, crustáceos como la centolla y el centollón y varias especies de isópodos. Finalmente cabe señalar la presencia en la dieta de cuatro especies de macroalgas. Estas últimas cumplen una función muy particular en la digestión de la tonina overa, ya que por sus características filamentosas suelen formar en el estómago especies de bolos o nidos que en su interior contienen gran cantidad de picos de calamares, facilitando así su tránsito por el sistema digestivo y la final expulsión. También se encuentran elementos extraños que tal vez ingieran accidentalmente como arena, grava, cantos rodados y restos de semillas y plantas terrestres.

En cautiverio, las toninas overas consumen un promedio de 3 a 4 kg de peces diarios.

Existe un registro de predación de esta especie por parte de una manada de orcas (*Orcinus orca*) en la ría Deseado (Santa Cruz).

Distribución geográfica

Es la especie más ampliamente distribuida del género *Cephalorhynchus*. En el Atlántico occidental se distribuye desde la desembocadura del Río Negro (40° S), hasta el sur de Tierra del Fuego, y por el Pacífico en la zona austral de Chile (Región de Magallanes, con pocos registros más al norte). También en las Islas Malvinas, Isla de los Estados, Pasaje de Drake, Banco Burwood, Shetland del Sur y Livingston.

Al sur del Océano Indico, en las Islas Kerguelen, se encuentra la subespecie de tonina overa. Posiblemente se haya originado a partir de ejemplares de la zona fueguina que se desplazaron hacia el este, al final del período glacial, hace aproximadamente 10.000 años, quedando así definitivamente aisladas.

En la región patagónica argentina se las encuentra principalmente en zonas estuariales, desembocaduras de rías y áreas protegidas. Por ello es frecuente verlas en el estuario del Río Negro, el que muchas veces remontan hasta la ciudad de Viedma; también son frecuentes en la desembocadura del río Chubut cercano a la ciudad de Rawson, en el área portuaria de Comodoro Rivadavia, en Puerto Deseado y toda su ría, en Río Gallegos, Santa Cruz y San Julián. En la Tierra del Fuego es frecuente en zonas costeras reparadas, en estrechos, en bosques de cachiyuyos (*Macrocystis pyrifera*) y también en zonas de fuertes corrientes marinas.

Raramente se las observa lejos de la costa, aunque existen algunos registros en la plataforma continental intermedia.

Cabe señalar también un registro excepcional de tonina overa en el norte de la provincia de Buenos Aires, en la localidad de Quilmes, según consta en un ejemplar depositado en el Museo B. Rivadavia de Buenos Aires. Sin embargo hasta el presente no se ha concretado ningún avistaje en toda la costa bonaerense, donde se realizan relevamientos hace varias décadas.

Estatus y conservación

Su estado poblacional es poco conocido si bien existen registros parciales para un sector de Patagonia y del Estrecho de Magallanes (Chile).

Por su pequeño tamaño, atractiva coloración y gran dinamismo, la tonina overa ha sido altamente codiciada por acuarios y oceanarios de todo el mundo. Las primeras capturas en Argentina se remontan a 1978 y fueron concretadas en Comodoro Rivadavia (Chubut) por el Sunshine City Aquarium de Japón. Otras capturas fueron efectuadas durante tres campañas por parte del Zoológico de Duisburg (Alemania). Del total de 17 ejemplares capturados la mayoría murió por diversas enfermedades pero unos pocos sobrevivieron y fueron entrenados con gran facilidad y exhibidos durante muchos años en el zoológico alemán.

Posteriormente, en 1983, se concreta un nuevo intento japonés para capturar 14 toninas overas en la ría Deseado, según un permiso otorgado por el gobernador de la provincia de Santa Cruz y la Secretaría de Intereses Marítimos. Esta situación llevó a que por vez primera en la Argentina se solicitara judicialmente un recurso de amparo en defensa de la tonina overa. Fue iniciado por el Sr. A Kattan ante el juez federal Garzón Funes, quien dejó sin efecto el acto administrativo cuestionado, instaurando así la figura legal que posibilitaba el amparo de especies silvestres.

Debido a los conflictos surgidos en Argentina en vinculación con la captura de toninas overas, el Oceanario Sea World decidió iniciar una gestión ante el gobierno de Chile. De esta forma dicha empresa obtuvo el permiso para la captura de 12 ejemplares en el Estrecho de Magallanes, concretada durante noviembre-diciembre de 1983. Los ejemplares luego fueron transportados al oceanario de San Diego, donde aún sobreviven varios individuos del grupo original y hubo varios nacimientos exitosos.

Sin embargo, el mayor peligro para esta especie no han sido las capturas para oceanarios, las que no llegan a los 50 ejemplares, ni tampoco las capturas que efectuaban los aborígenes de Tierra del Fuego desde hace 6.000 años. Los verdaderos problemas para las toninas overas surgen a partir de la primera mitad del siglo XX, cuando estos animales fueron capturados para la obtención de su carne y aceite.

En la segunda mitad del siglo XX –y hasta no hace mucho tiempo– las toninas overas fueron arponeadas frecuentemente para ser usadas como cebo en las trampas de centolla del Estrecho de Magallanes (Chile), motivo por el cual las toninas en dicha zona han declinado notablemente. Junto con este aspecto deben considerarse también las frecuentes capturas incidentales en redes de pesca costera de Patagonia y Tierra del Fuego. Se calcula que en esta última mueren de una a varias decenas de individuos por año. También las capturas incidentales tienen lugar durante las maniobras de buques pesqueros.

Desde hace algunos años existe un emprendimiento comercial vinculado con los avistajes de toninas overas en la costa del Chubut y sobre el cual actualmente se está evaluando el nivel de impacto de dicha actividad.

En Argentina la especie está protegida en la Reserva Natural de Ría de Puerto Deseado y por las convenciones internacionales de Especies Migratorias de Fauna Silvestre y Recursos Vivos Marinos Antárticos. CITES ubica a la tonina overa en el Apéndice II, mientras que el Libro Rojo de Argentina (SAREM) la considera especie de preocupación menor (LC), dependiente de la conservación.

Madre y cachorro. Nótese la coloración distinta de este último.

Foto: Ricardo Pérez - Subsecretaría de Turismo de Santa Cruz

Delfin de Risso

Grampus griseus (Cuvier, 1812)

Risso's Dolphin

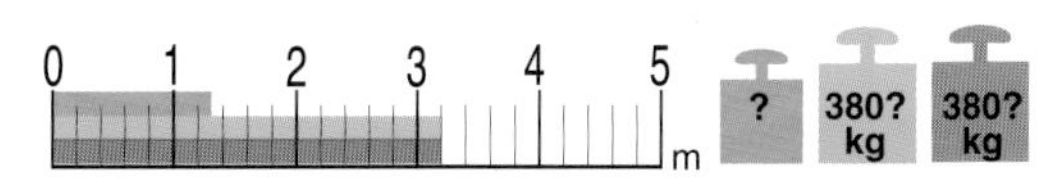

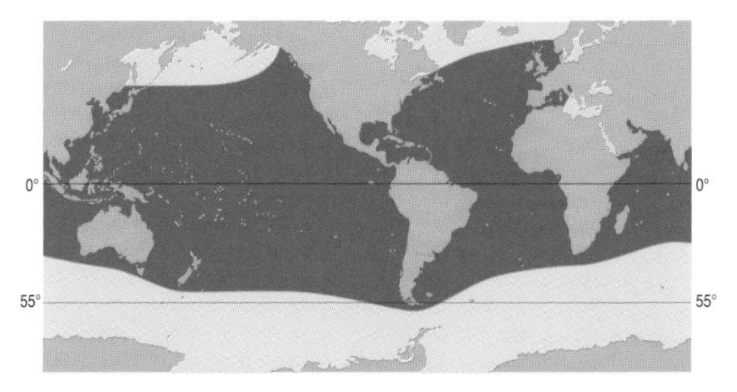

CLAVE PARA SU IDENTIFICACIÓN

- Cuerpo robusto y grande (máx. 4 m).
- Coloración del cuerpo gris clara, vientre blanco (ejemplares adultos).
- Coloración del cuerpo casi blanca (ejemplares seniles).
- Superficie del cuerpo con cicatrices en forma de rayas (ejemplares adultos).
- Cabeza grande con frente alta y redondeada.
- Sin hocico diferenciable.
- Aleta dorsal prominente y erguida.
- Aletas pectorales largas y puntiagudas.

Es una especie cosmopolita presente en todos los mares tropicales y templados. En el Mar Argentino no es frecuente, pero los avistajes se han incrementado. El naturalista francés G. Cuvier la describió en base a un dibujo que en 1811 le hizo llegar Giovanni Risso, farmacéutico de Niza (Francia), de ahí el origen del nombre común delfín de Risso.

El origen del nombre científico es motivo de controversia. Por una parte, se piensa que el género *Grampus* es latino y proviene del término *grandis* (= grande), y *piscis* (= pez). Por otra parte, se sostiene que deriva del francés *grand poisson* (= pez grande). El término específico proviene del latín *griseus* (= grisáceo) en referencia a la coloración de este delfín.

Características generales

Esta especie es la quinta en tamaño de todos los delfines, con un largo de hasta 4 metros en ejemplares adultos y un peso máximo de 500 kg, o tal vez más. No hay diferencias en la talla de machos y hembras. Los cachorros al nacer superarían el metro de largo, ignorándose su peso.

La cabeza es fuerte, con frente o melón levemente proyectado hacia adelante y que cae casi vertical; vista de frente se observa claramente una hendidura vertical. La línea de la boca se curva hacia arriba y la comisura termina cerca del ojo, con una zona oscura alrededor. La mayor parte de los ejemplares carecen de dientes en la quijada superior y un bajo número en la inferior (de 2 a 7 pares).

Es notorio en este delfín el tamaño anterior del cuerpo con relación al pedúnculo caudal, comparativamente, más estilizado.

La aleta dorsal es muy grande, erguida y levemente falcada; las pectorales largas y puntiagudas en su extremo. Ambas suelen ser más oscuras que el cuerpo.

El color general del cuerpo cambia drásticamente con la edad. Los cachorros al nacer son de color gris o pardo, dorsalmente oscuros y el vientre color crema, con un parche blanco ventral. A medida que crecen se oscurecen notablemente, luego van aclarándose, pero la aleta dorsal permanece oscura. Desde ese momento aparecen las rayas o cicatrices superficiales, producto de la interacción entre individuos o por la acción de sus presas: los calamares de gran tamaño. Los ejemplares adultos, con los años, se hacen casi blancos. La zona ventral del tórax presenta un parche blancuzco en forma de ancla.

Biología y ecología

Es una especie de hábitos gregarios que forma manadas de entre 10 y 40 individuos, con ocasionales re-

Foto: Phillip Colla

Exhibición aérea de un ejemplar adulto.

gistros de hasta 3.000 y también ejemplares solitarios. Puede integrar manadas de otras especies de delfines, y en ocasiones despliega actividad acrobática en superficie, sacando todo su cuerpo del agua, espiando o dando golpes con su cola. Grandes buceadores, permanecen sumergidos hasta 1 hora, si bien sus inmersiones más frecuentes para alimentarse oscilan entre 10 y 15 minutos. La máxima longevidad hasta el presente es de 30 años. Se conoce muy poco de su biología; la madurez sexual se alcanzaría cuando ambos sexos se aproximan a los 3 metros de largo.

Su alimentación principal son calamares, aunque consume también pulpos, sepias, peces y eventualmente crustáceos. Se especula que se alimentan principalmente de noche, cuando migran sus presas de aguas profundas.

Desde la década del 60 existen registros de encuentros ocasionales entre buceadores y el delfín de Risso en el área de Península Valdés (Chubut) entre agosto y febrero. La mayoría de los registros corresponden al Golfo San José. Estos ejemplares suelen interactuar con manadas del delfín oscuro (*Lagenorynchus obscurus*), frecuentes en la zona.

Un delfín de Risso efectuando golpes de cola en la superficie.

Foto: Rodrigo Hucke-Gaete

En 1933 se registraron por primera vez en Irlanda delfines híbridos en la naturaleza. Fraser, en 1940, describe estos 3 especímenes planteando la posibilidad de cruza entre el delfín de Risso y el nariz de botella (*Tursiops truncatus*). Esta hibridación también ocurrió en cautiverio en Japón, con 13 nacimientos y 7 partos prematuros. Uno de los híbridos sobrevivió 6 años.

En 1990 en Japón hubo un inusual varamiento de 600 individuos.

Distribución geográfica

Es de amplia distribución; habita zonas oceánicas profundas y aguas de talud, desde los trópicos hasta zonas templadas de ambos hemisferios.

La mayor parte de los registros tienen lugar en aguas con temperatura superficial entre 10° y 25° C, ocasionalmente en aguas a menos de 10° C. En caso de disponibilidad de presas se los suele encontrar también en áreas de plataforma. En Argentina hubo varamientos en Santa Cruz y Tierra del Fuego y varios avistajes patagónicos.

Estatus y conservación

El delfín de Risso es explotado por pesquerías artesanales de Sri Lanka, para consumo directo y carnada. También es capturado en Japón, en islas de Indonesia y en las Antillas menores.

Evaluaciones poblacionales del Pacífico tropical oriental dan más de 170.000 individuos y un total mundial de medio millón.

Es una especie mantenida en oceanarios con éxito; fácilmente entrenable, con aprendizaje más lento que el del delfín nariz de botella (*Tursiops truncatus*).

La UICN considera al delfín de Risso especie insuficientemente conocida; CITES la incluye en su Apéndice II. El Libro Rojo de Argentina (SAREM) la considera de preocupación menor (LC), dependiente de la conservación.

Orca

Orcinus orca (Linnaeus, 1758)

Killer Whale

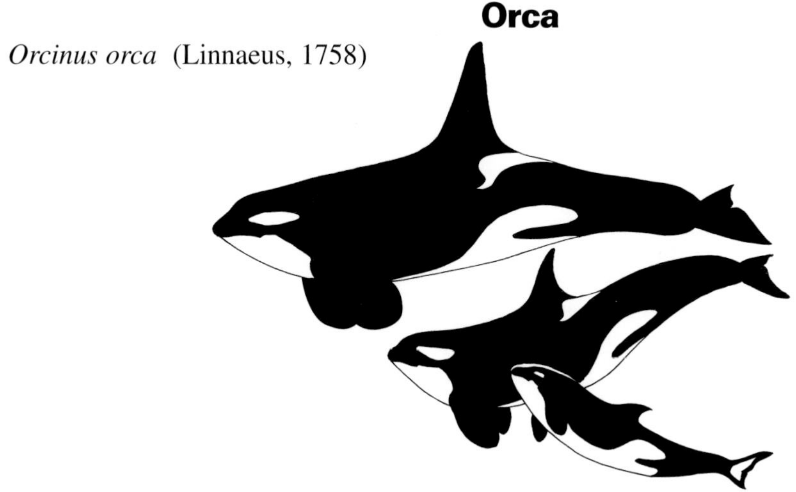

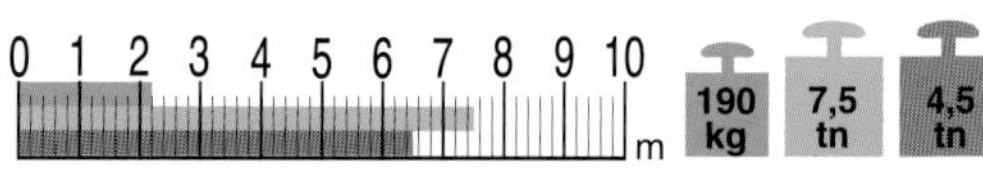

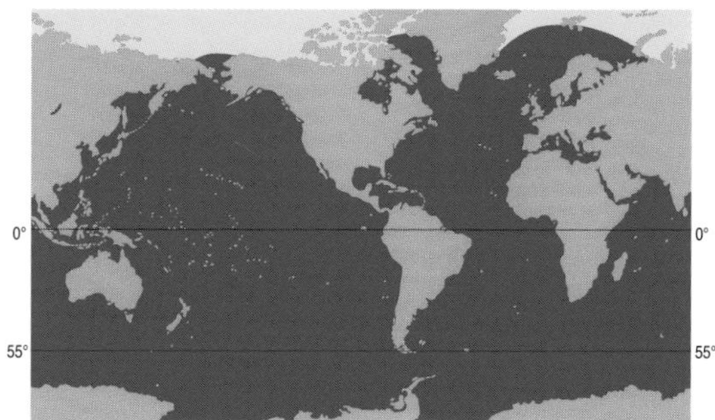

CLAVE PARA SU IDENTIFICACIÓN

- Cuerpo notablemente grande y robusto (máximo 9 m).
- Cabeza redondeada con hocico poco diferenciable.
- Coloración general del cuerpo negra brillante, con área ventral blanca.
- Zona genital con diseño en tridente.
- Cabeza con mancha blanca posocular.
- Aleta dorsal triangular o falcada, con montura posterior de color gris; en machos adultos supera el metro de altura.
- Aletas pectorales ovaladas y muy grandes.
- Aleta caudal negra en su cara dorsal y blanco grisácea en la ventral.

Es una de las especies vinculadas con leyendas de los grupos aborígenes de la Tierra del Fuego, quienes la llamaban *kshamenk*. Probablemente sea una de las especies más atractivas y emblemáticas de cetáceos y la que más sentimientos contradictorios ha generado en el hombre: desde el terror y el odio hasta el amor y su incondicional defensa.

La orca es el delfín más grande de la actualidad; su nombre científico deriva del latín *orca* u *ork*, que significa monstruo misterioso de extraño aspecto; *inus* es un sufijo que significa parecido o perteneciente a. Otra interpretación lo deriva del dios romano *Orcus*, figura mitológica habitante del inframundo. Estos nombres señalan la reputación de ferocidad que se le atribuía a la especie. También se analiza como derivado del latín *orcynus* (=atún), probablemente por alimentarse con este pez en el Mediterráneo. El nombre común de "ballena asesina" puede deberse a su ferocidad, aunque tal vez provenga de la traducción del inglés *whale killer* (=asesino de ballenas). Este último era dado por los antiguos marinos al ver cómo este gran delfín mataba las ballenas para alimentarse. Con el tiempo, el término se transformó por el uso en ballena asesina (=*killer whale*).

Mundialmente se reconoce una única especie cosmopolita, aunque algunos científicos propusieron dos nuevas (*Orcinus nanus* y *O. glacialis*) del análisis de orcas capturadas en la Antártida, pero la propuesta no ha tenido aceptación.

Antes de la década del 60 las orcas eran vistas como animales feroces y predadores impiadosos que atacaban todas las formas vivientes del mar. Esta visión cambió desde 1964 cuando un ejemplar (luego llamado Moby Doll) fue expuesto al público en Vancouver (Canadá). Con ello se demostró que eran amigables con el hombre y aptas para ser entrenadas.

Características generales

La orca es probablemente uno de los cetáceos más fácilmente identificables y el mayor de todos los delfines; los machos adultos llegan a largos de hasta 9 metros y pesos máximos de casi 9 toneladas. Las hembras suelen ser más pequeñas; llegan a un largo máximo de alrededor 8 metros y un peso de unas 5 toneladas. Al nacimiento superan los 2 metros de largo y pesan menos de 200 kg. Su cuerpo es robusto y sin rostro u hocico definido, y la forma de sus aletas pectorales y dorsales única entre los delfines. Las pectorales son marcadamente ovaladas, mayores en los machos adultos que en las hembras adultas y alcanzan cerca de 2 metros de largo por uno de ancho en los primeros. La aleta dorsal es claramente triangular en los machos subadultos y adultos, pudiendo superar 1,50 metro de altura; en las hembras, en cambio, son falcadas como en la mayoría de los delfines y rara vez alcanzan el metro de altura.

La segunda característica distintiva de las orcas es su coloración negra y blanca, marcadamente contrastante. La blanca se extiende desde el borde del labio inferior formando un amplio parche anterior que cubre toda la zona de la garganta; luego, a la altura de las pectorales, esta zona blanca se va estrechando, para ensancharse en la región umbilical, de donde surgen dos ramas curvas ascendentes hacia los flancos. Este último patrón de coloración configura un diseño ventral en forma de tridente, en cuya área central se encuentra la zona genital. Otra parte blanca muy evidente, pero de pequeño tamaño, es la mancha oval posocular, usada, junto a otras características, para la identificación de individuos. Existe también una zona de coloración intermedia grisácea que se ubica por detrás de la aleta dorsal, a manera de montura, y que también sirve para la identificación; al nacer, generalmente la montura está muy poco definida, comenzando a ser identificable luego del año de vida.

Las aletas pectorales son totalmente negras en ambas caras mientras que la aleta caudal o cola es negra en su cara dorsal y blanca, con reborde grisáceo en la cara ventral. Un rasgo típico de la especie es que los ejemplares de avanzada edad presentan su cola con los lóbulos totalmente arqueados hacia adentro.

Cara ventral de la aleta caudal de orca.

Foto: Sergio Massaro

El cráneo de las orcas es el más grande y fuerte de todos los delfínidos, superando el metro de largo. Su forma general resulta más simétrica que el de otros delfines y presenta entre 10 a 14 pares de dientes en cada quijada. Son de forma cónica y de gran tamaño, y erupcionan en los cachorros al alcanzar los 3-4 meses de vida. A medida que el animal envejece es muy notorio el desgaste de los dientes; ejemplares seniles exhiben la pulpa de algunas piezas dentarias y consecuentes infecciones que pueden llevar a la muerte. El cráneo tiene parecido con el de la falsa orca (*Pseudorca crassidens*) y con el del delfín piloto (*Globicephala melas*), pero son fácilmente diferenciables porque estos últimos poseen menor número de dientes.

Biología y ecología

Las orcas del hemisferio norte son los cetáceos mejor estudiados desde el punto de vista social, demostrando vínculos muy estrechos y complejos. La estructura social básica la constituye el grupo maternal, muy estable en el tiempo y relacionado genéticamente con una hembra adulta del grupo. Generalmente incluye a los hijos e hijas, y los nietos de sus hijas, integrado por individuos de hasta 4 generaciones. Los machos, en la adultez, van siempre a copular fuera de su grupo maternal. Suelen reunirse grupos maternales por períodos variables para formar lo que se conoce como *"pod"* (=manada estable), que suelen albergar en promedio cerca de 20 animales, aunque en el Pacífico norte se ha registrado hasta un máximo de 60.

Orca en superficie con su boca abierta.

Foto: R. Bastida

Agrupaciones de 100 o más suelen ser agregaciones temporales de varios *pods*. Los machos adultos pueden llevar una vida solitaria durante ciertos períodos.

Recientemente se ha descubierto que varios *pods* pueden tener un repertorio acústico similar y compartido, conocido como "dialecto". A este grupo de *pods* se lo conoce como "clan".

Estudios en la costa pacífica de Norteamérica reconocen tres grandes agrupaciones de orcas. Las "residentes", que se alimentan fundamentalmente de peces y constituyen las agrupaciones sociales de mayor tamaño. En estos grupos los ejemplares subadultos no se dispersan de su grupo maternal y presentan repertorios vocales muy complejos; su presencia en zonas costeras es repetitiva, y tiene vinculación con la presencia de presas. Las comunidades "transitorias" o "transeúntes" tienen agrupaciones menores (hasta 15 ejemplares), cuya presencia es impredecible; se alimentan principalmente de mamíferos marinos y sus subadultos abandonan el grupo maternal para formar nuevas agrupaciones. Son vocalmente menos activas que las residentes, con repertorios acústicos más simples. Los patrones de asociación entre individuos son muy dinámicos, sin asociaciones de grupos maternales similares a los *pods*. Ambos tipos de agrupaciones (residentes y transeúntes), difieren en su composición genética, por lo que se estima que están reproductivamente aisladas. El tercer tipo de agupación fue recientemente identificado como comunidades *offshore* o de altamar, de los cuales se conoce muy poco pero, aparentemente, estarían genéticamente más vinculados con las comunidades residentes. Son grupos formados por 30 a 60 orcas que prácticamente nunca se las halla en áreas costeras y, quizá, se alimentan de peces; su repertorio vocal es completamente diferente al de las otras agrupaciones.

Si bien se estudian orcas en otras regiones del mundo, el conocimiento de su organización social es mucho menor, aunque se supone que el grupo maternal

La mancha supraocular también es empleada para la identificación de individuos.

Foto: R. Bastida

Foto: Santiago Imberti

Grupo de orcas entrenando a un ejemplar subadulto en la captura de una de foca sobre hielos flotantes.

Varamiento y ataque de un macho adulto de orca a un ejemplar juvenil de elefante marino del sur en Península Valdés, Chubut.

Foto: Gabriel Rojo

también es la base de su organización. No se sabe si las agrupaciones de orcas del Mar Argentino y de la Antártida responden a las características señaladas. para Norteamérica y Canadá.

En la Península Valdés los primeros registros de orcas se remontan hacia fines de la década del 50 con el inicio del buceo en el país. En base a estos registros y referencias previas de antiguos habitantes de la zona se estima que las interacciones entre orcas y pinnípedos, hoy día tan frecuentes en Punta Norte, constituyen un fenómeno local relativamente reciente. La obtención de datos fehacientes y con carácter científico de orcas en la Península Valdés se remontan a la década del 70, habiéndose individualizado hasta el presente alrededor de 30 ejemplares. Sin embargo, el número que se observa con mayor frecuencia no supera los 15 a 20 animales; entre ellos se han podido identificar 4 grupos, con un máximo de 8 individuos. El conocimiento de las relaciones familiares entre ellos es limitado, si bien pudo definirse la relación de hermanos entre Bernardo y Mel, dos machos adultos identificados en la década del 70 y varios pares madre-cachorro. Al igual que en otras poblaciones del mundo, las relaciones entre individuos se mantienen durante años.

Foto: R. Bastida

Para realizar sus varamientos de ataque, las orcas aprovechan la alta marea y se acercan a la playa a través de canales de la restinga. Península Valdés, Chubut.

Las orcas hembras llegan a su madurez sexual a partir de los 11 años, cuando alcanzan tallas entre 4,50 y 5,50 metros, si bien el primer nacimiento se produciría unos años más tarde. Las hembras más jóvenes suelen actuar como "niñeras", para ganar habilidades en la futura crianza. La vida reproductiva de las hembras suele extenderse hasta los 40 años, por lo cual usualmente dan a luz de 4 a 6 cachorros a lo largo de su vida con nacimientos cada 5 años en promedio. Los machos comienzan su madurez sexual entre los 12 y 14 años, período de un crecimiento muy marcado del cuerpo y variación en la forma de su aleta dorsal. Al finalizar este período, los ejemplares superan los 6 metros de largo y rondan los 20 años de edad, por lo que son considerados socialmente como machos adultos.

El período de gestación es de los más largos entre

los cetáceos; en promedio dura 17 meses, y puede variar entre los 15 y 18. Al igual que otros mamíferos marinos, dan a luz una única cría, aunque hubo nacimientos de mellizos. Estudios en cautiverio registraron que los cachorros comienzan a amamantarse dentro de las primeras 24 horas de vida, haciéndolo al principio por unos pocos segundos y de manera repetitiva. La lecha materna es extremadamente rica en grasas, aunque su porcentaje disminuye progresivamente, de un 40% al inicio de la lactancia hasta un 20% de grasa al destete. Los cachorros, amamantados usualmente por un año, también ingieren alimento sólido en una dieta mixta hasta alcanzar los 4 metros de largo. Hubo casos de destete a los 2 años de edad.

En la naturaleza el período reproductivo suele extenderse por varios meses. En el Pacífico y Atlántico nordeste los nacimientos se producen principalmente entre octubre y marzo, mientras que en la Patagonia los cachorros nacen principalmente entre enero y febrero. La mortalidad de los cachorros, por razones que se desconocen, suele ser muy alta, casi el 50% durante los primeros 6 meses de vida. La longevidad de las orcas es extensa. Las hembras viven en promedio 50 años, y llegan excepcionalmente a casi 80 años. Los machos, en cambio, viven en promedio cerca de 30 años con valores máximos de aproximadamente 50 años.

Las orcas predan una gran cantidad de mamíferos marinos, peces, calamares, como también aves y tortugas marinas. Dentro de los mamíferos marinos se han registrado más de 30 especies en su dieta, incluyendo a grandes ballenas, cachalotes, marsopas, delfines, belugas, lobos marinos y focas. Los hábitos tróficos suelen variar según las disponibilidades locales de alimento. En la Patagonia, Alaska y las Islas Crozet parecen tener una alimentación mixta; se ha sugerido en Antártida la presencia de grupos especializados también en la alimentación de peces y de mamíferos marinos. En los fiordos noruegos parecieran haberse especializado en la pesca de arenques, lo que llevó al despliegue de complejos comportamientos de "arreo" y concentración de cardúmenes conocidos como técnica de "carrusel" o "calesita". No menos complejos son los comportamientos ejecutados para la captura de mamíferos marinos; son mundialmente famosos los hábitos de encallar intencionalmente para capturar con preferencia cachorros de lobos

Fotos: Gabriel Rojo

Secuencia de ataque de macho adulto a juveniles de lobo marino de un pelo. Península Valdés, Chubut.

Foto: Gabriel Rojo

Luego de los ataques, los grandes petreles suelen aprovechar los restos de la presa.

(*Otaria flavescens*) y elefantes marinos (*Mirounga leonina*) en el sector de Punta Norte, en la Península Valdés (Chubut). Este comportamiento también fue registrado en poblaciones de las Islas Crozet, en el océano Indico, donde se alimentan principalmente de cachorros de elefantes marinos. Casos extremos de comportamiento predatorio se han observado en la Antártida, donde grupos de orcas nadan rápidamente cerca de hielos flotantes para producir una ola que barre a los cachorros de focas y los hace caer al agua; en otros casos directamente rompen los témpanos para hacer caer a las infortunadas presas. Los ataques de orcas en Punta Norte seguramente son los más difundidos mundialmente. Son posibles en virtud de la alta marea y merced a la presencia de un canal profundo sobre la restinga aledaña a la playa de canto rodado, que permite un fácil acceso a la línea costera donde suelen ubicarse sus presas. La mayor frecuencia de los ataques tienen lugar alrededor de marzo-abril, coincidente con el ingreso al mar de los cachorros de lobos de un pelo y elefantes marinos. El grupo de orcas de Valdés también puede utilizar la técnica de ataque por varamiento intencional en otras playas de canto rodado de la Península Valdés. Acá también se han registrado ataques a cachorros de ballena franca (*Eubalaena australis*) y frecuentes acosamientos a los adultos. Se han observado orcas predando grandes salmones en el Golfo San José. En la provincia de Buenos Aires, donde la orca también suele ser frecuente, si bien no estable, se han observado diversos ataques a ejemplares de franciscanas (*Pontoporia blainvillei*) y delfines nariz de botella (*Tursiops truncatus*) en el sector norte y a lobos marinos de dos pelos (*Arctocephalus australis*) en el apostadero de Mar del Plata. En el sector bonaerense las orcas también se alimentan de peces demersales como corvinas rubias (*Micropogonias furnieri*) y negras (*Pogonias cromis*).

Las orcas son generalmente buceadoras someras, con inmersiones hasta aproximadamente los 60 metros; hay registros ocasionales de hasta 200 metros. Las inmersiones generalmente duran menos de 5 minutos, con períodos máximos de 15 minutos.

Para descansar, las orcas nadan muy lentamente en superficie, muy próximas entre sí y con su respiración sincronizada. Este descanso puede durar algunos minutos o prolongarse varias horas. En el norte de la Patagonia suelen descansar en bahías reparadas, y cuando navegan, lo hacen en una dirección determinada formando grupos compactos a velocidades que pueden llegar a los 23 km/h. Durante el traslado suelen alternar períodos de gran actividad vocal con otros de silencio, y cuando se unen a otros grupos suelen acercarse silenciosamente, quedar en superficie y comenzar a socializar con el otro grupo.

Las orcas realizan varios tipos de vocalizaciones, incluyendo clics, silbidos y "llamadas". Los primeros son principalmente para ecolocalizar; los silbidos son sonidos básicamente sociales. Un grupo de llamadas componen un "dialecto", específico de cada grupo o "clan acústico". Como este repertorio es enseñado por los adultos a los cachorros, se supone que grupos que comparten un dialecto están emparentados genéticamente.

Las orcas, como muchos otros cetáceos, pueden vararse accidentalmente y morir como consecuencia de ello. Los varamientos pueden ser individuales o de grupos. En Argentina se han registrado ambos tipos, siendo el individual más frecuentemente observado a lo largo de nuestro litoral marítimo. Los varamientos masivos de orcas –en el mundo– suelen ser menos importantes y frecuentes que los de delfines piloto y falsas orcas.

Distribución geográfica

Las orcas son probablemente los cetáceos de mayor distribución geográfica, ya que habitan en todos los mares. Sin embargo, se concentran preferentemente en áreas costeras templadas y frías de alta producción marina. Suelen ser frecuentes en la costa pacífica de Norteamérica, Canadá, Islandia y Noruega. Se las halla tanto en el Artico como en el Antártico; en el primero distribuidas en aguas libres de hielo; en la región antártica se las asocia con los hielos flotantes.

En la Argentina hay presencia de orcas en la costa bonaerense y patagónica, como también en las Malvinas, Tierra del Fuego y territorio antártico. Hay avistajes en la plataforma continental, hasta los 200 metros de profundidad.

En el hemisferio sur hay poca información sobre sus desplazamientos o migraciones. De las orcas que frecuentan Península Valdés se supone que pueden recorrer en poco tiempo cientos de kilómetros.

Estatus y conservación

Las orcas no han sido objeto principal de la caza ballenera, pero se las explotaba como captura secundaria durante la caza de cachalotes (*Physeter macrocephalus*), ballenas minke (*Balaenoptera acutorostrata* y *B. bonaerensis*) y fin (*B. physalus*), entre otras. Entre principios de los 50 y fines de los 70, balleneros noruegos, japoneses y rusos capturaron cerca de 5.000 orcas.

En varias regiones del mundo, incluidos Japón, Noruega y Alaska, históricamente se ha culpado a las orcas de disminuir los recursos pesqueros, de ahí las cacerías para exterminarlas por competidoras. El enmalle de orcas es poco común en redes de pesca.

En el Brasil hay en los últimos años interacciones importantes con la pesquería del pez espada

La captura de ejemplares de orca para oceanarios se inició en 1962 en las costas pacíficas de EE.UU. y se extendió a las costas de Canadá. Se llegaron a capturar un total de 60 ejemplares, finalizando las capturas a partir de 1977. Luego de la prohibición de captura, se cazaron 60 ejemplares en Islandia, hasta la prohibición definitiva en 1991. Con pequeños grupos capturados en Japón, se calculan cerca de 130 ejemplares capturados en total para exhibición pública.

En Argentina, desde hace pocos años, y por ley nacional, se prohíbe la captura de orcas para cualquier fin.

Por primera vez se intentó liberar en la naturaleza un ejemplar adulto de esta especie (Keiko) que permaneció largos años en un parque de Ciudad de México y fue la estrella de la película *Free Willy.* El esfuerzo significó una alta inversión de recursos técnicos, humanos y financieros pero desgraciadamente no se obtuvieron los resultados esperados.

No existe una evaluación poblacional a nivel mundial; se estima que la población del Pacífico podría rondar los 11.000 ejemplares, mientras que en las costas noruegas habitarían otras 500 orcas. La zona más rica sería la Antártida, con un estimado de 75.000 individuos.

La orca está citada en el Apéndice II de CITES, y clasificada por la UICN como de bajo riesgo, dependiente de la conservación. El Libro Rojo de la Argentina (SAREM) la considera especie de preocupación menor (LC), dependiente de su conservación.

Ejemplar solitario en la inmensidad antártica.

Foto: Ignacio Moreno. Projeto Baleias-PROANTAR

Falsa Orca

Pseudorca crassidens (Owen, 1846)

False Killer Whale

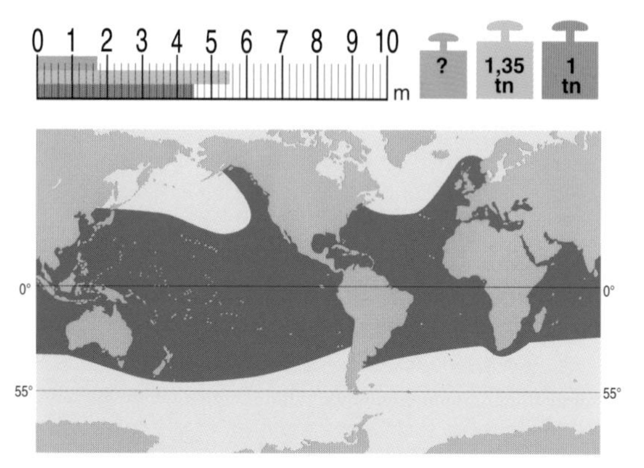

CLAVE PARA SU IDENTIFICACIÓN

- Cuerpo de talla grande (máximo 6 m).
- Aletas pectorales con característica forma en S.
- Dientes muy grandes y numerosos.
- Aleta dorsal aproximadamente en la mitad del dorso, falcada y puntiaguda.
- Ausencia de pico o rostro.
- Coloración casi negra homogénea, con parches grisáceos en el vientre.
- Suele vararse masivamente.

En 1846, mientras se realizaba una excavación en Lincolnshire (Gran Bretaña), se descubrió un esqueleto fósil de un cetáceo. El naturalista R. Owen luego lo describe considerándolo una especie extinta. Dieciséis años después se produjo en el Mar Báltico un varamiento masivo de 100 ejemplares de esta "especie extinta".

El nombre científico de este delfín proviene de los vocablos latinos *pseudo* (=falso), *crassus* (=grueso) y *dens* (=dientes). Literalmente significa orca falsa de dientes gruesos, debido a que esta especie es muy similar a las orcas y también se destaca en su boca una línea de fuertes dientes en ambas quijadas.

Características generales

Las falsas orcas son uno de los delfines marinos de mayor tamaño, alcanzando los ejemplares adultos tallas mayores a los 5 metros de largo y superan la tonelada de peso. Su cuerpo es casi uniformemente negro, con una macha gris oscura en forma de ancla ubicada ventralmente entre las aletas pectorales y que se extiende como una banda fina casi hasta la abertura genital; algunos ejemplares suelen presentar un halo gris pálido a los costados de los ojos. A diferencia de otros delfines, las falsas orcas no presentan un pico u hocico, y la cabeza tiene una forma marcadamente cónica con la comisura de la boca casi totalmente recta. Una característica única en esta especie es la forma de las aletas pectorales. El margen anterior es muy curvado y su margen distal presenta una ligera concavidad, dando a la aleta una forma de S muy característica. La aleta dorsal es muy erguida y falcada, alcanzando en algunos animales más de 40 cm de altura.

Poseen de 14 a 24 dientes muy gruesos los cuales pueden superar los 2 cm de diámetro, mientras que el cráneo, que puede alcanzar los 60 cm de largo, es muy masivo con un rostro relativamente ancho y corto.

Biología y ecología

La reproducción podría tener lugar a lo largo de todo el año, con períodos de gestación cercanos a los 15 meses. Las falsas orcas alcanzan la madurez sexual entre los 8 y 15 años, aunque también se supone que los machos pueden madurar varios años más tarde que las

Foto: Sergio Morón

Cabeza de falsa orca.

hembras. Los nacimientos se producen cada 6 o 7 años, y los cachorros son amamantados entre un año y medio y dos. La longevidad máxima registrada es de 63 años en hembras y 58 en machos, y se ha registrado la senilidad en hembras aproximadamente a los 45 años.

Los grupos de estos delfines son usualmente numerosos, alcanzando algunos de ellos cientos de ejemplares de ambos sexos. Los sonidos producidos son similares a los de delfines nariz de botella, muchos de ellos audibles y con frecuencias predominantes cercanas a los 30 kHz y una duración de 60-75 milisegundos. Falsas orcas han sido mantenidas exitosamente en cautiverio tanto para recreación como para estudio, y han demostrado una gran capacidad de aprendizaje e imitación.

La alimentación se basa principalmente en peces y calamares, y se ha observado que en la naturaleza suelen compartir el alimento entre individuos. Aparentemente la capturas se producen tanto de día como de noche. En ejemplares varados en Tierra del Fuego se encontraron 9 especies distintas de calamares y pulpos, como también restos de diversos peces.

Es una especie muy social, que también puede interactuar con otras diez especies de cetáceos, principalmente delfines nariz de botella (*Tursiops truncatus*). Son comunes los comportamientos aéreos como saltos y golpes de cola, y son veloces nadadoras superando velocidades de 4 m/seg lo que le permite frecuentemente navegar las olas producidas en la proa de los barcos (*bow-riding*). En oceanarios de Japón y Hawaii se han registrado híbridos con delfines nariz de botella.

Por razones diversas –no totalmente comprobadas científicamente– las falsas orcas varan comúnmente en masa. El número de ejemplares encallados es variable, habiéndose registrado entre 50 y más de 800, con un promedio de 180 y una proporción similar de machos y hembras.

Distribución geográfica

Las falsas orcas habitan todos los mares del mundo, principalmente en aguas tropicales, subtropicales y templadas. Esta especie es generalmente avistada en aguas profundas fuera de la plataforma continental, a más de 1.000 metros de profundidad. Ocasionalmente pueden registrarse ejemplares en regiones frías, y su rango de temperaturas varía entre los 9° y 30° C. En

UN VARAMIENTO HISTORICO

En lo que respecta al varamiento masivo de falsas orcas, Mar del Plata representa uno de los lugares de mayor interés, ya que en nuestro país se produjo uno de los varamientos masivos más importantes de los que se tenga registro. En la tarde del 10 de octubre de 1946 toda la ciudad se vio conmocionada por la presencia de centenares de falsas orcas que a gran velocidad y de manera casi simultánea encallaron en las playas, llegando incluso hasta la localidad de Miramar. Los animales se apilaban sobre la costa y mientras algunos de ellos murieron rápidamente, la agonía de otros muchos se alargó hasta la noche del día 11. Algunos machos medían cerca de 6 metros de largo, aunque en su mayoría se trataba de hembras. Una de ellas incluso alcanzó a dar a luz en la playa ayudada por dos personas, y el neonato fue devuelto al mar. Dos días después las autoridades locales comenzaron a retirar los cadáveres de la playa para ser llevados a mar abierto. La cantidad de animales varados fue realmente inusual, ya que mientras los diarios locales daban cuenta de cerca de 1.200 animales, los conteos oficiales dieron una cifra de 835 ejemplares. Este varamiento es, probablemente, el más numeroso registrado en todo el mundo para esta especie, y precisamente por ello no fue tomado en serio por los especialistas de la época, quienes consideraban que su número era producto de una exageración. Fue recién en la década del 70, y como consecuencia de otros varamientos muy numerosos registrados en otras partes del mundo, que comenzó a darse crédito a este acontecimiento local. Otro varamiento masivo de esta especie ocurrió en marzo de 1989, cuando más de 130 falsas orcas vararon en el Estrecho de Magallanes, algunas de las cuales fueron socorridas y reingresadas al mar.

Argentina se han registrado varamientos individuales en la provincia de Buenos Aires, la Patagonia y Tierra del Fuego.

Estatus y conservación

Esta especie nunca fue sujeta a explotación comercial, si bien se realizaron algunas capturas de "arreo" o arponeo para evitar que se alimenten de cardúmenes de peces en diversas localidades del mundo. En algunas regiones de Indonesia, el Caribe y Japón ocasionalmente son capturadas como alimento. Capturas incidentales de falsas orcas se han dado muy ocasionalmente en el Atlántico sur y Australia.

Las falsas orcas han sido clasificadas por la UICN como especie insuficientemente conocida, y se encuentra listada en el Apéndice II de CITES. El Libro Rojo de Argentina (SAREM) la considera una especie de preocupación menor (LC), dependiente de la conservación.

Ejemplar solitario de falsa orca.

Foto: Ignacio Moreno. Projeto Baleias-PROANTAR

Orca Pigmea

Feresa attenuata Gray, 1874

Pygmy Killer Whale

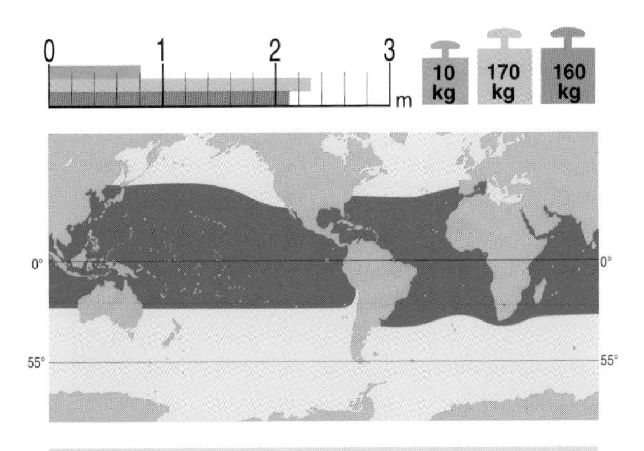

CLAVE PARA SU IDENTIFICACIÓN

- Cuerpo de talla mediana (máximo 2,75 m).
- Cabeza sin hocico diferenciable.
- Coloración negra intensa en dorso, gris oscura en flancos.
- Vientre blanco alrededor de la zona genital.
- Labios con reborde blanco.
- Aleta dorsal de posición media, bien desarrollada y claramente dirigida hacia atrás.
- Extremo de aleta pectoral redondeado.

El naturalista J. Gray tuvo en sus manos el primer cráneo de esta especie en 1827 y un segundo recién en 1875. En base a ellos bautizó científicamente este material con diversos nombres incorrectos, hasta que decide crear un nuevo género que designa como *Feresa* que lo diferencia de otros delfines. Este término se ha originado en el vocablo francés *feres,* con el cual se designa a los delfines en algunas regiones costeras francesas. El término específico *attenuata* proviene del latín *attenuatus* que significa reducido.

El tercer ejemplar de orca pigmea recién fue colectado en 1952 en Japón, lo que indica su baja frecuencia en la naturaleza.

Pese a su nombre vulgar, la orca pigmea, poco se parece en su aspecto externo a la verdadera orca (*Orcinus orca*).

Características generales

Puede ser definido básicamente como un delfín negro de tamaño mediano que habita aguas oceánicas tropicales y subtropicales y que fácilmente puede ser confundido con una especie muy afín: el delfín cabeza de melón (*Peponocephala electra*).

Los ejemplares machos suelen ser un poco más grandes que las hembras con un largo promedio de 2,30 m y un máximo de 2,75 m, mientras que estas últimas presentan un largo de cuerpo promedio de 2,15 m y un máximo de 2,40 m. Al nacer las crías medirían alrededor de los 80 cm. El peso promedio de los machos es de 170 kg habiéndose registrado un máximo de 225 kg; las hembras presentan un peso promedio de 150 kg con un valor máximo de 200 kg.

La cabeza carece de un rostro u hocico y presenta un perfil de ángulo bajo. Su aleta dorsal se inserta en la mitad del largo del cuerpo, está bien desarrollada y a su vez claramente dirigida hacia atrás. Su altura máxima puede alcanzar los 40 cm.

Las aletas pectorales son angostas, con sus extremos redondeados y habría ciertas diferencias vinculadas con el sexo de los individuos.

Si bien lo hemos definido como un "delfín negro", su coloración oscura muestra diversos matices. El dorso, zona que suele exponer al salir a respirar, es de un color negro intenso, calificado como azulado por algunos autores. Los flancos suelen ser de un gris oscuro formando una especie de onda con el negro del dorso. El vientre, en la zona genital, es de color blanco y, entre las aletas pectorales puede presentarse una zona blanca grisácea. El reborde de la boca también es blanco y en algunos ejemplares puede extenderse también hacia la garganta. Algunos autores mencionan además una especie de ceja sobre el ojo de color grisáceo, que se formaría en base a una prolongación afinada del área gris del flanco.

Presenta un cráneo corto, por carecer de hocico prominente, tiene 8 a 11 pares de dientes en la quijada superior y 11 a 13 pares de dientes en la quijada inferior.

Biología y ecología

Es una especie de hábitos gregarios, que suele formar manadas que oscilan generalmente entre 15 y 50 individuos, aunque también se han avistado ejemplares solitarios y manadas integradas por varios cientos de individuos.

Las manadas suelen desplazarse con movimientos lentos y sincrónicos como también suelen hacerlo las orcas, los delfines piloto, etc. Sin embargo, bajo ciertas circunstancias, las orcas pigmeas también pueden mostrar una importante actividad física, ya sea saltando fuera del agua, dando golpes con su cola sobre la superficie del agua y, algo que resulta verdaderamente llamativo, el hábito de sacar la cabeza para "espiar" el entorno aéreo, como también suelen hacerlo las orcas y algunas ballenas. Es un delfín muy sonoro en virtud de emitir señales en un amplio rango de frecuencias, muchas de las cuales son perfectamente audibles para el hombre, cuando las orcas pigmeas se encuentran en superficie.

Prácticamente nada se sabe sobre la reproducción de este delfín, salvo que se estima que entran en reproducción cuando los ejemplares alcanzan los 2 m de largo y que los nacimientos suelen tener lugar preferentemente durante la primavera.

Tampoco hay mayor información sobre su alimentación si bien se sabe que, al igual que otros delfines oceánicos, se sustenta principalmente en peces pelágicos y calamares. Entre los primeros el dorado, *dolphin fish,* o Mahi-Mahi (*Coryphaena* spp.). Circunstancialmente pueden predar otras especies de delfines, como ha sido observado en maniobras de pesca atunera del Pacífico oriental, donde se han visto manadas atacando distintas especies del género *Stenella* y al delfín común (*Delphinis delphis*). Como contrapartida, las orcas pigmeas suelen ser predadas por grandes tiburones, como ocurre con tantas otras especies de delfines.

Este delfín ha sido mantenido en cautiverio en oceanarios de Japón, Hawaii y Sudáfrica, por lo cual muchos aspectos de su comportamiento provienen de dichas experiencias. En esos ambientes suele ser muy agresivo con entrenadores y técnicos como también con otras especies de cetáceos, llegando incluso a matar ejemplares jóvenes de delfín piloto (*Globicephala* sp.) y delfines oscuros (*Lagenorhynchus obscurus*).

Distribución geográfica

Es un delfín oceánico de aguas tropicales y subtropicales, que habita alrededor del mundo entre los 40° N y 35° S.

También suele frecuentar áreas costeras de islas oceánicas, tales como Nueva Zelanda, Hawaii, Sri Lanka y San Vicente en el Caribe.

En Argentina se ha registrado un varamiento de una hembra y su cachorro en el norte de la provincia de Buenos Aires en 1989 y una cría abortada en la zona de Mar del Plata durante la década del 60. Probablemente, hasta el presente, esta especie no ha sido avistada viva en el Mar Argentino.

Estatus y conservación

Algunos ejemplares son accidentalmente capturados en redes de cerco y de deriva de varias regiones del globo, la mayor parte de ellos en Japón, Sri Lanka y pesquerías de atún del océano Pacífico oriental.

No hay información sobre el tamaño poblacional de esta especie. Sin embargo se sabe que es una especie oceánica poco frecuente.

La UICN la considera una especie insuficientemente conocida y CITES la ubica en el Apéndice II. El Libro Rojo de Argentina (SAREM) ha omitido la evaluación de esta especie.

Delfín Piloto o Calderón de Aletas Largas

Globicephala melas (= G. melaena) (Traill, 1809) **Long-finned Pilot Whale**

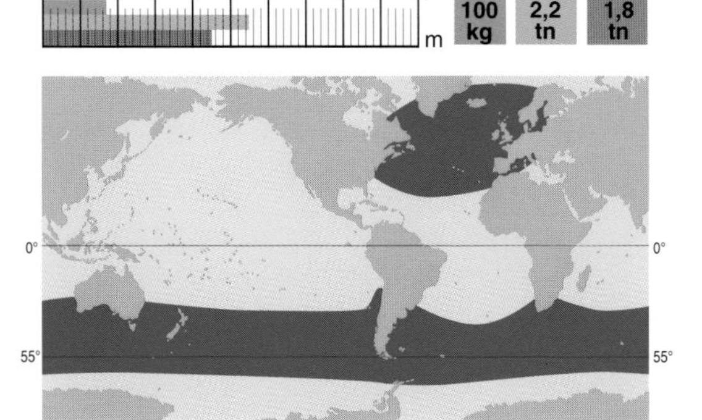

CLAVE PARA SU IDENTIFICACIÓN

- Cuerpo de gran tamaño (> 4 m).
- Cabeza de frente globosa, sin hocico diferenciable.
- Coloración general negra o pardo oscura.
- Banda ocular clara oblicua y "montura" posterior a la aleta dorsal.
- Mancha gris clara en la zona de la garganta.
- Aleta dorsal de posición anterior, falcada, redondeada y curvada hacia atrás.
- Aletas pectorales muy largas (20-25% del largo total).

Este cetáceo era bien conocido desde la Edad Media por los habitantes de las islas Faroe, Orkney y Shetland del Atlántico norte, pues desde esa época solían varar las manadas para cazarlas y consumirlas.

El nombre científico deriva del latín *globus* (=globo) y del griego *kephale* (=cabeza), en clara referencia a la frente bulbosa que caracteriza a los delfines piloto. El término *melas* (=negro) deriva del griego y hace referencia a su coloración. El nombre traducido sería *delfín negro de cabeza globosa.* Hasta hace poco, en vez de *melas* se usaba el término específico *melaena,* pero el Comité Internacional de Nomenclatura Zoológica determinó mantener el primero de los términos. Algunos investigadores reconocen dos subespecies: *Globicephala melas edwardii* (Smith, 1834) para el hemisferio sur y *G. melas melas* para el Atlántico norte. Otra especie de delfín piloto, de aletas cortas (*Globicephala macrorhynchus,* Gray 1846) habita aguas cálidas pero aún no ha sido registrada en aguas argentinas.

El nombre *piloto* se origina en la teoría del ejemplar líder que pilotea a la manada hacia las zonas de alimentación y reproducción. También es conocido como calderón por la forma semiesférica de la cabeza, similar a una caldera, y como traducción del nombre común en inglés, *pothead.* Erróneamente se lo nombra también "ballena piloto", cuando en realidad se trata de un delfín.

Características generales

Los delfines piloto tienen cuerpo robusto, muy alargado, con la cabeza marcadamente globosa y pico u hocico casi imperceptible, del cual se delinea una comisura ascendente hacia el ojo. La aleta dorsal tiene base muy ancha, curvada hacia atrás, de perfil redondeado, ubicada en posición anterior en la línea dorsal. Una característica de esta especie, y que claramente la diferencia del delfín piloto de aletas cortas (*Globicephala macrorhynchus*) son las aletas anteriores muy largas y puntiagudas (más del 20% del largo del cuerpo).

La coloración general es negra, con tres áreas más claras de color grisáceo. Una banda fina, ascendente y oblicua desde el ojo hacia la inserción anterior de la aleta dorsal; una "montura" detrás de la aleta dorsal y un parche en forma de ancla a la altura de la garganta, que se continúa con una fina banda hasta la zona genital. La banda clara ocular es característica de la forma del hemisferio sur y sirve de base para describir a esta subespecie; la forma de la "montura" también se ha propuesto para identificar distintas poblaciones de

Foto: Jorge Mermoz

Manada de delfines piloto durante un temporal en altamar.

delfines piloto. Los ejemplares jóvenes, en general, son de coloraciones más claras que los adultos.

El delfín piloto, luego de las orcas, es el de mayor tamaño. Hay marcado dimorfismo sexual, ya que las hembras alcanzan tamaños máximos alrededor de los 5 metros de largo y 2 toneladas; los machos adultos pueden superar los 6 metros y pesar más de 3 toneladas. Al nacer pueden superar los 100 kg y medir cerca de 1,80 m.

El cráneo es generalmente deprimido, y su rostro es ancho y corto. Poseen entre 40 y 48 dientes robustos.

Foto: Michel Milinkovitch

Ejemplares faenados para consumo humano.

Biología y ecología

Es una especie marcadamente social, que puede formar manadas de hasta cientos de individuos. Usualmente forman grupos menores de 20 a 40 individuos. Se han identificado grupos de alimentación, desplazamiento y descanso. Los grupos que se trasladan en busca de alimento suelen ser compactos, mientras que aquellos dedicados al buceo y al descanso suelen estar más dispersos. Los grupos de descanso son muy característicos, dado que usualmente se concentran en la superficie, flotando o moviéndose muy lentamente. Previo a un buceo prolongado, los delfines piloto realizan varias respiraciones seguidas, para luego permanecer hasta 15 minutos bajo el agua; pueden bucear hasta casi los 600 metros de profundidad. Sus desplazamientos pueden ser enormes, algunos ejemplares llegan a desplazarse miles de kilómetros en unas pocas semanas. No es una especie de comportamiento acrobático, aunque son comunes los de mirar en superficie (*spyhoping*), los pequeños saltos superficiales y frecuentes golpes de cola.

El profundo vínculo social probablemente sea la causa de los varamientos masivos de los delfines piloto en todo el mundo. En las costas de la Argentina es una de las cinco especies de cetáceos que se vara con mayor frecuencia. Usualmente los varamientos oscilan entre 10 y 60 ejemplares, aunque también se han registrado varamientos masivos en Chubut, Tierra del Fuego e Islas Malvinas donde murieron entre 200 y 450. Estos grupos están usualmente formados por delfines de ambos sexos, tanto adultos como juveniles, aunque hay cierta tendencia a una mayor presencia de hembras. En las Islas Malvinas hubo varamientos recurrentes en la misma zona.

Se estima que la temporada reproductiva se extiende entre primavera y verano. Los delfines piloto alcanzan la madurez sexual a edad avanzada; los machos aproximadamente a los 10-12 años y las hembras a los 6-7 años. Ciertos estudios sugieren un proceso de senilidad en hembras, ya que pueden vivir más de 15 años luego de haber dado a luz su último cachorro. La edad máxima registrada en la naturaleza fue de 36 años para machos y cerca de 60 para hembras. Recientemente se ha podido determinar que la gestación dura alrededor de 12 meses. Las hembras darían a luz cada 3-5 años, mientras que el período de lactancia supera, en algunos casos, los dos años.

El sistema reproductivo parece ser similar al de las

orcas; los ejemplares permanecen en su grupo natal hasta alcanzar la madurez sexual; muchas hembras permanecen toda su vida en ese grupo, pero estudios genéticos confirmaron que los machos fecundan en su gran mayoría a hembras de otros grupos. Este comportamiento sugiere una gran movilidad de los machos entre grupos durante la época reproductiva y la formación de agregaciones de machos "solteros".

Los delfines piloto se alimentan preferentemente de calamares, aunque complementan su dieta con una gran variedad de peces.

Se han podido mantener exitosamente delfines piloto en cautiverio, probando ser una especie de rápido aprendizaje y habilidades notables. La marina de los Estados Unidos los ha entrenado para recuperar objetos hundidos a más de 500 metros de profundidad.

Distribución geográfica

La subespecie austral se distribuye a lo largo de todo el hemisferio sur, desde la línea de los hielos flotantes hasta aproximadamente los 20°-25° S, habiéndose registrado en todos los continentes. La subespecie del Atlántico norte se encuentra distribuida hasta aproximadamente los 30° N, incluyendo regiones polares de Groenlandia e Islandia y el Mar Mediterráneo. Los límites norte de su distribución suelen solaparse con los del delfín piloto de aletas cortas. Es una especie tanto de aguas profundas como de la plataforma continental; fue avistada en el Mar Argentino en grupos de 25 a 50 ejemplares en ambas zonas. Grupos de delfines piloto son también frecuentes en zonas costeras de las Malvinas y Georgias del Sur.

Estatus y conservación

Recientemente se estimó para el Atlántico sur un total cercano a 200.000 delfines piloto al sur de la Convergencia Antártica y menos de 800.000 en el Atlántico norte.

Su captura incidental en redes de pesca es ocasional; hubo algunos casos en la zona de Mar del Plata. Por su tendencia a la concentración, esta especie estuvo históricamente sujeta a una explotación muy peculiar, conocida como "pesca de arreo" o *drive fisheries,* consistente en hacer varar las manadas en bahías cerradas y de poca profundidad, para luego sacrificarlas. Esta práctica aun se mantiene en las Islas Faroe, donde anualmente capturan unos pocos miles, si bien en el pasado alcanzaron a capturar más de 10.000 delfines piloto anualmente. En el hemisferio sur no hay antecedentes de explotación comercial, y ciertos reportes incompletos dan cuenta de probable pesca de arreo en las Malvinas varias décadas atrás.

Globicephala melas es considerada por la UICN como una especie de bajo riesgo, dependiente de la conservación, mientras que CITES la incluye en el Apéndice II. El Libro Rojo de Argentina (SAREM) la considera una especie de preocupación menor (LC) y dependiente de la conservación.

Foto: Michel Milinkovitch

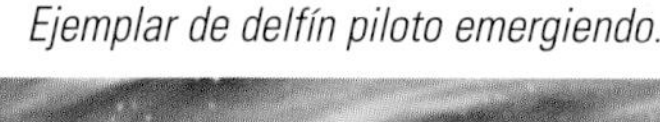

Ejemplar de delfín piloto emergiendo.

Marsopa Espinosa (Marsopa de Burmeister)

Phocoena spinipinnis Burmeister, 1865 **Burmeister's Porpoise (Black Porpoise)**

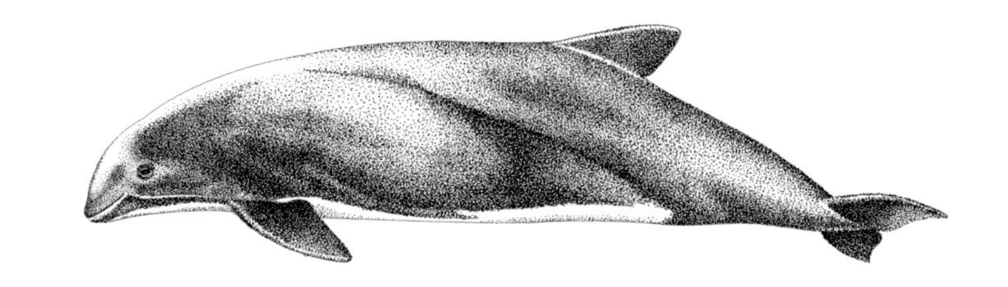

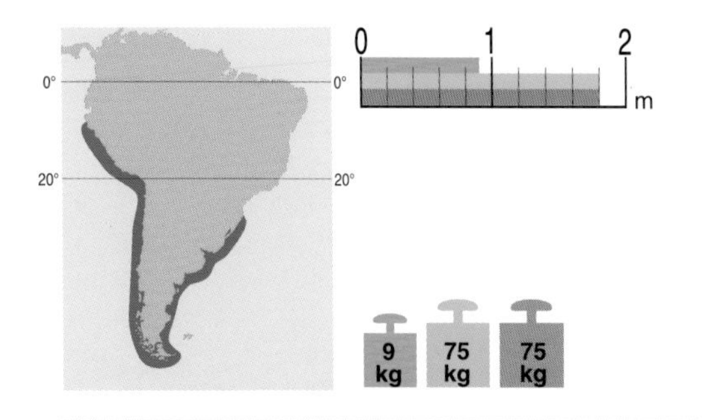

CLAVE PARA SU IDENTIFICACIÓN

- Cuerpo pequeño pero robusto (máx. 1,90 m).
- Coloración general oscura, parda o grisácea, hasta negra.
- Cabeza cónica, sin hocico diferenciable.
- Comisura de la boca dirigida hacia arriba.
- Aleta dorsal de posición posterior y dirigida hacia atrás.
- Hileras de pequeños tubérculos en el borde anterior de la aleta dorsal.
- Aleta pectoral bien desarrollada con amplia base.

Las marsopas se incluyen en la familia Phocoenidae y se diferencian de los verdaderos delfines (Delphinidae), por el tamaño pequeño, aletas triangulares o subtriangulares y dientes comprimidos lateralmente, con coronas espatulares que, en su conjunto, pueden formar un borde cortante. La cabeza es de perfil redondeado, sin hocico o rostro aparente. De hábitos mayormente costeros, viven en pequeños grupos con una estructura social más simple que la mayoría de los delfínidos.

La marsopa espinosa es una de las dos especies de la familia Phocoenidae presentes en aguas argentinas. El primer espécimen fue coleccionado por el Museo Nacional de Buenos Aires en la desembocadura del Río de la Plata en 1865 y descrito por su director, el famoso naturalista alemán Herman Karl Burmeister.

El nombre genérico *Phocoena* (=forma de foca) se origina del latín y hace referencia al parecido del cuerpo de las marsopas con el de las focas monje del Mediterráneo (*Monachus monachus*), dado que ambos son robustos. El nombre *spinipinnis* es un compuesto del latín *spina* (=espina) y *pinna* (=ala o aleta) en referencia a unas pequeñas formaciones espiniformes de esta marsopa en el borde anterior de su aleta dorsal.

Características generales

Se trata de una marsopa robusta pero de pequeño tamaño, cuya talla máxima no supera los 2 m y su peso los 105 kg, pero la mayor parte de los ejemplares suelen ser más pequeños. Posee una cabeza más aguzada que la marsopa de anteojos y la comisura de su boca está orientada hacia el ojo. Carece de hocico o rostro aparente. La aleta dorsal es el elemento que mejor la caracteriza. Está ubicada en posición muy posterior y marcadamente orientada hacia atrás, lo que hace que su borde anterior en vez de convexo sea recto o levemente cóncavo. La aleta dorsal está adornada en su borde anterior con dos a cuatro hileras de pequeños tubérculos espiniformes.

La coloración general del cuerpo es bastante variable, puede ser parduzca o grisácea, desde una tonalidad relativamente clara a una muy oscura, cercana al negro. La zona dorsal es la más oscura de todas. La cabeza puede ser un poco más clara con una banda más oscura que va desde atrás del orifico respiratorio al extremo de la quijada superior; alrededor del ojo puede haber un reborde más claro. La garganta y zona ventral son gris claro o blanco, ramificándose levemente a la altura del ano. Una banda curva más oscura suele ir desde el extremo de la mandíbula hasta la base de la pectoral.

Su cráneo se asemeja al de la marsopa común del hemisferio norte (*Phocoena phocoena*) y posee entre 10 y 22 pares de dientes espatulares en la quijada superior y entre 15 y 25 en la inferior.

Foto: Peter Ron

(*Merluccius hubbsi*), también consumen pequeños calamares (*Loligo* spp.), crustáceos myscidáceos y *krill*. Su dieta varía según la región geográfica.

Distribución geográfica

Es una especie eminentemente costera que se distribuye en el Atlántico desde el sur de Brasil (28° S) hasta Tierra del Fuego y asciende por el Pacífico hasta el norte de Perú (5° S), siguiendo las aguas frías de la corriente de Humboldt. En las zonas costeras suele incursionar en fondos rocosos, praderas de algas gigantes, estuarios o desembocaduras de pequeños ríos. Ocasionalmente se la ha visto algunos kilómetros mar adentro y sobre fondos de hasta 100 metros. Su vinculación principal es con masas de agua templadas frías que no superen los 10°-15° C; algunas veces puede encontrársela en aguas cercanas a los 20° C.

Biología y ecología

Poco se conocen los hábitos de esta especie, que puede ser considerada solitaria; la mayor parte de los avistajes han sido de ejemplares solitarios, en parejas y más raramente 6 individuos. Es un cetáceo muy poco visible en la naturaleza y sólo puede ser observado con aguas muy calmas y a corta distancia. En oportunidades se vieron ejemplares solitarios en el Golfo Nuevo y en el San José (Chubut) desde embarcaciones y a corta distancia. Al nadar en superficie exponen muy poco su cuerpo y los movimientos bajo el agua suelen ser erráticos por lo cual es difícil calcular por dónde volverán a emerger. Sus inmersiones son reducidas en tiempo y profundidad; no exceden los tres minutos y probablemente no bucean más allá de los 30 metros.

Foto: R. Bastida

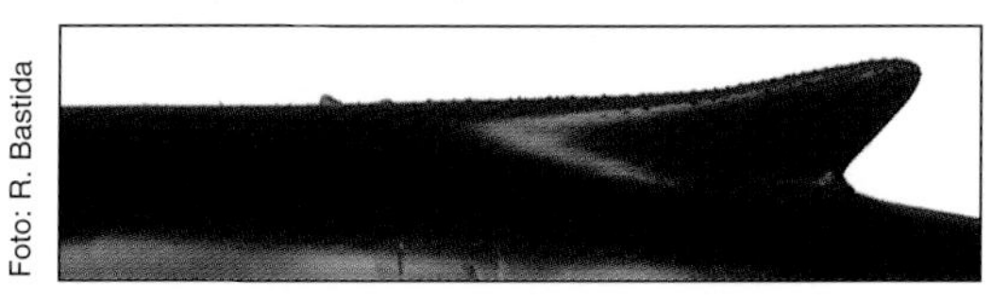

Detalle de aleta dorsal con pequeños tubérculos que dan el nombre a la marsopa espinosa.

La marsopa espinosa, al igual que otras especies de la familia es muy prolífica. Dos tercios de la población dan preñez en el año, con nacimientos principalmente en verano y principios del otoño. El período de gestación es cercano al año.

Su alimentación parece ser bastante diversificada y semejante a la de la tonina overa (*Cephalorhynchus commersonii*) en el sector patagónico. Fundamentalmente se alimenta de pequeños peces como anchoas (*Engraulis anchoita*), sardinas (*Clupea* spp.), pejerreyes (*Austroatherina* spp.), besugos (*Sparus pagrus*), pescadillas (*Cynoscion guatucupa*) y juveniles de merluza

Estatus y conservación

La marsopa espinosa parece ser mucho más frecuente y abundante en la costa pacífica. Se sospecha que corre cierto nivel de riesgo por captura incidental en pesquerías artesanales con redes agalleras, y como cebo de trampas pesqueras o para consumo humano como ocurre en Chile y Perú. Se supone que hubo capturas en Perú de alrededor de 2.000 ejemplares.

Restos de esta marsopa fueron encontrados en sitios arqueológicos de Tierra del Fuego. Ello atestigua que los aborígenes canoeros cazaban esta especie hace 6.500 años.

La UICN considera a esta marsopa como una especie insuficientemente conocida; CITES la incluye en su Apéndice II. El Libro Rojo de la Argentina (SAREM) la considera especie de preocupación menor (LC) dependiente de la conservación.

Foto: Michel Milinkovitch

Ejemplares de marsopa espinosa, capturados en Perú para consumo humano.

Marsopa de Anteojos (Marsopa de Lahille)

Phocoena dioptrica Lahille, 1912 (= *Australophocoena dioptrica*) **Spectacled Porpoise**

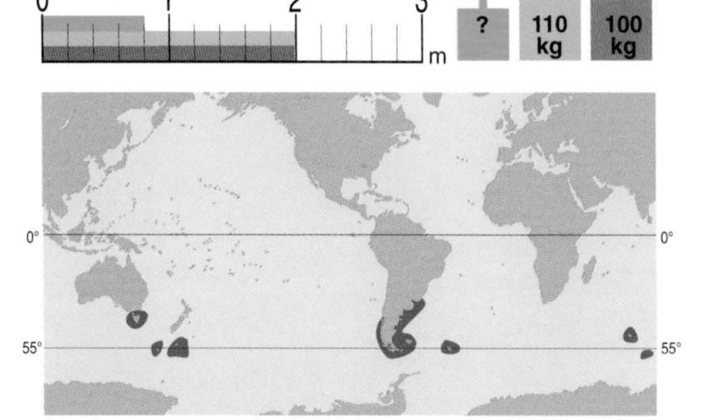

CLAVE PARA SU IDENTIFICACIÓN

- Cuerpo fusiforme y robusto (largo máx. 2,30 m).
- Coloración negra en el dorso y blanca en el vientre.
- Cabeza redondeada sin hocico o rostro aparente.
- Boca pequeña con labios oscuros.
- Ojos pequeños con reborde negro, rodeados de blanco, dando aspecto de "anteojos".
- Aleta dorsal redondeada, de gran tamaño en machos adultos, ubicada en la mitad del cuerpo.
- Aletas pectorales pequeñas.

En 1912 se produce el hallazgo de un extraño animal en las costas del Río de la Plata en la localidad de Quilmes (provincia de Buenos Aires). Inmediatamente la prensa local informa sobre este acontecimiento y el naturalista francés Fernando Lahille, investigador del Museo de Ciencias Naturales de La Plata, se dispone a conservar y estudiar el ejemplar. Rápidamente llega a la conclusión de que se trata de una marsopa nueva para la ciencia, con una llamativa coloración blanca y negra y con ojos adornados a manera de anteojos. De ahí la inspiración para otorgarle el nombre vulgar de marsopa de anteojos.

El nombre genérico *Phocoena* (=forma de foca) proviene del latín y hace seguramente referencia a la robustez de las marsopas, mientras que el término *dioptrica* proviene del griego *diopter* que se relaciona con las magnificaciones de los lentes, seguramente haciendo referencia a los "anteojos" que Lahille observó en esta marsopa.

Características generales

La marsopa de anteojos es la más grande de todas las especies actuales (*Phocoena phocoena, P. spinipinnis, P. sinus, Neophocoena phocaenoides* y *Phocoenoides dalli*). Los machos adultos pueden alcanzar los 2,30 m de largo; probablemente las hembras sean un poco más pequeñas. El peso máximo registrado es de 125 kg, pero probablemente en la naturaleza haya ejemplares de mayor peso. Al nacer las crías miden entre 70 y 90 cm.

La cabeza presenta un perfil redondeado, sin hocico o rostro aparente. La boca es pequeña y los labios están pigmentados de color gris oscuro o negro.

La aleta dorsal es de forma subtriangular, de posición media y con su extremo redondeado. En los machos adultos tiene un desarrollo inusitado, especialmente en su base. Las aletas pectorales son relativamente pequeñas y un poco más oscuras que su área de inserción.

La coloración bicolor del cuerpo es muy llamativa y divide a éste en dos sectores bien definidos: uno superior de color negro, con tintes azulados, y uno inferior de color blanco. La división entre ambas zonas está dada por una línea levemente ondulada que se extiende desde el extremo de la cabeza, a la altura del ojo, y se continúa por el flanco del cuerpo, ascendiendo al llegar al pedúnculo caudal. La coloración en cachorros y juve-

Foto: Jorge Mermoz

Ejemplar macho de marsopa de anteojos, avistada a distancia.

niles es semejante, pero la pigmentación es mucho más clara que en los individuos adultos.

El cráneo es semejante al del resto de las especies de marsopas. Los dientes son espatulados y lleva 16 a 26 pares en la quijada superior y de 16 a 20 pares en la mandíbula. Muchos de estos dientes, incluso en adultos, pueden quedar embebidos en las encías.

Biología y ecología

Hasta la década del 70 eran muy escasos los registros de esta extraña marsopa, por lo cual se suponía que era poco frecuente en las costas argentinas; sin embargo, a partir de los 80 se han colectado cerca de 300 individuos, correspondiendo la mayor parte de ellos a la región de Tierra del Fuego.

Si bien comúnmente se la encuentra en sectores costeros, también ha sido vista en aguas oceánicas, hecho poco frecuente en otras especies de marsopas.

Suelen ser de hábitos solitarios o formar pequeños grupos de 2 o 3 individuos. Hasta el presente se tiene un registro máximo de 7 ejemplares.

Muy poco se sabe sobre su alimentación y estrategias de captura; un ejemplar varado presentó en su contenido estomacal anchoítas (*Engraulis anchoita*) y pequeños crustáceos.

Foto: Jorge Mermoz

Ejemplar macho adulto, exhibiendo su enorme aleta dorsal.

Tampoco se cuenta con mayor información sobre su reproducción. Los ejemplares llegarían a su madurez sexual poco antes de alcanzar los 2 metros de largo y la mayor parte de los nacimientos tendría lugar durante la primavera y el verano.

Distribución geográfica

La marsopa de anteojos habita exclusivamente el hemisferio sur, tanto en áreas costeras como oceánicas y probablemente su distribución sea circumpolar.

En el Atlántico existen registros desde el sur de Brasil (32° S) hasta Tierra del Fuego y sur del Cabo de Hornos. También habitan las Islas Malvinas y otras típicamente subantárticas como las Georgias del Sur, Auckland y Macquarie, Heard y Kerguelen. También ha sido registrada al sur de Nueva Zelanda y sur de Australia y Tasmania. Los registros más frecuentes tienen lugar en aguas cuya temperatura superficial oscila entre 5° y 10° C.

Sin duda su principal área de distribución corresponde a la Patagonia y Tierra del Fuego, habitando también en el sector chileno de esta última.

Estatus y conservación

Casi nada se sabe sobre los aspectos poblacionales de esta marsopa. Probablemente es más frecuente de lo que se suponía en un principio y periódicamente suelen presentarse capturas incidentales en redes agalleras para la pesca del róbalo (*Eleginops maclovinus*) en Tierra del Fuego.

Se han denunciado también algunas capturas en el sector chileno de Tierra del Fuego para ser empleados como cebo de trampas de centolla (*Lithodes santolla*).

La UICN considera a la marsopa de anteojos como una especie insuficientemente conocida y CITES la incluye en su apéndice II. El Libro Rojo de la Argentina (SAREM) la considera una especie de preocupación menor (LC), dependiente de su conservación.

Ballena Rostrada o Zifio de Cuvier

Ziphius cavirostris Cuvier, 1823 **Cuvier's Beaked Whale**

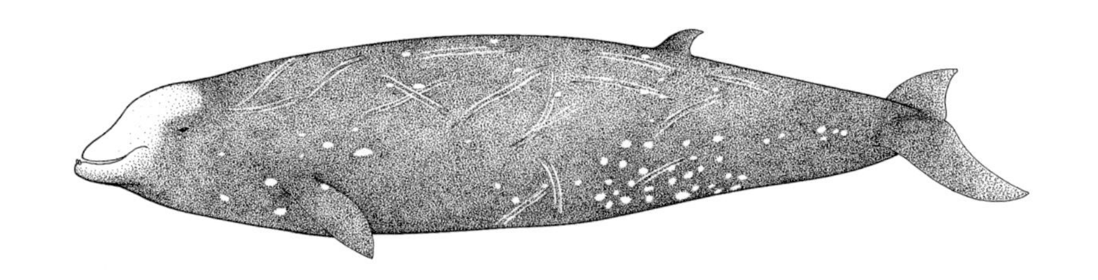

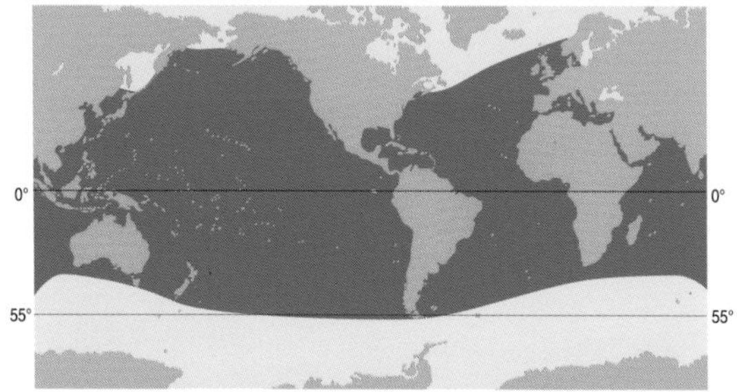

CLAVE PARA SU IDENTIFICACIÓN

- Cuerpo de gran talla (máx. 7 m).
- Cabeza con hocico poco evidente y frente suavemente descendente.
- Coloración del dorso oscura, más clara en los flancos y vientre.
- Frecuentemente con cicatrices lineales y ovales claras.
- Machos adultos con cabeza blanca característica.
- Presencia de dos dientes inferiores en el ápice de la mandíbula en machos adultos.
- Aleta dorsal pequeña y de posición posterior.
- Aletas pectorales pequeñas.
- Dos surcos oblicuos en la garganta que no se unen en el extremo.

La descripción original de esta especie se basó en un fragmento de cráneo fósil hallado en 1804, en la desembocadura de un río de la costa de Francia. Inmediatamente el material fue llevado al Museo de Historia Natural de París para ser analizado por el famoso naturalista G. Cuvier. Por el estado fósil de los huesos, fue erróneamente considerado por este investigador como una especie extinta e incluida en su famosa obra sobre Investigaciones de Osamentas Fósiles (1823). El nombre genérico *Ziphius* deriva del griego *ziphas* o *xiphias* (=espada), haciendo referencia al rostro de esta especie, muy típico también en el resto de las especies de la familia. El término específico *cavirostris* deriva del griego *cavus* (= cavidad) y del latín *rostrum* (=rostro), y hace referencia a una gran cavidad central ubicada anteriormente a las fosas nasales y presente sólo en los ejemplares machos. A partir de 1826 se describen varias especies de cetáceos actuales, y a fines del siglo XIX se determina que varias de ellas en realidad corresponden a la especie *Ziphius cavirostris,* por lo cual este cetáceo no era un animal extinto como supuso Cuvier.

Características generales

La ballena rostrada de Cuvier, al igual que la mayoría de los zífidos, se caracteriza por tener un cuerpo compacto y robusto, con aletas pectorales y dorsal relativamente pequeñas (usualmente menores a los 50 cm). *Ziphius cavirostris* es un zífido de tamaño mediano, cuyos adultos promedian aproximadamente 6,20 metros y las dos toneladas y media de peso. La talla máxima no supera los 7 metros, y el registro de ejemplares de mayor talla se debieron a identificaciones o mediciones erróneas. Aparentemente no existen diferencias de tamaño entre machos y hembras. Las crías nacen con un tamaño promedio de 2,70 metros.

La aleta caudal tiene un tamaño relativamente grande, alcanzando envergaduras de casi 1,50 metro; usualmente carecen de muesca central en la cola, como es común en los zífidos, aunque en el caso del género *Ziphius* algunos ejemplares pueden presentarla.

El perfil de la cabeza es bastante romo, con un pico muy poco definido y la frente suavemente descendente. La comisura de la boca es corta y ascendente, y poseen un par de dientes ubicados en la punta de la quijada inferior que sólo sobresalen en los machos adultos. Ocasionalmente se pueden encontrar entre 15 y 35 dientes vestigiales pequeños en las encías superiores. Como es característico en esta familia, poseen un par de surcos en la zona de la garganta, pero en esta especie no alcanzan a unirse en su porción anterior.

La coloración del zifio de Cuvier mantiene patrones similares a los de otros cetáceos, con cuerpos grises o pardos oscuros y vientres más claros, si bien existen diferencias entre los sexos, edades y regiones geográficas. Los machos adultos presentan la cabeza muy clara, casi blanca, con abundantes cicatrices superficiales en forma de rayaduras en el cuerpo, atribuidas a marcas producidas por los dientes de otros machos. Las hembras y animales juveniles son usualmente más claros, siendo el color de la cabeza similar al resto del cuerpo, aunque también es frecuente observar hocicos claros en la hembras adultas. Es habitual, además, la presencia de marcas ovales muy probablemente producidas por tiburones conocidos comúnmente como cortapasta o cigarro (*Isistius* spp.). Observaciones en mar abierto han reportado diferencias regionales en la coloración, siendo predominantemente pardo oscuras en el Océano Indico y azuladas en el Atlántico.

Biología y ecología

Casi toda la información proviene de ejemplares hallados muertos en la playa o capturados en forma comercial. Esta especie muestra tendencia a evitar las embarcaciones por lo cual raramente se la observa en mar abierto. En aquellas oportunidades en que se vieron grupos, los mismos fueron pequeños (usualmente menores a 5 animales), aunque también se han registrado agregaciones de hasta 40 ejemplares. Los machos adultos, por su parte, suelen observarse en forma solitaria. A diferencia de otros zífidos, es frecuente que el zifio de Cuvier salte fuera del agua.

Los buceos en esta especie suelen superar los 30 minutos, dando evidencia de que *Ziphius* logra sumergirse a grandes profundidades. Cuando se analizaron los primeros contenidos estomacales, se corroboró que se trata de grandes buceadores ya que se hallaron restos de calamares y peces de gran profundidad; en algunos casos también se encontraron restos de cangrejos y estrellas de mar de fondos profundos.

Se supone que su reproducción tiene lugar a lo largo de todo el año, y por ello no existe una época particular donde se producen los nacimientos. Los machos y hembras madurarían cuando alcanzan tallas entre 5 y 5,50 metros, y las crías nacen luego de un período de gestación de un año. Los ejemplares más viejos analizados hasta el presente superan los 35 años de edad.

Distribución geográfica

La ballena rostrada de Cuvier es el zífido de más amplia distribución geográfica del mundo y habita aguas oceánicas de todos los mares, a excepción de las regiones polares. Son relativamente comunes en mares cerrados como el Mediterráneo y el de Japón o el Golfo de México; también son regularmente avistadas en algunas islas oceánicas como Hawaii. Se ha sugerido que habita preferentemente regiones tropicales y subtropicales durante el invierno, desplazándose hacia aguas más frías durante el verano.

Es el zífido que más frecuentemente se encuentra varado en las playas, habiéndose registrado animales a lo largo de todo el litoral marítimo argentino, incluyendo las Islas Malvinas.

Estatus y conservación

Dada su amplia distribución, se supone que ésta es una de las especies de zífidos más numerosas de la actualidad. A pesar de que ha sido ocasionalmente explotada en Japón, las Antillas y el sudeste asiático, y que algunos ejemplares son capturados incidentalmente, pareciera no existir amenazas a su conservación. Sin embargo existe preocupación mundial, dado que se ha producido una serie de varamientos masivos de esta especie, que coincidieron con ejercicios militares para la prueba de sonares activos de alta intensidad y baja frecuencia para la detección de submarinos, que realizaron la OTAN y la Marina de los Estados Unidos en las Bahamas, Mar Mediterráneo e Islas Canarias.

La UICN considera a esta especie como insuficientemente conocida y CITES la incluye en el Apéndice II. El Libro Rojo de Argentina (SAREM) la considera una especie con datos insuficientes (DD).

Ballena o Zifio Nariz de Botella Austral

Hyperoodon planifrons Flower, 1882 **Southern Bottlenose Whale**

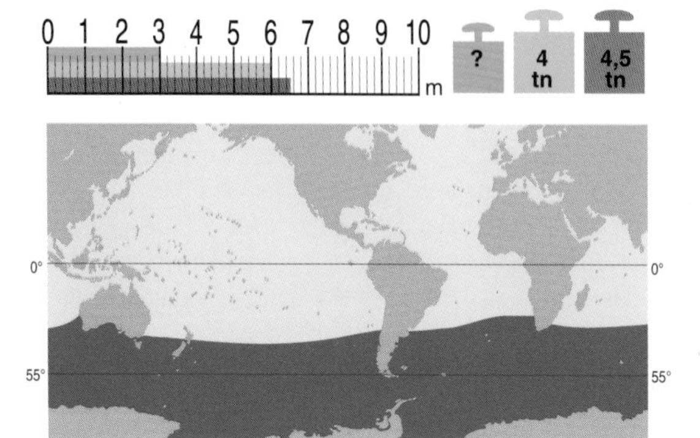

CLAVE PARA SU IDENTIFICACIÓN

- Cuerpo de talla grande (máximo 8 m).
- Color pardo grisáceo.
- Cabeza con frente elevada y bulbosa.
- Hocico bien diferenciado, corto y robusto.
- Un par de dientes en el ápice de la quijada inferior.
- Aleta dorsal pequeña en mitad posterior del cuerpo.
- Aleta caudal subtriangular.
- Aletas pectorales cortas y finas.
- Un par de surcos en la garganta.

El naturalista sir William Flower fue director del Museo Británico hacia fines del siglo XIX, destacándose por las grandes innovaciones realizadas en las salas de historia natural. Durante las mismas Flower encontró un cráneo deteriorado de un gran cetáceo que había sido colectado en Australia. Luego de analizarlo concluyó que correspondía a una nueva especie, a la que designó como *Hyperoodon planifrons*.

El nombre genérico *Hyperoodon* deriva del griego *hyperoe* (=arriba) y *odontos* (=diente) haciendo referencia a unas rugosidades del paladar que Flower erróneamente interpretó como dientes. El término *planifrons* deriva del latín *planus* (=plano o chato) y *frons* (=frente) referido a la erguida frente de este cetáceo.

Características generales

La mayor parte del conocimiento que se tiene de esta especie proviene de ejemplares varados. La probabilidad de observarla viva en el Mar Argentino es realmente baja; sin embargo, esta probabilidad aumenta notablemente en aguas antárticas dado que éste es el zífido más frecuente en dicho sector.

Se trata de un cetáceo de gran tamaño y cuerpo robusto, el largo máximo para machos adultos es de 6,90 m y para hembras adultas de 7,50 m, con pesos que probablemente sobrepasan las 6 tn.

Uno de los rasgos más notorios es su prominente frente, de forma bulbosa, y su corto y fuerte hocico. El desarrollo de la frente se incrementa con la edad y resulta más evidente en los ejemplares machos. Poseen una aleta dorsal pequeña con relación al tamaño del animal, de forma subtriangular y poco falcada, que se ubica en la mitad posterior del cuerpo; las aletas pectorales también son relativamente cortas y finas, mientras que la aleta caudal es subtriangular y poco hendida. En la parte ventral de la cabeza se encuentran dos surcos, como es característico de la familia Ziphiidae.

La coloración general es pardo grisácea, más oscura dorsalmente y gris claro ventralmente; el cuerpo frecuentemente presenta también pequeñas manchas claras. Algunos ejemplares pueden presentar coloraciones más claras, tendiendo a tonalidades amarillentas. Los cachorros generalmente son de un pardo más oscuro. La cabeza en los ejemplares adultos suele aclararse notablemente hasta tornarse casi blanca. La superficie del cuerpo puede presentar también marcas o cicatrices; aquellas lineales probablemente se deban

Foto: Sharon Hedley

Una de las pocas imágenes de un ejemplar vivo de la ballena nariz de botella austral.

a las interacciones entre los individuos y las circulares a marcas de los calamares gigantes de profundidad, de los cuales se alimenta.

El cráneo del género *Hyperoodon* puede diferenciarse claramente del de otros zífidos por el desarrollo prominente de crestas óseas en la parte superior. La mandíbula, o quijada inferior, presenta en su extremo un par de dientes cónicos con un dentículo puntiagudo en su extremo. En algunos individuos, ocasionalmente, aparecen otros dientes vestigiales, mientras que en las hembras los dos dientes suelen estar embebidos en las encías.

Biología y ecología

Poco se sabe de esta especie oceánica de aguas profundas. Las manadas que forman suelen ser pequeñas ya que la mayor parte de ellas son de menos de 10 individuos, si bien se han observado grupos de 25 ejemplares hasta un máximo excepcional de 40. Son buceadores de aguas profundas, pudiendo mantenerse sumergidos hasta por una hora y alcanzar profundidades cercanas a los 2.000 metros. La única información sobre su dieta indica que los calamares gigantes de aguas profundas constituyen un rubro importante y ello se confirmaría por el alto contenido de cadmio en sus órganos.

Distribución geográfica

Se distribuye a lo largo de todo el hemisferio sur, llegando en su límite norte hasta aproximadamente los 29° S y hasta el límite de los hielos flotantes en su límite austral. Frecuentemente esta especie ha sido registrada en el Mar Argentino a través de varamientos producidos a todo lo largo de sus costas. También existen registros en las Islas Malvinas, Georgias, Orcadas y Shetland del Sur. Se han observado también manadas de este cetáceo en aguas de la plataforma continental en el norte de la Patagonia.

Sin duda que esta especie se concentra durante el verano en aguas antárticas donde ha sido registrada con alta frecuencia durante los cruceros circumpolares de la Comisión Ballenera Internacional. El 90% de los avistajes de zífidos en dicha zona corresponde a esta especie.

Estatus y conservación

Esta especie nunca fue blanco de una explotación comercial planificada, si bien algunos ejemplares fueron capturados por la flota ballenera de la Unión Soviética en las últimas décadas y, a principios del siglo XX, otras pocas se cazaron en la estación ballenera de Grytviken (Georgias del Sur). Por ello no hay razones para pensar que se pueda tratar de una especie que corra algún tipo de riesgo como el caso de *H. ampullatus* en el hemisferio norte, en donde se han detectado algunos signos de sobreexplotación de sus *stocks* por parte de la flota noruega.

Realmente no existe una buena evaluación de sus poblaciones o identidad de los diversos *stocks* circumpolares. Por ello la UICN le ha dado el estatus de especie insuficientemente conocida, si bien su riesgo es bajo, en la medida que su conservación se mantenga como hasta el presente. El Libro Rojo de Argentina (SAREM) también la considera una especie insuficientemente conocida (DD).

Ejemplar subadulto varado en la costa patagónica.

Ballena Rostrada o Zifio de Arnoux

Berardius arnuxii Duvernoy, 1851 **Arnoux's Beaked Whale**

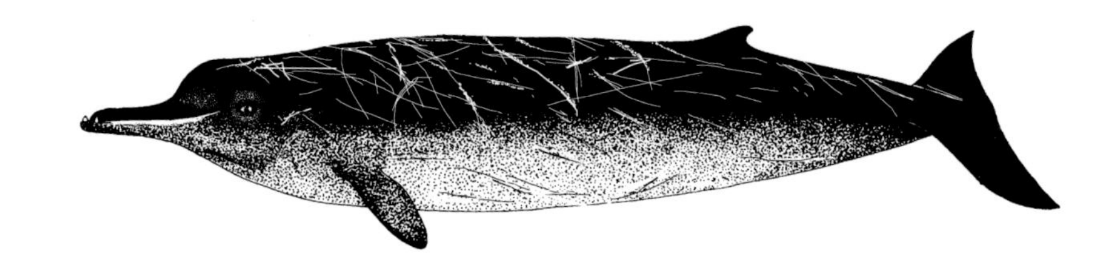

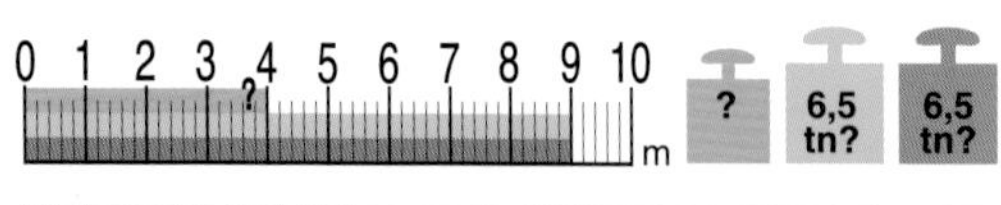

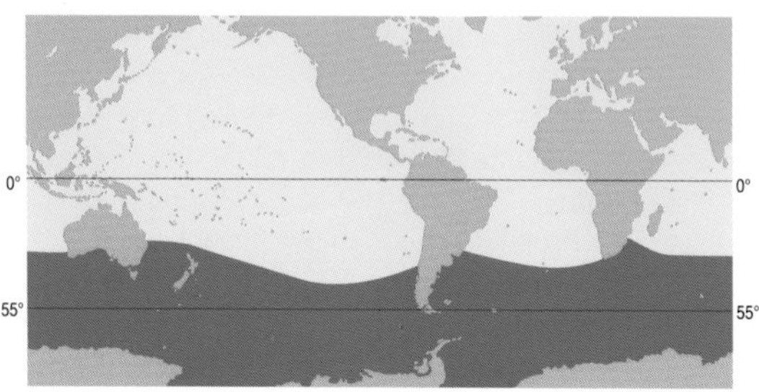

CLAVE PARA SU IDENTIFICACIÓN

- Cuerpo de gran talla (máx. 10 m).
- Coloración dorsal oscura con vientre más claro; frecuentemente con cicatrices lineales claras.
- Cabeza con hocico bien desarrollado.
- Frente prominente, plana y vertical.
- Dos pares de dientes en la quijada inferior que erupcionan en adultos de ambos sexos.
- Aleta dorsal pequeña y de posición posterior.
- Aletas pectorales relativamente cortas.
- Un par de surcos en la garganta.

La corbeta francesa *Rhin* durante mediados del siglo XIX realizó un extenso viaje por el Pacífico bajo el mando del capitán Berard. El cirujano de a bordo era M. Arnoux quien, mientras recorría una playa en Nueva Zelanda, encontró un enorme y extraño cráneo de cetáceo. Al llegar a Francia en 1846 dona dicho material al Museo de París y ahí es estudiado por Georges-Louis Duvernoy, discípulo del famoso naturalista G. Cuvier, quien llega a la conclusión de que se trata de una nueva especie de zifio. En 1851 lo describe y bautiza bajo el nombre de *Berardius arnuxii,* en honor al capitán del buque y a su cirujano, si bien al transcribir el apellido de este último omite la letra o.

Características generales

La ballena rostrada o zifio de Arnoux, junto con su contraparte del hemisferio norte, el zifio de Baird (*Berardius bairdii),* son las especies más primitivas y grandes de la familia Ziphiidae. Su cuerpo, de forma tubular, puede alcanzar 10 m de largo y seguramente pesar varias toneladas, si bien hasta el presente nunca se ha pesado a ningún ejemplar. Aparentemente no habría diferencias de tamaño y forma entre machos y hembras. Se estima que los cachorros al nacimiento pueden alcanzar los 4 metros de largo.

La cabeza presenta una frente prominente, prácticamente vertical, y el hocico o rostro es fino y largo. La aleta dorsal es pequeña y levemente falcada, encontrándose ubicada en posición bastante posterior; las aletas pectorales son relativamente cortas y redondeadas en la punta.

El color del cuerpo es usualmente gris o pardo oscuro con el vientre más claro; son muy características numerosas cicatrices lineales, especialmente en los machos. La cabeza es algo más clara que el cuerpo.

Tanto los machos como las hembras adultas poseen solamente dos pares de dientes (uno triangular anterior y otro puntiagudo posterior) que erupcionan en el extremo de la quijada inferior. Esta última es más larga que la superior por lo cual un par de dientes queda expuesto aun con la boca cerrada.

A diferencia de la mayoría de los zífidos y otros cetáceos, el cráneo de esta especie es marcadamente simétrico y la elevación central o *vertex* no es tan pronunciada. En los ejemplares adultos el cráneo puede alcanzar el metro y medio de largo.

Biología y ecología

Sin lugar a dudas, el zifio de Arnoux se encuentra

Foto: Rodrigo Hucke-Gaete

Pequeño grupo de zifios de Arnoux en aguas antárticas.

entre las especies de cetáceos menos conocidas. Hasta hace unos pocos años, prácticamente nunca se había visto un ejemplar vivo. Observaciones recientes en la Antártida confirmaron que es una especie gregaria, concentrándose generalmente en grupos de entre 6 y 10 ejemplares; si bien se han registrado ocasionalmente concentraciones cercanas al centenar de individuos. Sus inmersiones son de alto rendimiento, ya que es capaz de bucear por más de una hora bajo el hielo antártico y trasladarse varios kilómetros, hasta encontrar fisuras que le permitan respirar en superficie.

Poco se sabe de su alimentación debido a que fueron estudiados escasos ejemplares; encontrándose en sus estómagos restos de calamares. Se supone que también deben alimentarse de peces pelágicos y de fondo como lo hace la especie afín del hemisferio norte. La ausencia de dientes funcionales favorece la teoría que sostiene que estos cetáceos consumirían sus presas por succión.

Otros aspectos generales de su biología, como la reproducción y el comportamiento, son absolutamente desconocidos hasta el presente.

Distribución geográfica

Presenta una distribución circumpolar en el hemisferio sur, habitando aguas subantárticas y antárticas. Durante el verano llegan hasta el borde de los hielos antárticos, aproximadamente a los 78° S y en el invierno se desplazarían hacia zonas más templadas sin superar los 30° de latitud sur. La mayor parte de los avistajes se producen al sur de los 40° S. En el Mar Argentino se han registrado varamientos de muy pocos ejemplares, tanto en la zona de la provincia de Buenos Aires como en Patagonia y Tierra del Fuego.

Estatus y conservación

Nunca se han realizado capturas comerciales de esta especie.

La UICN considera a esta especie como insuficientemente conocida y CITES la incluye en el Apéndice I. El Libro Rojo de Argentina (SAREM) la considera una especie con datos insuficientes (DD).

Ejemplares al momento de emerger.

Foto: Rodrigo Hucke Gaete

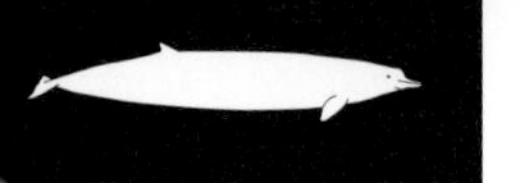

Ballena Rostrada o Zifio de Shepherd

Tasmacetus shepherdi Oliver, 1937 **Shepherd´s Beaked Whale**

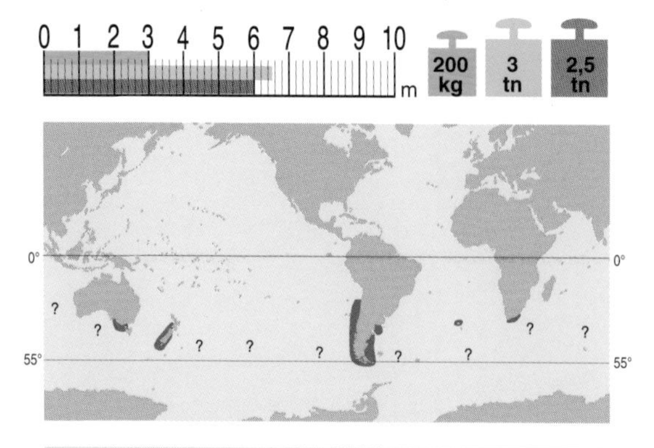

CLAVE PARA SU IDENTIFICACIÓN

- Cuerpo robusto de talla mediana a grande, máximo 7 m.
- Cabeza con hocico y frente bien diferenciable.
- Comisura de la boca horizontal con numerosos dientes.
- Coloración oscura en el dorso y clara en el vientre.
- Aleta dorsal pequeña, falcada, de posición posterior.
- Pectorales pequeñas, angostas y redondeadas.
- Aleta caudal sin escotadura posterior.
- Un par de surcos en la garganta.

El ejemplar tipo fue encontrado en 1933 en Nueva Zelanda por Mr. G. Shepherd. Luego fue enviado a W. Oliver, del Museo de Wellington, quien lo describe en 1937 y dedica a su descubridor, de ahí el nombre de *shepherdi*. El nombre *Tasmacetus* hace referencia al área de origen del animal, el mar de Tasmania y *cethus,* del latín, que significa ballena.

Se trata de uno de los cetáceos menos conocidos del mundo; hasta el año 2000 existían solamente 27 especímenes conocidos (20 varamientos registrados en Nueva Zelanda y 5 en la Argentina).

Características generales

Posee un hocico puntiagudo, angosto y bastante largo, y su comisura bucal es semi recta. En la zona de la garganta presenta un par de surcos en forma de V poco profundos, típicos de la familia. Su aleta dorsal, pequeña y fâlcada, está ubicada al inicio del tercio posterior del cuerpo. Las aletas pectorales son pequeñas, angostas y redondeadas. La aleta caudal es relativamente pequeña con relación al largo del cuerpo y sin escotadura.

El largo de los adultos oscila entre 6-7 metros. Los machos son algo más grandes que las hembras, siendo el largo máximo registrado hasta el presente de 7 metros. El menor de los cachorros registrados hasta el presente ha sido de 3 m. El peso de los adultos puede oscilar entre 2,5 y 3 toneladas.

El cráneo se diferencia del resto de las especies de esta familia por la presencia de filosos y funcionales dientes. Presenta entre 17 a 21 pares en la quijada superior y de 17 a 29 pares en la inferior. En el extremo de esta última posee un par de dientes, como es típico en los zífidos, pero solamente sobresalen de las encías en los ejemplares machos adultos.

Biología y ecología

Existe un único registro referido a la alimentación de un ejemplar encontrado en Península Valdés (Chubut) en 1973. Se observaron restos de peces como la merluza (*Merluccius hubbsi*), meros y brótolas no identificados, de un cangrejo decápodo y calamares.

Distribución geográfica

La mayor parte de los ejemplares corresponde a Nueva Zelanda; también ha sido hallado en Australia, Argentina (Península Valdés y Tierra del Fuego), Tristán da Cunha y Juan Fernández (Chile). Hasta ahora solamente existen 2 avistajes en la naturaleza correspondiente a Nueva Zelanda.

El ejemplar hembra varado en el Golfo San José (Chubut) medía 6,60 m de largo y fue uno de los especímenes varados mejor conservados hasta el presente.

Estatus y conservación

La UICN la considera especie insuficientemente conocida. El Libro Rojo de Argentina (SAREM) considera que los datos de esta especie son insuficientes (DD).

Ballena Rostrada o Zifio de Gray

Mesoplodon grayi von Haast, 1876 **Gray´s Beaked Whale**

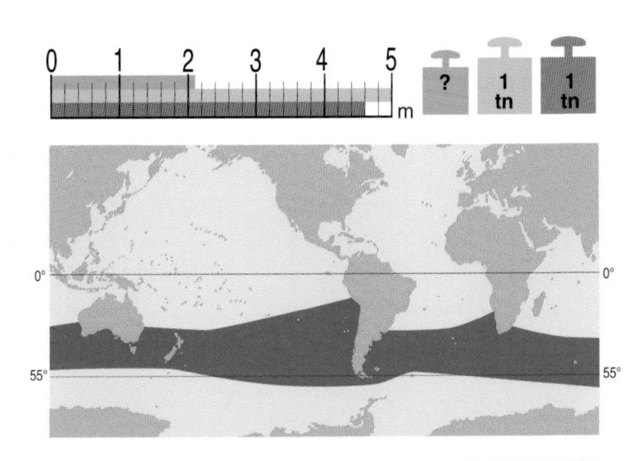

CLAVE PARA SU IDENTIFICACIÓN

- Cuerpo de talla grande y estilizado (máx. 5,70 m).
- Coloración oscura, un poco más clara en el vientre y región genital.
- En machos adultos cicatrices superficiales lineales y circulares más claras.
- Rostro largo y con coloración clara.
- Cabeza relativamente pequeña.
- Un par de dientes triangulares y planos erupcionan en la mitad de la quijada inferior en ambos sexos.
- Línea bucal casi recta.
- Quijada superior con serie de 17 a 22 pares de pequeños dientes.
- Un par de surcos en la garganta.

En 1874 se produjo un varamiento masivo de ballenas rostradas en la isla Chatham, al sur de Nueva Zelanda. De 28 ejemplares, 3 fueron llevados al Museo Canterbury, donde su director, sir Julius von Haast, los estudia y describe como nueva especie de zífido.

El nombre *Mesoplodon* deriva del griego *mesos* (=medio), *hopla* (=brazos) y *odon* (=diente), en referencia a un animal armado con dientes en el medio de la mandíbula. El término *grayi* está inspirado en el zoólogo del Museo Británico J. E. Gray, uno de los más eminentes estudiosos de este grupo y que murió poco antes de describirse esta especie en su honor en 1876.

Características generales

El cuerpo es compacto, con un perfil general aguzado. La cabeza, si bien pequeña, posee un rostro u hocico muy largo y fino; la línea de la boca es larga y recta. Estas características la diferencian claramente de las ballenas rostradas de Hector (*Mesoplodon hectori*) y de Layard (*M. layardii*). La aleta dorsal es pequeña y se encuentra ubicada en la porción posterior del cuerpo, como es característico en todas las especies del género *Mesoplodon*. Las aletas pectorales también son pequeñas. Al igual que en el resto de los zífidos, presenta los dos surcos ventrales en la garganta. Es una de las especies del género *Mesoplodon* de mayor talla, sólo superada por el zifio de Layard; en promedio se encuentran entre 5,30 y 5,70 metros, aparentemente los machos son algo mayores que las hembras.

La coloración general del cuerpo es oscura y de tonalidades pardogrisáceas que se aclaran hacia el vientre. La región facial en ambos sexos es blanca y se extiende aproximadamente hasta la comisura de la boca. Frecuentemente los machos adultos presentan cicatrices superficiales en forma de rayas y círculos de coloración más clara, producidos por peleas entre los individuos. El cráneo de esta especie resulta llamativo por presentar un rostro muy largo y angosto, que casi duplica el largo de la caja craneana. La dentición del zifio de Gray también es característica dado que posee un par de dientes triangulares y planos ubicados en la zona media de la quijada inferior, y a diferencia del resto de las especies del género poseen entre 17 y 22 pares de pequeños dientes en la quijada superior, tanto machos como hembras.

Biología y ecología

Comparte con el resto de los zífidos el ser una de las especies de cetáceos menos conocidas; se destaca por ser un zifio de hábitos gregarios, con frecuentes varamientos en masa, de hasta más de 20 animales; se han observado también grupos numerosos en mar abierto.

Foto: Jorge Mermoz

La típica aleta caudal sin escotadura.

Presumiblemente esta especie se alimenta de calamares que viven en aguas profundas.

Distribución geográfica

Las aguas australes entre los 30° y 55° de latitud sur constituyen el hábitat más frecuente de esta especie, con varamientos y avistajes en todos los continentes. La mayor cantidad de registros de este zifio ocurren en Nueva Zelanda. En el Mar Argentino se han varado ejemplares en todo su litoral.

Foto: Jorge Mermoz

Cabeza de zifio de Gray varado.

Estatus y conservación

Se carece de información sobre el estado de las poblaciones de esta especie. Esta clasificada por la UICN como insuficientemente conocida, y listada en el Apéndice II de CITES. El Libro Rojo de la Argentina (SAREM) la considera una especie con datos insuficientes (DD).

Foto: Jorge Mermoz

Detalle de la pequeña aleta pectoral.

Ballena Rostrada o Zifio de Hector

Mesoplodon hectori (Gray, 1871) **Hector´s Beaked Whale**

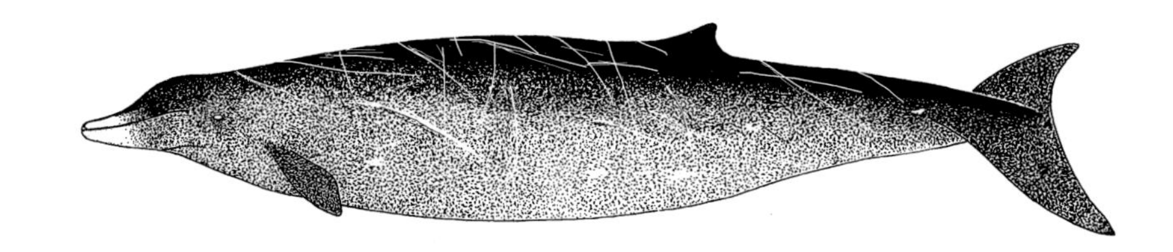

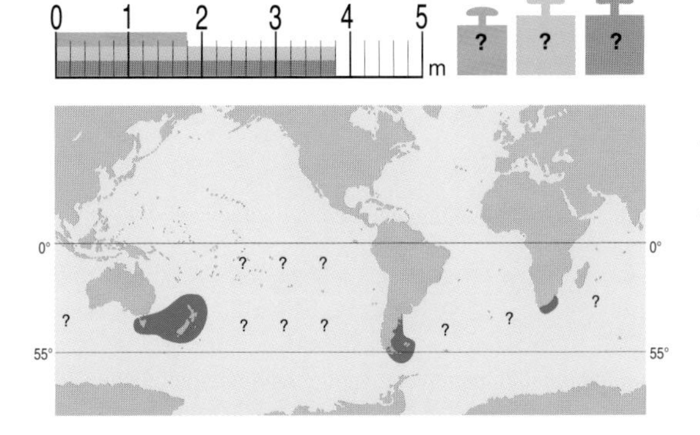

CLAVE PARA SU IDENTIFICACIÓN

- Cuerpo robusto de talla mediana (máx. 4,30 m).
- Coloración oscura en el dorso y clara en el vientre.
- En adultos, superficie del cuerpo con cicatrices superficiales más claras.
- Rostro relativamente corto.
- Un par de dientes triangulares y grandes afloran en el extremo de la mandíbula en los machos.
- Aleta dorsal pequeña, triangular y de posición posterior.
- Dos surcos en la garganta en forma de V.

Entre 1862 y 1866 fueron colectados dos cráneos de cetáceos en Nueva Zelanda y depositados en el Museo de Wellington, donde sir J. Hector los envía al Museo Británico. Ahí, el naturalista J. Gray los describe como una nueva especie que llama *Berardius hectori.* Pero Flower en 1878 concluye que dichos animales pertenecían a otro género y lo renombra *Mesoplodon hectori.*

Mesoplodon, del griego *mesos* (=medio), *hopla* (=brazos) y *odon* (=diente), refiere a un animal con dientes en el medio de la mandíbula. *Hectori* es en honor al curador del museo neozelandés.

Características generales

La forma general del cuerpo es similar a otras especies del género *Mesoplodon,* si bien se trata de una de las de menor tamaño pues no supera los 4,30 m de largo. Su cuerpo es robusto, su cabeza corta y la aleta dorsal, de posición posterior, es pequeña, de forma triangular y levemente falcada. Dentro de las especies *Mesoplodon,* probablemente sea la de rostro más corto. El único par de dientes, triangulares, relativamente grandes, erupciona sólo en machos casi en el extremo de la mandíbula. En la garganta presenta los característicos surcos ventrales, en forma de V. La coloración de ejemplares frescos es muy poco conocida, aunque tendrían el típico patrón de dorso oscuro, pardo grisáceo, con vientre claro y marcas superficiales en el cuerpo de color más claras y originadas por los dientes de ejemplares adultos.

Biología y ecología

El conocimiento de su biología y ecología es sumamente escaso. Hasta el presente los avistajes fueron poco frecuentes, y se supone de distribución en mar abierto con una dieta basada principalmente en calamares.

Distribución geográfica

Esta especie ha sido registrada en aguas templadas frías de todo el hemisferio sur, con numerosos varamientos en Sudamérica, Nueva Zelanda, Australia, Tasmania y Sudáfrica. Se registraron varamientos en la provincia de Buenos Aires, Tierra del Fuego e Islas Malvinas; en enero de 1985, luego de una tormenta, se produjo el varamiento de un grupo integrado por dos hembras con sus cachorros en las playas bonaerenses de Claromecó.

Estatus y conservación

Se desconocen valores de abundancia, pero se supone relativamente frecuente en Nueva Zelanda, donde reportan varamientos. La ballena rostrada de Hector está considerada por la UICN especie insuficientemente conocida y listada en el Apéndice II de CITES. El Libro Rojo de Argentina (SAREM) la considera de datos insuficientes (DD).

Ballena Rostrada o Zifio de Layard

Mesoplodon layardii (Gray, 1865) **Strap-toothed Whale**

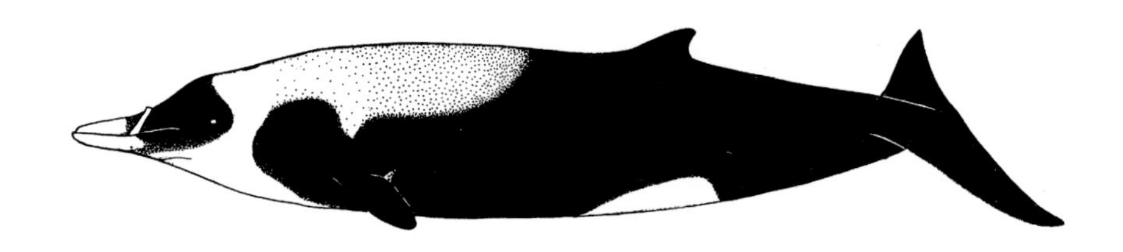

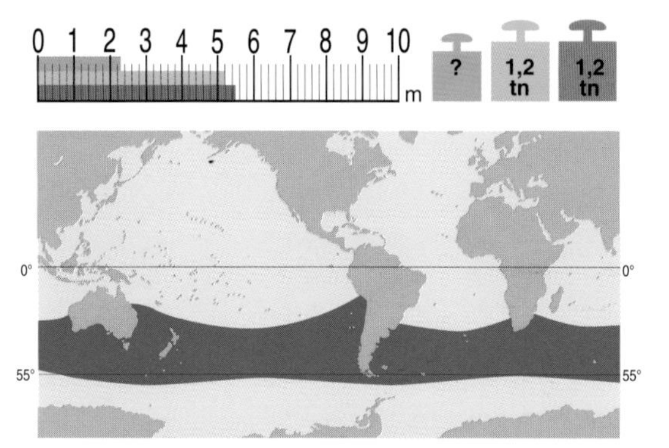

CLAVE PARA SU IDENTIFICACIÓN

- Cuerpo robusto de talla grande (máx. 6,20 m).
- Rostro u hocico largo.
- "Máscara" oscura entre los ojos y el melón o frente.
- Un par de dientes en forma de navaja curva, que en los machos adultos adquieren gran tamaño y se juntan por encima de la quijada superior, prácticamente cerrando la boca.
- Patrón de coloración complejo con regiones blancas en el pico, la garganta y la región anterodorsal.
- Región anogenital de coloración clara o blanca.
- Un par de surcos en la garganta.

Es una de las especies más llamativas de esta extraña familia de cetáceos. La descripción de esta nueva especie fue realizada por John Edward Gray en base a unos dibujos del cráneo que le enviaron desde Sudáfrica en 1865.

El nombre *Mesoplodon* deriva del griego *mesos* (=medio), *hopla* (=brazos) y *odon* (=diente), en referencia a un animal armado con dientes en el medio de la mandíbula. El término *layardii* hace honor al curador del Museo de Sudáfrica (Ciudad del Cabo), Edgard L. Layard, quien realizó las ilustraciones originales sobre las que se basó Gray para describir a esta especie.

Características generales

Esta es una de las especies de zífidos más claramente distinguibles. Su nombre común en Inglés, *strap-toothed whale* (=ballena dientes de correa), hace referencia a la característica única de los dientes presentes en los machos de esta especie. Se trata de un par de dientes en forma de navaja (¡de hasta 30 cm de largo!) que erupcionan del centro de la quijada inferior en un ángulo cercano a los 45 grados y se extienden por fuera de la boca. Este desarrollo hace que, en los machos adultos, las puntas de estos dientes casi se junten por fuera del rostro, encerrando externamente a modo de riendas la quijada superior. Como consecuencia de este desarrollo, cuando los dientes llegan a su tamaño máximo, los ejemplares prácticamente no puedan abrir sus bocas y las quijadas se separan solamente unos pocos centímetros, hecho que sin duda debe dificultar en parte su alimentación.

La forma del cuerpo del zifio de Layard es muy similar al resto de las especies del género *Mesoplodon,* si bien ésta es la especie de mayor tamaño, alcanzando los adultos tallas superiores a los 6 m. Algunos autores suponen que en la naturaleza deben existir individuos de hasta 7 m de largo. La aleta dorsal es pequeña, falcada y ubicada posteriormente. Las aletas pectorales son relativamente pequeñas, como es típico en casi todos los miembros de la familia.

El patrón de coloración también es claramente distinto al resto de los miembros de este género, ya que poseen áreas marcadamente claras (blanco amarillento) que contrastan con regiones oscuras (pardo azulado) en un complejo diseño. Ambas quijadas son claras y su coloración se extiende a toda la región de la garganta, hasta aproximadamente el área entre las aletas pectorales; esta región clara se extiende por detrás de los ojos y espiráculo hacia la zona dorsal y posterior, donde se va mezclando paulatinamente con coloraciones oscuras en los flancos y la región anterior a la aleta dorsal. Otras regiones claras suelen observarse en el área genital y el borde de la aleta caudal. Como resultado de este complejo diseño, el zifio de Layard tiene una característica "máscara" oscura en el rostro que cubre los ojos y el melón. Suelen encontrarse también, sobre el dorso del cuerpo, cicatrices superficiales a manera de rayas más claras.

El cráneo presenta un rostro muy angosto y notablemente largo, si bien un poco más corto que el de la ballena rostrada o zifio de Gray (*Mesplodon grayi*), pero mucho más largo que el de la ballena picuda o zifio de Hector (*M. hectori*). En todas ellas, las características de los dientes resultan definitorias para su identificación específica.

Biología y ecología

La alimentación de la ballena picuda de Layard, particularmente en los machos adultos, es casi un misterio dada la imposibilidad de abrir sus bocas normalmente. Mediciones recientes indican que la apertura no superaría los 4 cm, siendo posible su alimentación casi exclusivamente por succión y, muy probablemente, de calamares de pequeño tamaño que no superen los 100 g de peso. Si bien se han encontrado algunas hembras preñadas y cachorros recién nacidos, se desconoce completamente sus características reproductivas, como también todos los aspectos vinculados con su historia natural y ecología.

Distribución geográfica

Mesoplodon layardii es una especie exclusiva del hemisferio sur, habitando aguas templado frías aproximadamente entre los 25° y 60° de latitud sur. Dentro del género, es la especie con registros más ampliamente distribuidos, incluyendo ambas costas de Sudamérica, Sudáfrica, Australia y Nueva Zelanda. En Argentina se han registrado algunos pocos ejemplares en la Patagonia, Tierra del Fuego e Islas Malvinas.

Estatus y conservación

Se desconoce su estado poblacional. Está clasificada por la UICN como especie insuficientemente conocida, y listada en el Apéndice II de CITES. El Libro Rojo de Argentina (SAREM) la considera una especie con datos insuficientes (DD).

LOS MAMÍFEROS MARINOS Y LA CONTAMINACIÓN DE LOS OCÉANOS

El ambiente marino es el receptor final de los desechos y productos de las actividades humanas en los continentes. Por tal motivo, recibe cantidades considerables de **contaminantes naturales y antropogénicos** (sintetizados por el hombre), siendo las áreas costeras las zonas más impactadas. Los contaminantes que pueden encontrarse en el mar abarcan un amplio espectro: desde compuestos orgánicos hasta sustancias inorgánicas. Dentro de los primeros se hallan los **contaminantes orgánicos,** conocidos como "contaminantes orgánicos persistentes (POCs)", los cuales comprenden pesticidas, herbicidas, fungicidas y bifenilos policlorados (PCBs), entre otros. Dentro de los **contaminantes inorgánicos**, los **metales pesados** ocupan un lugar predominante debido a los incidentes que han provocado en diferentes poblaciones; el mercurio y el cadmio son los más relevantes por su alta toxicidad y disponibilidad.

Las sustancias tóxicas que ingresan en el ambiente marino tienen varios destinos; pueden quedar en suspensión en la columna de agua o acumularse en los sedimentos hasta ser incorporadas por los organismos en diverso grado. La principal entrada de contaminantes en los organismos ocurre con la ingestión del alimento, y se determina que un contaminante se **biomagnifica** cuando el predador presenta concentraciones superiores a las que tenía la presa, mientras se **bioacumula** cuando revela concentraciones crecientes a medida que se desarrolla durante su vida.

En el ambiente marino los mamíferos ocupan los niveles superiores de las tramas tróficas, lo cual, sumado a las características propias del grupo, da como resultado que muestren concentraciones elevadas de contaminantes orgánicos e inorgánicos en los tejidos y órganos. Desde el punto de vista de la contaminación marina resulta interesante estudiar los mamíferos, pues, por sus características ecológicas y biológicas, muchas especies son utilizadas como biomonitores de su ambiente. Un **biomonitor** es aquel organismo que brinda información sobre el entorno donde vive, y el uso de los mamíferos marinos para esa finalidad está ampliamente conocido y utilizado en el mundo.

La contaminación en el Mar Argentino por metales pesados –principalmente cadmio y mercurio– ha sido estudiada tanto en cetáceos como en pinnípedos. Entre los primeros pueden citarse el delfín común (*Delphinus delphis*), delfín nariz de botella (*Tursiops truncatus*), cachalote pigmeo (*Kogia breviceps*) y franciscana (*Pontoporia blainvillei*); entre los segundos, el lobo marino de un pelo (*Otaria flavescens*) y el lobo marino de dos pelos sudamericano (*Arctocephalus australis*). Los niveles más altos de contaminación fueron encontrados en hígado y riñón, órganos acumuladores de mercurio y cadmio, respectivamente, debido a la intensa actividad metabólica y depuradora del organismo. Por este motivo, el estudio de dichos órganos resulta fundamental para conocer el grado de contaminación al cual están expuestos estos mamíferos. Las concentraciones más bajas de metales pesados tienen lugar en el tejido muscular y sirven para conocer los niveles mínimos.

El alimento es la vía relevante y casi única de aporte de metales pesados a los mamíferos marinos. Los peces frecuentemente acumulan mercurio en la musculatura, lo cual representa una vía directa de ese metal hacia los predadores tope. Como consecuencia, aquellas especies de hábitos **ictiófagos** concentrarán mercurio en los tejidos debido a la importante fuente por vía trófica. Los calamares, por su parte, presentan mecanismos fisiológicos y metabólicos que les permiten acumular cadmio en concentraciones significativamente superiores a las registradas en el ambiente. De esta manera, el cadmio acumulado en los calamares resulta fácilmente asimilable por sus predadores, por lo cual las especies que se alimentan de ellos, denominadas **teutófagas**, exhiben concentraciones importantes. Entre ambas categorías tróficas, muchas especies de cetáceos y pinnípedos presentan hábitos alimentarios mixtos, predando peces, calamares, crustáceos y otros organismos. La calidad y la cantidad de la dieta va a determinar, entonces, la concentración de esos contaminantes en las diferentes especies de mamíferos marinos.

A diferencia de los metales pesados, los contaminantes orgánicos son compuestos sintetizados por el hombre con diversa finalidad: para el control de plagas y hongos en cultivos diversos, como estabilizadores de plásticos, como sustancias ignífugas en transformadores eléctricos, entre otras. Son compuestos altamente tóxicos para los organismos vivos, y entre sus efectos pueden mencionarse los cancerígenos, mutagénicos, teratogénicos y aquellos asociados a disfunciones hormonales, tanto reproductivas como tiroideas.

Debido a las grandes reservas de tejido graso, los mamíferos marinos son aptos para bioacumular contaminantes orgánicos en sus tejidos, que tienen una alta afinidad por los lípidos (**lipofílicos**). Así, la grasa subcutánea, hígado y leche, muestran las concentraciones mayores. Otros factores, como edad, sexo, madurez y condición corporal también influyen en el nivel de concentración. Además, la capacidad que tienen para degradar químicos persistentes y lipofílicos, tales como el DDT y los bifenilos policlorados, es limitada en comparación con los mamíferos terrestres, situación que facilita aún más su acumulación.

El estudio de contaminantes orgánicos en mamíferos marinos del Mar Argentino es muy reciente y los datos son aún escasos; entre las especies estudiadas se incluyen la franciscana, lobo marino de un pelo y marsopa espinosa (*Phocoena spinipinnis*). Es común hallar clordano y toxafeno, entre los plaguicidas organoclorados (POC) y bifenilos policlorados (PCB), mientras que el hexaclorobenceno (HBC) y el hexaclorociclohexano (HCH) son los plaguicidas menos frecuentes.

En cuanto al rol que los contaminantes orgánicos persistentes juegan sobre la salud de los mamíferos marinos es todavía incierto. La exposición a altas concentraciones de POCs y PCBs y la acumulación en diferentes especies han sido relacionadas con fallas en los sistemas inmunológico y reproductivo. Durante 1990-1992, en aguas del mar Mediterráneo se produjo una mortandad masiva de miles de delfines listados (*Stenella coeruleoalba*) debido a una enfermedad viral (Morbilivirus), la cual fue asociada a las altas concentraciones de PCBs encontradas en los delfines estudiados; situaciones semejantes se presentaron también entre varias especies de pinnípedos en distintas partes del mundo. Si bien no hay estudios que planteen una relación directa entre las concentraciones y sus efectos, se sabe que estos contaminantes de alta toxicidad deprimen el sistema inmune de los mamíferos marinos y aumentan el riesgo de enfermedades virales o bacterianas comunes en ellos.

Debido a las características biológicas de los mamíferos marinos, es interesante considerar qué ocurre con los contaminantes durante el período de gestación y lactancia. Es conocido que en la gestación hay una conexión sanguínea entre la madre y el feto, la cual puede llegar a constituir una "barrera placentaria" para el pasaje de algunos contaminantes. La sangre no constituye un tejido concentrador de metales pesados, y es una barrera altamente efectiva para la transferencia del cadmio y, en menor medida, para el mercurio. Poco se sabe de la transferencia intrauterina de contaminantes orgánicos, si bien, por su naturaleza química, son más factibles de ser transportados hacia el feto. El aporte materno de contaminantes a los cachorros puede continuar durante la lactancia. La leche es una secreción compleja, que contiene lípidos en emulsión, proteínas y otros compuestos en solución acuosa, medio propicio para la transferencia de contaminantes orgánicos de la madre al cachorro. El elevado porcentaje de lípidos en la leche de los mamíferos marinos (39%-50%) es la razón de la alta afinidad de esos compuestos químicos por aquella. La transferencia de contaminantes de las hembras a sus cachorros constituye un mecanismo de **detoxificación**, es decir, una liberación de los contaminantes orgánicos. Por su parte, los machos no cuentan con este "beneficio", lo cual determina que los POCs y PCBs sean acumulados de manera constante y continua a lo largo de la vida y que las concentraciones en machos sea usualmente mayor que en hembras de la misma edad. De igual manera, las concentraciones en hembras inmaduras o en período de descanso son superiores a las de hembras en gestación o lactancia. Contrariamente a lo observado en los contaminantes orgánicos, los metales pesados no son transferidos por la leche debido a su escasa afinidad por los lípidos.

El empleo de los mamíferos marinos en el estudio de los procesos de contaminación ambiental de los océanos no sólo brinda información sobre esta problemática; también ofrece un valioso aporte acerca de la situación general de los ecosistemas por su condición de máximos predadores.

Dra. Marcela Gerpe
Departamento de Ciencias Marinas
Facultad de Ciencias Exactas y Naturales
Universidad Nacional de Mar del Plata, Argentina.
msgerpe@mdp.edu.ar

LA REHABILITACIÓN DE MAMÍFEROS MARINOS

El notable incremento de la población humana y sus diversas actividades industriales han impactado notoriamente en los distintos ecosistemas del planeta. Mares y océanos constituyen el depósito final de las numerosas sustancias nocivas que genera el hombre y que afectan en distinto grado a todas las comunidades marinas.

En tal sentido, la segunda mitad del siglo XX ha sido testigo de la mayor cantidad de daños producidos al ambiente marino por efectos antrópicos. Existen casos paradigmáticos tales como la contaminación en las costas de Alaska producida por el buque Exxon Valdés en 1989, que afectó a todas las comunidades costeras de esta prístina región y, particularmente, a la importante población de la nutria marina (*Enhydra lutris*). Más recientemente, al inicio del siglo XXI, el buque M/V Treasure perjudicó a miles de aves en las costas sudafricanas y se siguen registrando otros acontecimientos de impacto ambiental que ya resultan frecuentes en las costas de todo el mundo.

Frente a estos hechos hay acciones que pueden ejercerse en forma inmediata para compensar los desequilibrios generados por las sociedades humanas. Por ello, la rehabilitación de fauna silvestre constituye una tarea interdisciplinaria que tiende a perfeccionarse día a día brindando una mayor asistencia a las especies en riesgo de distintas regiones.

La rehabilitación de fauna silvestre no debe regirse por acciones voluntaristas o sentimentales; se sustenta en fundamentos científico-técnicos para decidir en qué casos, cuándo y cómo hay que intervenir. En dicho proceso deben respetarse estrictos protocolos de manejo, tanto para las etapas de rescate y rehabilitación como también para la liberación. Este último aspecto es a los efectos de incrementar el porcentaje de supervivencia de los animales asistidos y velar para que su liberación no afecte a las poblaciones naturales. Por lo tanto, la rehabilitación es una actividad en la que deben actuar profesionales de diversas especialidades tales como veterinarios, biólogos, bioquímicos, etc.

Es importante diferenciar claramente aquellos procesos de índole natural que repercuten en la fauna silvestre como parte de sus ciclos de vida y procesos de selección natural, de aquellos en que el hombre es responsable directo del impacto individual y ambiental.

Las causas por las cuales debe asistirse a la fauna pueden ser muy diversas: desde heridas de diferente tipo producidas por artes de pesca, hélices de embarcaciones, hasta ingestión de materiales plásticos y contaminaciones por agentes químicos orgánicos e inorgánicos (ver capítulo de contaminación), entre muchos otros.

Una importante acción de impacto indirecto está constituida por la sobrepesca que ha tenido lugar en todo el Atlántico sur, tanto en su plataforma continental y borde del talud, como en las zonas costeras, donde las poblaciones originales de mamíferos marinos no encuentran actualmente el recurso alimentario –ni en calidad ni cantidad– que solían consumir antes de estas actividades extractivas.

Muchas de las sustancias químicas contaminantes actúan deprimiendo el sistema inmunológico de los animales y, por lo tanto, queda resentida su capacidad de respuesta frente a diversos agentes patógenos, tales como bacterias y virus. Estos han sido responsables de muchas mortandades masivas de cetáceos y pinnípedos registradas en las últimas décadas en diversas regiones del mundo.

La muerte de ejemplares adultos de mamíferos marinos muchas veces implica un alto número de cachorros huérfanos que exigen la puesta en marcha de una crianza manual. Esta tarea contempla la formulación de dietas especiales y el desarrollo de unidades de cuidado intensivo. Un típico ejemplo de situaciones de este tipo lo constituyen los cachorros del delfín franciscana (*Pontoporia blainvillei*) varados durante la primavera en las costas bonaerenses como consecuencia de la captura incidental de sus madres.

Los países del hemisferio norte poseen eficientes organizaciones de rehabilitación de fauna silvestre, tanto por su elevado nivel técnico como por tratarse de áreas de alto impacto antrópico. Los países del hemisferio sur, en cambio, se mantenían en una situación ambiental bastante privilegiada, si bien en las últimas décadas se hizo necesario recurrir a las tareas de rehabilitación, y los casos a asistir aumentan día a día.

En la Argentina, la tarea de rehabilitar aves y mamíferos marinos de la costa bonaerense se inicia en la década de 1980 por medio de la Fundación Mundo Marino, (San Clemente del Tuyú), que también se ha ocupado en capacitar a especialistas nacionales y extranjeros en las técnicas de rehabilitación de fauna marina.

La mayor actividad de rehabilitación en la costa bonaerense está vinculada –entre los mamíferos marinos– a ejemplares juveniles del lobo marino de dos pelos sudamericano (*Arctocephalus australis*) debido a afecciones respiratorias y nutricionales. En los lobos marinos de un pelo (*Otaria flavescens*) la presencia de sunchos plásticos y metálicos en sus cuellos constituye uno de los problemas más frecuentes en la zona de Mar del Plata. Entre los cetáceos, la mayor asistencia se brinda a la franciscana por el varamiento de cachorros y juveniles. Entre las aves, los casos más frecuentes de rehabilitación corresponden al pingüino de Magallanes (*Spheniscus magellanicus*) que se ven afectados por manchas de hidrocarburos durante su migración invernal hacia el norte.

En cuanto a la estrategia de liberar animales que han sido recuperados ésta resulta tan importante como la rehabilitación misma. Las instituciones que realicen actividades de rehabilitación deben tener obligatoriamente las posibilidades de diagnóstico de enfermedades, con la aplicación de sus propios métodos de investigación o por el vínculo con otros centros médicos o veterinarios.

La introducción de ejemplares rehabilitados directamente a sus colonias naturales sin un estricto y completo control sanitario implica el riesgo de afectarlas con enfermedades ajenas a ellas. Por lo tanto, la liberación debe ser siempre llevada a cabo en áreas lejanas de las colonias para que de esta forma surja una suerte de selección natural durante su viaje de regreso.

Gracias a los avances tecnológicos que la medicina veterinaria ha tenido en los últimos años como también a la capacitación de los profesionales y a la difusión de esta actividad, se han logrado importantes niveles de recuperación de la fauna marina en la Argentina.

Sin embargo, y pese a la importancia que los proyectos de rehabilitación de fauna silvestre tienen para nuestro país, casi todos ellos son abordados por organizaciones no gubernamentales (ONGs), sin apoyo financiero y/o profesional de organismos oficiales.

El área patagónica y fueguina, la más extensa de nuestro litoral marítimo y la más rica en concentraciones de aves y mamíferos marinos, paradójicamente no cuenta hasta el presente con experimentados centros de rehabilitación. Dicha región, por otra parte, está expuesta a potenciales catástrofes ambientales en virtud del tráfico naviero, explotación de hidrocarburos, efecto de sobrepesca, capturas incidentales en redes de pesca, etc.

Finalmente, debe tenerse presente que la conservación de los recursos naturales sólo es posible mediante la protección integral de sus ecosistemas. La asistencia a individuos o poblaciones afectadas constituye sólo una parte de las respuestas técnicas y éticas que debe asumir el hombre frente al irracional manejo de nuestro planeta.

Viviana Quse
Médico Veterinario Senior
Fundación Temaikén, Escobar, Argentina.
vquse@temaiken.com.ar

Valeria Ruoppolo
Médico Veterinario MSc.
Projeto BioPesca e International Fund for Animal Welfare
Emergency Relief Team Member
San Pablo, Brasil
vruoppolo@hotmail.com

LA COMISIÓN BALLENERA INTERNACIONAL (CBI)
Aprender de los errores

Los antecedentes históricos sobre la explotación ballenera constituyen uno de los mejores ejemplos del mal manejo de un recurso renovable. Desde la antigüedad, distintas especies de ballenas fueron sobreexplotadas en las costas europeas, y posteriormente siguieron un destino similar a lo largo de la costa atlántica de Norteamérica.

El desarrollo de embarcaciones de motor y la creación de los arpones explosivos, alrededor de 1860, permitieron a las naciones balleneras acceder a muchas otras especies que, por su velocidad, les eran hasta ese momento vedadas. De esa forma fue posible capturar la ballena azul (*Balaenoptera musculus*) y el rorcual mayor o ballena fin (*B. physalus*), presas de altísimo rendimiento económico.

También a principios del siglo XX se abordan nuevas zonas de captura totalmente vírgenes, a partir de que la Argentina –por inciativa del capitán Karl Larsen– decide en 1904 instalar la Compañía Argentina de Pesca en el puerto de Grytviken (Georgias del Sur), verdadera antesala de la Antártida. De inmediato se establecen en la región otras compañías, principalmente de origen británico y noruego.

La explotación ballenera amplió luego sus posibilidades de acción merced a la construcción de los buques factoría, a partir de 1925, que independizaron a las flotas de las estaciones balleneras en las costas. Ya en 1930 había un total de 41 de estos buques operando plenamente, hecho que les permitió capturar en un solo año un total de 37.000 ballenas.

Esta tremenda explotación, además de su impacto en el recurso, hizo bajar el precio de los productos industrializados y así fue necesario –en los años sucesivos– capturar más ejemplares para lograr iguales ganancias, y ello convirtió toda esa explotación en una especie de círculo vicioso de la irracionalidad humana.

Aunque tardíamente, surge en 1945 la preocupación por limitar las capturas y se concreta la primera reunión en Londres para tratar el problema ballenero. Al año siguiente se crea en Washington la Convención Internacional para la Regulación Ballenera con la intención de conservar el recurso y lograr una explotación de las naciones balleneras dentro de ciertas pautas racionales. En base a esa convención surge la Comisión Ballenera Internacional (CBI), cuyos objetivos originales contemplaban la explotación responsable del recurso y reconocían la importancia del asesoramiento científico para dicho objetivo. Su representación estaba formada por un comisionado de cada país adherente, que ejercía el voto y podía a su vez tener uno o más asesores; se contaba también con un Comité Científico formado por expertos propuestos por los países adherentes (más adelante se permitió la invitación a expertos independientes). Sin embargo, para que la convención fuera finalmente rubricada, se debió brindar grandes atribuciones a los comisionados gubernamentales, tales como la alternativa de rechazar incluso las decisiones votadas por la mayoría de los miembros en cualquiera de los diversos aspectos regulatorios. Por ello la CBI muchas veces fue calificada de organización sin una fuerza verdaderamente reguladora de la actividad ballenera.

Uno de los mayores errores de la CBI –y de sus asesores técnicos– fue implementar hasta 1972 la Unidad de Ballena Azul (UBA) como elemento de referencia reguladora de la explotación ballenera. Dicha unidad se basaba en el rendimiento de aceite de esa ballena, por lo cual las cuotas de explotación podían, según esa unidad, convertirse a las diversas especies de ballenas. Por ejemplo, una ballena azul equivalía a dos y media ballena jorobada y a seis ballenas sei, y así sucesivamente entre las diversas especies explotadas. Sin duda, este método de regular la explotación, basado en las cantidades de Unidades de Ballena Azul, en vez de hacerse por especie y sus atributos, no tenía el más mínimo asidero científico y por lo tanto sus resultados fueron catastróficos. Se produjo entonces una declinación en cadena de todas las especies explotadas, a la vez que el esfuerzo de las flotas se incrementaba y las cuotas otorgadas a cada país excedían las posibilidades del recurso.

Al llegarse a la década de 1970 las cuotas debieron ser reducidas y ciertas especies –como las ballenas azules y las de joroba– fueron definitivamente protegidas, de la misma manera que al firmarse la Convención fueron protegidas la ballena gris y la franca, con el hecho en común que la protección para todas ellas llegó demasiado tarde.

En 1972, las Naciones Unidas proponen incrementar las investigaciones balleneras y establecer una moratoria en la caza por diez años, a la vez de instar a la propia CBI para que adquiriera una mayor fuerza institucional. Pese a que la propuesta fue discutida en la siguiente Asamblea General de la CBI, ésta no pudo aprobarse dado que no se obtuvieron las tres cuartas partes de los votos necesarios.

En 1976 la CBI declara la década del estudio internacional de los cetáceos y establece un nuevo procedimiento de manejo (NPM) del recurso ballenero, tendiente a establecer evaluaciones más conservativas de los *stocks* balleneros. El mismo permitía, además, obtener valores de captura máxima sostenible (CMS) sin afectar el *stock* y con ello, por vez primera, las cuotas estarían al margen de los diversos intereses políticos y económicos en juego.

En la reunión de 1979 la CBI produce un cambio histórico al plantearse el fin de la caza pelágica de ballenas para todas las especies, excepto la pequeña ballena minke, y se establece un santuario ballenero en el Océano Indico (con exclusión de su Sector Antártico). Finalmente, en la Asamblea General de la CBI de 1982 se instituye una moratoria ballenera a partir de 1986, exceptuando de ella la captura aborigen de subsistencia y los permisos de captura científica, vinculados con los procedimientos de evaluación de *stocks*.

Posteriormente, la CBI incursiona en el campo de los pequeños cetáceos, que no estaban incluidos en los objetivos originales de la Convención de 1946. Luego de arduas discusiones entre los países miembro éstos quedan vinculados con la actividad del Comité Científico, adjudicándose la CBI el asesoramiento a los gobiernos miembro sobre el estado de dichos recursos, pero sin poder regulatorio sobre ellos. También la CBI incorpora en los últimos años la tarea de monitoreo y asesoramiento sobre el manejo de la industria de avistaje de ballenas, para que este nuevo uso del recurso sea realmente sustentable y no se constituya en una nueva amenaza.

Entre los diversos proyectos de investigación llevados a cabo actualmente por la CBI, merece señalarse aquel sobre el ecosistema del Océano Austral y sus *stocks* balleneros, que se realiza anualmente con personal técnico de los diversos países miembro y del cual la Argentina ha tenido una participación activa en muchas de sus campañas.

Dr. Ricardo Bastida
Departamento de Ciencias Marinas
Facultad de Ciencias Exactas y Naturales
Universidad Nacional de Mar del Plata, Argentina.
rbastida@mdp.edu.ar

LAS BALLENAS Y EL ETERNO DILEMA DE LOS NÚMEROS

Desde que la biología comenzó a interesarse metódicamente por los cetáceos, el estudio de estos mamíferos marinos se mostró particularmente difícil y relativamente costoso. Hasta ese entonces, digamos que en la década de los años sesenta, la observación de ballenas y delfines se basaba en los animales que se hallaban varados en las costas, o en avistajes ocasionales en alta mar. Algunos biólogos hasta tenían acceso a ejemplares puestos brevemente a su disposición en la cubierta de faenado de los buques factoría que aún operaban luego de la Segunda Guerra Mundial. Dada la gran capacidad de desplazamiento que casi todas las especies despliegan, sumada al carácter netamente oceánico de muchas de ellas, no es de extrañar el lento avance de la *Cetología* en muchos aspectos de la biología de los cetáceos.

Entre las grandes incertidumbres que los rodean surge la del estado numérico de las poblaciones, o *stocks,* de ballenas, delfines y marsopas. Esto ha generado un eterno debate entre quienes luchan por la preservación de estos mamíferos marinos y quienes, con razón histórica o sin ella, ven en ellos un recurso económico más.

Resulta sumamente difícil, si no imposible, establecer con certeza la cantidad de ejemplares que componen un *stock* determinado, por lo cual se han intentado innumerables métodos para acercarse a la verdad. Se acepta que no pueda saberse con exactitud el tamaño de una población, pero al menos es factible establecer un intervalo o rango de valores máximo y mínimo dentro del cual se encuentre el tamaño real. Cuanto menor sea ese desvío, más confiable será la estimación. Las metodologías que han sido desarrolladas para obtener esta información han sido de lo más variadas. Van desde las marcas internas tipo *Discovery,* que consisten en un dardo metálico que lleva un número de serie y que se disparaba a una ballena para que quedara alojado en el músculo. Esta marca era luego recobrada cuando el animal resultaba cazado por alguna flota ballenera y aportaba datos acerca de los desplazamientos, posibles rutas migratorias, fidelidad geográfica, y otras referencias del individuo en cuestión y de la especie en términos generales. Este método, que utiliza el llamado *índice de Lincoln o de marcado y recaptura,* se basa en un sencillo cálculo que analiza la proporción de animales marcados sobre el total de animales observados en una primera muestra, para posteriormente compararlo con otro índice similar al encontrar "x" individuos marcados del total capturado en la segunda muestra. Este método, sin embargo, depende de un gran número de supuestos que casi nunca se cumplen al pie de la letra, lo cual induce a grandes errores en las estimaciones finales.

Otro sistema, ya más complicado, pero que no necesita de marcas molestas o la captura de las ballenas o delfines, se basa en el avistaje y conteo de los animales observados desde una embarcación o aeronave que recorre una derrota previamente determinada. Este método establece cierta distancia a ambos flancos de la embarcación de manera de contar todo lo que se observa dentro de la banda. La nave se desplaza en el centro de ella mientras un grupo de observadores busca los cetáceos con binoculares hacia los costados y el frente, abarcando un sector de 180° a proa de la embarcación. Un complicado formuleo matemático estima posteriormente el intervalo de confianza que puede aplicarse a los resultados obtenidos, si bien, como hemos explicado antes, nunca hay certeza en la información generada. Aun así, los modelistas se empeñan en arriesgar cifras que, por lo que se viene observando, no representan la realidad. La Comisión Ballenera Internacional (CBI) aplicó esta metodología durante veinte años, principalmente en aguas antárticas, sin que se pudiese lograr consenso acerca de los resultados.

Más recientemente se han aplicado técnicas genéticas que intentan llegar a estimaciones numéricas iniciales de los diversos *stocks* antes del comienzo de la actividad ballenera. Los resultados que han surgido analizando diversas especies del Atlántico norte señalan que las poblaciones debieron haber sido alrededor de diez veces más grandes que lo que se estimaba. La CBI y otros organismos analizaron los diarios de bitácora de los balleneros y por sus registros arribaron a estimaciones que no dejaban de ser cuestionables. Al contrario, las técnicas modernas de genética poblacional permiten recabar información acerca del pasado, ya que se puede interpretar la magnitud de la variación genética. Una población pequeña tiene escasa variación, puesto que se diluye por endogamia. Una población grande, en cambio, mantiene la variabilidad mediante las diferencias genéticas entre los diferentes individuos que la componen. Recientes cálculos en este sentido indican, por ejemplo, que las ballenas jorobadas o yubartas (*Megaptera novaeangliae*) del Atlántico norte debieron totalizar alrededor de 240.000 ejemplares, contra 24.000 inicialmente estimados por análisis histórico de las capturas. De la misma forma, el rorcual común, o ballena fin (*Balaenoptera physalus*) parece haber rondado los 360.000 individuos contra los 40.000 calculados por la CBI. El rorcual menor, o ballena minke (*Balaenoptera acutorostrata*), por último, parece no presentar diferencias, ya que ambas estimaciones lo ponen a niveles preballeneros de unos 265.000. De probarse cierta la metodología genética, entonces las ballenas han sido mucho más diezmadas que lo que se había supuesto años atrás. La conclusión obvia es que, aún con el incompleto cese de las actividades balleneras comerciales, las ballenas están muy lejos de haberse recuperado.

Ochocientas mil ballenas cazadas en el Atlántico norte, cálculos similares para otros océanos, y más de 300.000 cetáceos matados accidentalmente al quedar atrapados en los sistemas de pesca del hombre, nos alertan de una urgente necesidad de medidas en favor de estos mamíferos marinos.

Lic. Jorge F. Mermoz
Buenos Aires, Argentina
cassini@uolsinectis.com.ar

EL SANTUARIO BALLENERO DEL ATLÁNTICO SUR

La Comisión Ballenera Internacional (CBI) cuenta con antecedentes de tres santuarios balleneros distribuidos en diversas regiones del planeta. De estos santuarios aún dos permanecen vigentes. El primero de ellos abarcaba ciertas áreas de alimentación de la región antártica que no habían sido afectadas por la caza pelágica, manteniéndose como santuario o área de protección hasta 1955.

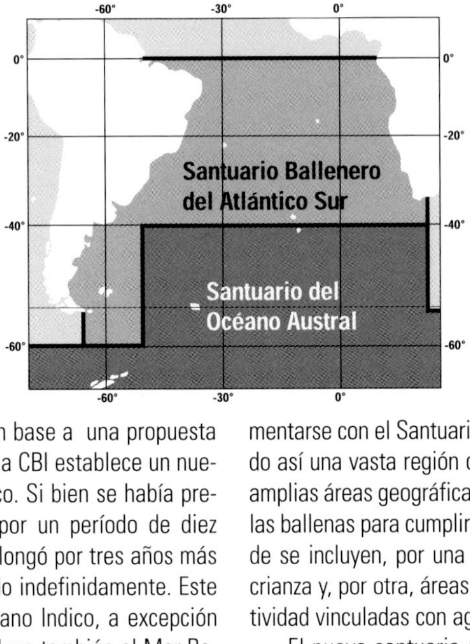

Posteriormente, en 1979, en base a una propuesta de la República de Seychelles, la CBI establece un nuevo santuario en el Océano Indico. Si bien se había previsto mantenerlo en vigencia por un período de diez años, su funcionamiento se prolongó por tres años más y luego, en 1992, fue prorrogado indefinidamente. Este santuario cubre no sólo el Océano Indico, a excepción del área antártica, sino que incluye también el Mar Rojo, el Mar Arábigo y el Golfo de Omán.

Paralelamente, en 1992, y mediante una iniciativa del comisionado de Francia ante la CBI, se propone instaurar el Santuario Ballenero del Océano Austral. Este proyecto tenía como objetivo proteger una región fundamental para posibilitar el ciclo biológico de gran parte de las especies de ballenas, al norte y al sur de la Convergencia Antártica. Dicho santuario comprende, en términos generales, aguas del hemisferio sur desde el paralelo 40° S hasta alrededor de los 50° y 60° S.

Por su parte, en América del Sur, los gobiernos de Brasil y la Argentina, junto con otros países patrocinadores, presentaron durante la última reunión anual de la CBI una propuesta para instaurar un Santuario Ballenero en el Atlántico Sur. Su principal finalidad, si bien está vinculada con la conservación de estas áreas y, en particular, del recurso de los grandes cetáceos, pretende además promover y facilitar las investigaciones científicas sobre las cuales debe basarse su manejo.

Sumado a estos objetivos también se contempla el valor económico y cultural de actividades tales como el avistaje de ballenas (*whale-watching*), que encierra gran importancia para muchos de los países costeros y constituye un verdadero ejemplo de uso sustentable y ético del recurso ballenero.

Por otra parte, la propuesta del Santuario Ballenero del Atlántico Sur pretende complementarse con el Santuario del Océano Austral, protegiendo así una vasta región oceánica austral en virtud de las amplias áreas geográficas que necesita la mayor parte de las ballenas para cumplir su ciclo biológico anual, en donde se incluyen, por una parte, áreas reproductivas y de crianza y, por otra, áreas de alimentación de alta productividad vinculadas con aguas antárticas y subantárticas.

El nuevo santuario amplía notablemente la protección dada a las ballenas por los países costeros en sus aguas jurisdiccionales, ya que dentro de él quedarán protegidas también amplias áreas oceánicas de carácter internacional.

Pese a su importancia, aún no está en vigencia el Santuario Ballenero del Atlántico Sur, pues para ello previamente será necesario efectuar algunas enmiendas a la Convención Internacional Ballenera. Sin duda que, luego de establecido este santuario, se asegurará la protección del recurso ballenero y de una vasta zona de nuestro planeta. Asimismo, esta iniciativa servirá para reforzar la actual moratoria ballenera internacional (ver capítulo referido a la Comisión Ballenera Internacional) y se promoverán nuevos proyectos internacionales de investigación, fundamentales para la conservación de estos valiosos recursos.

Extractado de la propuesta de los gobiernos de Brasil y de la Argentina ante la 55ª Reunión Anual de la Comisión Ballenera Internacional, Berlín, Alemania, junio de 2003.

BIBLIOGRAFÍA Y SUGERENCIAS

La presente **Guía de Mamíferos Marinos** es el resultado de muchos años de experiencia de sus autores en el estudio de estos interesantes animales. La obra ha sido lograda a través de numerosas campañas en distintas regiones geográficas, como también en base a actividades desarrolladas en laboratorios de investigación científica y centros de rehabilitación de fauna marina.

La información volcada en esta Guía proviene de fuentes diversas. Por un lado se basa en las mejores obras de estudio y de divulgación científica de mamíferos marinos del mundo, como también en los numerosos trabajos científicos realizados –tanto por investigadores argentinos como extranjeros– sobre las distintas especies que habitan esta región. Una parte importante de la información incluida en ella es original de los autores y parte de ella es de tipo inédito. Dadas las características de divulgación de esta Guía y las normas editoriales para este tipo de obras, no constan en el texto referencias bibliográficas. Tampoco es aconsejable incluir un listado bibliográfico completo que más que orientar al lector seguramente servirá para confundirlo.

Sin embargo, es de nuestro interés orientar adecuadamente a todas aquellas personas que quieran profundizar en la temática de los mamíferos marinos, sean ellos legos en el tema, estudiantes, docentes o incluso profesionales que deseen volcarse hacia esta interesante línea del conocimiento faunístico.

Merecen señalarse como antecedentes en la divulgación de estas especies los fascículos de la serie *Fauna Argentina* que fue publicada en la década de 1980 por el Centro Editor de América Latina; si bien los fascículos sobre mamíferos marinos fueron pocos, se presentó muy buena información general sobre Ballena Franca Austral (fascículo 25), Tonina (18), Orca (45), Lobo Marino de un Pelo (33) y Elefante Marino del Sur (69) si bien en la actualidad el conocimiento de estas especies ha sido ampliado notablemente. También merece señalarse la *Guía para el reconocimiento de Cetáceos del Mar Argentino* de Lichter y Hooper, publicada por la Fundación Vida Silvestre Argentina en 1984 y que oportunamente resultó de gran utilidad para los aficionados.

LIBROS DE ESTUDIO SOBRE MAMÍFEROS MARINOS

Berta, A., Sumich, J.L. (1999) *Marine Mammals. Evolutionary Biology*, Academic Press.

Gaskin, D.E. (1982) *The Ecology of Whales and Dolphins*, Heinemann.

Harrison, R.J. (ed) (1972-1977) *Functional anatomy of marine mammals*, Vol. 1-3, Academic Press.

Harrison, R.J., King, J.E. (1980) *Marine mammals*, Hutchinson University Library.

Herman, L.M. (ed.) (1980) *Cetacean behavior: mechanisms and functions*, John Wiley and Sons.

Perrin, W.F., Würsig, B., Thewissen, J.G.M. (eds.) (2002) *Encyclopedia of Marine Mammals*, Academic Press.

Pryor, K, Norris, K.S. (eds.) (1991) *Dolphin societies*, University of California Press.

Reynolds, J.E., Rommel, S.A. (eds.) (1999) *Biology of Marine Mammals*, Smithsonian Institution Press.

Rice, D.W. (1998) *Marine Mammals of the World. Systematics and Distribution*, The Society for Marine Mammalogy.

Riedman, M. (1990) *The Pinnipeds: seals, sea lions and walruses*, University of California Press.

Ridgway, S.H., Harrison, R. (eds.) (1981-1999) *Handbook of Marine Mammals*, Academic Press.

Vol. 1. *The Walrus, Sea Lions, Fur Seals and Sea Otter.*

Vol. 2. *Seals.*

Vol. 3. *The Sirenians and Baleen Whales.*

Vol. 4. *River Dolphins and the Larger Toothed Whales.*

Vol. 5. *The First Book of Dolphins.*

Vol. 6. *The Second Book od Dolphins and Porpoises.*

Twiss, J.R., Reeves, R. (eds.) (1999) *Conservations and Management of Marine Mammals*, Smithsonian Institution Press.

LIBROS DE DIVULGACIÓN SOBRE MAMÍFEROS MARINOS

Bonner, W.N. (1980) *Whales*, Blandford Press.

Bonner, W.N. (1982) *Seals and man: a study of interactions*, University of Washington Press.

Bonner, W.N. (1989) *The natural history of seals*, Christopher Helm.

Bonner, W.N. (1994) *Seals and sea lions of the world*, Blandford Press.

Campagna, C. (2002) *Sobre la foca elefante*, Fondo de Cultura Económica de Argentina.

Campagna, C., Lichter, A. (1996) *Las Ballenas de la Patagonia*, Emecé Editores.

Carwardine, M. (1995) *Whales, Dolphins and Porpoises*, DK.

Diaz, G., Ojeda, R. (eds.) (2000) *Libro Rojo de Mamíferos Amenazados de la Argentina*, SAREM.

Ellis, R. (1980) *The book of whales*, Knopf.

Ellis, R. (1983) *Dolphins and porpoises*, Robert Hale.

Ellis, R. (1992) *Men & Whales*, Robert Hale.

Evans, P. (1990) *Whales*, Whittet Books.

Hetzel, B., Lodi, L. (1994) *Baleias, Botos e Golfinhos. Guía de Identificaçao para o Brasil*, Editora Nova Fronteira.

Hoyt, E. (1984) *The Whale Watcher's Handbook*, Doubleday.

Jefferson, T.A., Leatherwood, S., Webber, M.A. (1994) *Marine Mammals of the world*, FAO.

King, J.E. (1983) *Seals of the World* (2da ed.), British Museum (Natural History) y Oxford University Press.

Klinowska, M. (1991) *Dolphins, Porpoises and Whales of the World*, The IUCN Red Book Data, IUCN.

Leatherwood, S., Reeves, R.R. (1983) *The Sierra Club Handbook of Whales and Dolphins*, The Sierra Club Books.

Lichter, A. (1992) *Huellas en la arena, sombras en el mar*, Ediciones Terra Nova.

Martin, A.R. (1990) *The Illustrated Encyclopedia of Whales and Dolphins*, Salamander Books.

Parera, A. (2002) *Los mamíferos de la Argentina y la región austral de Sudamérica*, Editorial El Ateneo.

Pinedo, M.C., Rosas, F.C.W., Marmontel, M. (1992) *Cetáceos e Pinnípedes do Brasil*, UNEP-FUA.

Reeves, R.R., Stewart, B.S., Leatherwood, S. (1992) *The Sierra Club Handbook of Seals and Sirenians*, The Sierra Club Books.

Reeves, R.R., Stewart, B.S., Clapham, P.J., Powell, J.A. (2002) *Guide to Marine Mammals of the World*, Alfred A. Knopf.

Watson, L. (1981) *Sea Guide to Whales of the World*, Dutton Press.

LIBROS SOBRE MEDICINA Y REHABILITACIÓN DE MAMÍFEROS MARINOS

Dierauf, L. A. (ed.) (1990) *Handbook of Marine Mammal Medicine*, CRC Press.

Geraci, J.R., Lounsbury, V.J. (1993) *Marine Mammals Ashore: A Field Guide for Strandings*, Texas A&M University.

Jefferson, T.A., Myrick, A.C., Chivers, S.J. (1994) *Small cetaceans dissection and sampling: A field guide*, NOAA.

Ridgway, S.H. (ed.) (1972) *Mammals of the sea. Biology and medicine*, Charles C. Thomas.

ÍNDICE ALFABÉTICO

INSTITUCIONES DE LA ARGENTINA QUE DESARROLLAN PROYECTOS DE INVESTIGACIÓN Y CONSERVACIÓN DE MAMÍFEROS MARINOS

Centro Austral de Investigaciones Científicas
Avenida Malvinas Argentinas s/n, C.C.92 (9410) Ushuaia, Tierra del Fuego, Argentina. www.cadicush.org.ar
Responsables de equipos de investigación: Adrián Schiavini, Natalie Goodall.

Centro Nacional Patagónico
Boulevard Brown s/n (9120) Puerto Madryn, Chubut, Argentina. www.cenpat.edu.ar
Responsables de equipos de investigación: Mirta Lewis, Enrique Crespo, Claudio Campagna, Daniel Vergani

Universidad Nacional de Mar del Plata - *Departamento de Ciencias Marinas*
Funes 3350 (7600) Mar del Plata, Buenos Aires, Argentina. www.mdp.edu.ar/exactas/csmarinas
Responsables de equipos de investigación: Ricardo Bastida, Diego Rodríguez, Marcela Gerpe.

Fundación Vida Silvestre Argentina - *Programa Marino, Oficina Regional*
Córdoba 2920, 4º B (B7602CAD) Mar del Plata, Buenos Aires, Argentina. www.vidasilvestre.org.ar
Responsables de equipos de investigación: Javier Corcuera, Alejandro Arias.

AquaMarina - CECIM
Calle 307 # 560 (7165) Villa Gesell, Buenos Aires, Argentina. www.aquamarina.org
Responsable de equipos de investigación: Pablo Bordino

Fundación Mundo Marino
Avenida Décima 157 (7105) San Clemente del Tuyú, Buenos Aires, Argentina. www.mundomarino.com.ar/fmm/index.html
Responsables de equipos de investigación: Julio Loureiro, Sergio Morón.

Instituto Antártico Argentino - Dirección Nacional del Antártico
Cerrito 1248 (1010) Ciudad Autónoma de Buenos Aires, Argentina. www.dna.gov.ar
Responsable de equipos de investigación: Alejandro R. Carlini.

Museo Argentino de Ciencias Naturales
Avenida Angel Gallardo 470 (1405), Ciudad Autónoma de Buenos Aires, Argentina. www.macn.secyt.gov.ar
Responsables de equipos de investigación: Hugo Castello, Luis Cappozzo, Gustavo Daneri.

Fundación Cethus
Juan de Garay 2861, Depto. 3 (1636), Olivos, Buenos Aires, Argentina. www.cethus.tripod.com
Responsables de equipos de investigación: Miguel Iñíguez y Cristian de Haro.

Acuario Nacional de Buenos Aires
República de la India 2900 (1425) Ciudad Autónoma de Buenos Aires, Argentina.
Responsable de equipos de investigación: Diego Albareda.

Instituto de Conservación de Ballenas
García Merou 833 (1640) Martínez, Buenos Aires, Argentina. www.icb.org.ar
Responsables de equipos de investigación: Diego Taboada, Mariano Sironi.

Eco Centro
Julio Verne 3784 (U9120OJA) Puerto Madryn, Chubut, Argentina. www.ecocentro.org.ar
Responsables de equipos de investigación: Alfredo Lichter, Alejandro Carribero.

Administración de Parques Nacionales
Av. Santa Fe 690 (1059) Ciudad Autónoma de Buenos Aires, Argentina. www.parquesnacionales.gov.ar

CONTACTOS

Comentarios, sugerencias y propuestas:

VAZQUEZ MAZZINI EDITORES
Tel: (54-11) 4546-2416
vmeditores@hotmail.com